心理决定成败

李　敏/编著

天津科学技术出版社

图书在版编目(CIP)数据

心理决定成败/李敏编著.—天津：天津科学技术出版社，2008.9
ISBN 978-7-5308-4782-4
Ⅰ.心... Ⅱ.李... Ⅲ.成功心理学—通俗读物 Ⅳ.B848.4-49
中国版本图书馆CIP数据核字（2008）第138842号

责任编辑：刘丽燕
责任印制：白彦生

天津科学技术出版社出版
出版人：胡振泰
天津市西康路35号 邮编 300051
电话（022）23332398（编辑室） 23332393（发行部）
网址：www.tjkjcbs.com.cn
新华书店经销
北京合众伟业印刷有限公司印刷

开本 710×1000 1/16 印张19 字数291 000
2009年1月第1版第1次印刷
定价：32.80元

前　言
PREFACE

寻找成功的力量

布鲁斯·巴顿曾说：“只有那些敢于相信自己内心有某种东西能够战胜周围环境的人，才能创造辉煌。”

或许，我们经常会产生这样的想法：“别人能成功，为什么我不能？”当你意识到这些后，你就能一步一步走向成功，走向辉煌。

在这个过程中，你的心理将起到神奇的作用，它会使你的情绪稳定，意志坚定，心态平衡，信念坚强，潜能得到开发，效能得到提高。在这些神奇心理力量的作用下，你将获得巨大的成功动力和力量，你将变得强大起来，你将无所不能！

成功心理学创始人唐纳德·克利夫顿博士的研究证明：截至目前，人类共有400多种优势。每一个人应该知道自己的优势是什么，之后要做的则是将自己的生活、工作和事业发展都建立在这个优势之上，这样方能成功。

乔丹是篮球飞人，帕瓦罗蒂是美声歌王，索菲亚·罗兰是电影皇后，杨振宁是诺贝尔物理学奖得主，韦尔奇是企业家的领袖……这些精英之所以出类拔萃，获得了令世人为之瞩目的成就，是因为他们自身的优势都得到了最充分、最大限度的发挥。

普通人在对这些人深怀敬佩和羡慕时，是否也明白，优势并不是这些天才的专利，每个人都有天生的、未被开发的优势。只要普通人能发现自己的优势，并且发挥出来，在通向成功的道路上百折不挠、坚持不懈，那么也一样可以成为成功者。

相信这个世界上的很多人是不甘于平庸的。暂时的平凡往往是因为有太多的陈旧观念误导了自己，太多的框框束缚了自己，从而没有发挥出自己的优势。其实，只要能开发出自己潜在的成功能量，坚定成功的信念，培养成功的心理，养成成功的做事习惯，并且发挥人的主观能动性，运用心灵的力量，保持内在心理世界的和谐，成功则指日可待。

哈奈尔先生曾说：“我们生活在一个可塑的、深不可测的精神物质海洋之中。这些物质一直处于生命和运动之中。并且，它达到高度敏感的程度。它按照精神的要求构造思想的形式。思想形式的模式或者矩阵，按照这些物质所表达的形式展现。我们的理想由这个模具所塑造，并浮现出我们的将来。”

从本书中，你可以惊奇地发现，你以及你的思想、感受和心理正在形成你周遭的世界。同时，你也能够惊喜地发现，自己也能够运用心理的力量控制生活中所发生的事。

心理的力量是巨大的，“相信你能，你就无所不能”。《心理决定成败》的36堂课，就是要引领你发现自己的优势，并赋予你战胜困难、通向成功的力量。

有了成功心理的感召，你就会带着无所畏惧的心态，冲破任何阻力的力量，以诚实执著的工作态度、负责敬业而又灵活机动的思维，走向成功！

目 录
CONTENTS

第1课 内在的世界，巨大的力量

潜能就是人类原本具备却忘了使用的能力，这种能力又称为“潜力”，也就是存在但却未被开发与利用的能力。每个个体内部都蕴藏有巨大的待以开发的潜能，只是我们没有发现而已。而一旦这种力量被引发出来，将会带给我们无穷的信心和能量。

第2课 潜意识蕴藏着无穷的宝藏

人类的潜意识具有超越一般常识，几乎可称之为全然未知的超意识能力。人类的直觉、灵感、梦境、催眠、念力、透视力、预知力等都是潜意识的具体表现。有人常以“奇迹”或“超能力”来解释某种神奇的力量，其实指的就是潜意识的力量。任何人只要懂得开发这种与生俱来的能力，就没有实现不了的愿望。

第3课 打造成功的心理资本

人的发展、成功和幸福，不仅需要环境和社会文化因素的支撑，更需要充分认识和发掘个人内在的积极心理品质，这就是心理资本。心理资本，是隐藏在我们内心深处的一股永不枯竭的力量，是把人生推向成功的原动力。

第4课 心理控制术——改变意象，改变人生

自我意象会控制你能做哪些事、不能做哪些事，哪些事对你来说很难、哪些事很容易，甚至会决定别人对你有何反应。其确定性和科学性，就像一支温度计测量你家中的室内温度那样无可辩驳。

第5课 心理影响力是成功的利器

影响力是一种不依靠权力，凭借自己的品德、才能、知识、情感等个人素质对被领导者所产生的自觉自愿追随的能力。所以，影响力是一种综合能力，更是你成功的利器。

第6课 成功取决于心理状态

山不过来，我就过去。要想事情改变，首先得改变自己。只有改变自己，才会最终改变别人；只有改变自己，才可以改变属于自己的世界。山，如果不过来，那就让我过去吧！这是世界上最简单也是最有效的“移山大法”。

第7课 梦想让我们有高瞻远瞩的能力

梦想，让我们有高瞻远瞩的能力，它给我们希望，鼓舞我们做不敢做的事，鼓励我们变得比原来更好。人的生命是在停止追求的那一刻结束的。只有把梦想锁定，生命才会放出异彩。给自己一个梦想吧！有梦想就有希望，就能最大限度地发挥一个人的潜能，指引他飞向梦想的天空。

第8课 野心在哪里，成功就在哪里

野心，是根植于心中的，是对未来自己的强烈期待，是在脑海中形成一幅明朗的画面，而且从内心深处坚信自己一定能成为画面中的主人翁。只要坚持努力和奋斗，就一定可以成功！

第9课 用性格打造成功的竞争力

美国著名心理学家威廉·詹姆士曾说："播下一个动作，你将收获一种习惯；播下一种习惯，你将收获一种性格；播下一种性格，你将收获一种命运。"性格的好坏在很大程度上决定着一个人的成败。优秀的性格，有助于人们做成大事，获得成功。而不良的性格则会影响一个人潜能的发挥，最终不利于其走向成功。

第10课 相信你能，你就无所不能

人生就有许多这样的奇迹，看似比登天还难的事情，有时轻而易举就可以做到。其中的差别就在于敢于相信自己。所以，在迈出脚步之前，请相信自己一定可以。

第11课 用积极的暗示来改变自己

暗示是一种心理影响，它通过使用语言、手势、表情等，把某种概念或结论输入一个人的大脑，使之不加考虑地接受某种意见或做某种事情。如果你想获得成功，那么就用积极的心理暗示来改变自己吧！

第12课 抱定成功的信心

信心，是一种坚定的自信，是一种震撼的力量，是一种勇往直前、锐不可当、气壮山河的气势。在信心面前，一切障碍都是渺小的，一切曲折都是微不足道的，一切高度都是可以逾越的。没有信心，就没有追求的成功；没有信心，就没有信念的实现；没有信心，就没有“野火烧不尽”的绿色生命。

第13课 你所希望的，就是你将得到的

希望就是力量，有了希望就有了成功的可能。成功与失败之间，只隔着是否有一颗充满希望的心。生活中，我们缺少的恰恰就是为了万分之一的希望去拼搏、去追求的信心。一个人，即使他一无所有，只要他有希望，就可能拥有一切；一个人即使拥有一切，却不拥有希望，那就可能失去他拥有的一切。

第14课 每个人都有同等伟大的信念

信念是一个力大无比的巨人，它可以创造出令人难以置信的奇迹。每个人在自己的一生中，都会遇到困难和挫折，但只要有坚定的信念，你的生命就会焕发出灿烂的光芒。

第15课 为自己定一个高目标

目标是成功的基础。有目标又去追求的人，生活的压力和张力就会减弱，就像障碍赛跑一样，为了达到目标，而不惜冲过一道道关卡和障碍。所以，为自己设定一个目标吧，它会把你引向成功之途。

第16课 韧性的复原与超越

阅读世界一流的领导者的传记，他们的韧性都会给我们留下深刻的印象。这些领导者会为自己、组织，甚至整个社会提出崇高的使命，并尽自己最大的努力去实现这些使命，即使遇到困难与挫折也决不退缩。像纳尔逊·曼德拉、温斯顿·丘吉尔、亚伯拉罕·林肯，他们都是有韧性的领导者典范。他们的成功事例告诉我们，“复原”能力对总是处在艰难困境中的领导者来说至关重要，更重要的是，具有“复原”能力的领导者，对其追随者和支持者有着深远的影响。

第17课 仅仅因为习惯，一切都将不同

“习惯能成就一个人也能摧毁一个人。”能成就一个人的自然是好习惯。成功者之所以成功，是因为他们身上具有一些常人所没有的习惯，正是这些习惯助他们打开了成功的大门。许多人之所以终生碌碌无为，与成功无缘，是因为他们养成了很多不良的习惯。这些不良习惯就像是一堵墙，把成功与他们无情地隔离开，让他们能看到成功近在眼前，却总是无法获得。

第18课 完美人生的伟大信念——心理定向

你认为自己是什么样的人，最终你就能成为什么样的人，只要你肯坚持不懈地行动。因为雄鹰能够在摔落地上的一百零一次一飞冲天，而成功者也不过是站起来的次数比跌倒的次数多一次而已。

第19课 给自己注入“积极基因”

积极是一个人向上的表现，积极也是任何企业都提倡的一种工作作风。唯有积极的行动才能带来积极的成果，这就要求我们在工作中必须具有热情和活力，表现出自己乐观向上和勇于进取的一面，如此才能获得你想要的成功。

第20课 罗马不是一日建成的

成功之路是一步一步走出来的，在前进的道路上，并不是一日千里，有时候，甚至是一寸一寸地迁移。因此，成功基本上没有什么捷径，如果非要说有的话，那么它唯一的捷径就是一点一滴的“坚持”。

第21课 积极思考的神奇力量

伟大的成功，始于伟大的思考。成功的关键是在于能够积极思考眼前所发生的一切事情，用具有独创性的眼光去审视，从而产生成功的创意，缔造伟大的成功。

第22课 专心，汇聚能量

现代社会，机会很多，诱惑很多，欲望也很多。如何在资源有限的今天，还能获得最大的成功？唯有把有限的能量投入到最重要的事情上，才能创造最大的价值，并少走弯路。

第23课 让创造力突破思维的束缚

我们不但要善于学习，更要善于创新。不论大小事情，只要善于创新，运用多元层次思考，不因小事而怠忽它，不因常规而束缚它，那么你做任何事情都会取得巨大的成功。

第24课 自我反省，离成功更近一些

古人多以“三”为大，大在何处？大在刘备“三顾茅庐”的虔诚，大在孔子“三人行，必有我师”的谦虚，更重要的则是大在“三省吾身”的谦恭和谨慎。古人如此，今人又何尝不应如此？到了今天，我们同样需要“三省吾身”。

第25课 保持永远不会冷下来的热情

热情是一种难能可贵的品质。成功学大师拿破仑·希尔说过："要想获得这个世界上最大的奖赏，你必须像最伟大的开拓者一样，将所拥有的梦想转化为为实现梦想而献身的热情，以此来发展和销售自己的才能。"历史上发生的许多巨变和创造的奇迹，不论是社会、经济、哲学或是艺术，正是因为参与者投入了百分之百的热情才得以进行的。

第26课 借力，为成功加速

竞争的社会，只靠自己的力量去取得成功是很难的。幸好，我们还可以借力。借力可以让你借助于身边的各种资源，突破现有条件的限制与束缚，做你想做的事情，做你敢做的事情，最终让你更快地获得成功。

第27课 平静的心灵会产生力量

在快速运转的生活节奏中，如果过多地留恋世间的各种诱惑，执著于对功名利禄的追求，失去了内心的平静和淡泊，变得浮躁和贪婪，进而对生活失去了耐性，在急不可耐的忙碌中使生活变得杂乱无章。要想使生活有规律，必须使心中的杂念沉淀下来。生活需要把心沉下来认真体会，平静的心灵更能产生力量。

第28课 初出茅庐者的“蘑菇定律”

蘑菇定律是指初入世者常常会被置于阴暗的角落，不受重视或打杂跑腿，就像蘑菇培育一样还要被浇上大粪，接受各种无端的批评、指责、代人受过，得不到必要的指导和提携，处于自生自灭过程中。蘑菇生长必须经历这样一个过程，人的成长也肯定会经历这样一个过程。所以，如何高效率地走完生命中的这一历程，尽可能地从中吸取经验教训，是每个刚踏入社会的年轻人必须面对的问题。

第29课 盲从与理性——从众化到个性化

我们都听说过羊群效应，其表现了人类共有的一种从众心理。而从众心理很容易导致盲从，盲从则往往陷入骗局或遭到失败。所以，我们要努力培养和提高自己独立思考和明辨是非的能力，只有保持自己独特的个性和独特的创意，方可达到出奇制胜的效果。

第30课 让情绪为你所控

好的情绪可以使人走向成功，而不良的情绪却可能使人面临失败。其实，每个人的情绪都是有波动的，而我们需要做的就是主动控制自己的情绪。这样你的生活才会处处充满阳光，你的人生也将走向平和与成功。

第31课 勇敢摘取胜者的王冠

歌德说过：“你若失去了财产，你只失去了一点儿；你若失去了荣誉，你就失去了很多；你若失去了勇敢，你就失去了全部。”我们不要只是说说而已，勇敢地去做吧，用你自己手中的一半，去获取上帝手中的另一半，与命运抗争，更要与自己抗争。

第32课 相信你是最后的胜利者

既然选定了目标，就要勇往直前，即使跌倒了，也要爬起来，拍拍身上的土，把失败写在背面，继续上路。要知道生命的奖赏永远在旅途的终点，它不会因为你的无法坚持而主动靠近你。相信你是最后的胜利者，奋勇前进吧！

第33课 超越苦难和挫折

人生，绝不是一条笔直的道路，而是一条曲折而漫长的征途——既有荒凉的大漠，也有深幽的峡谷，还有横亘的高山。当我们哭着来到这个世界的时候，就已经做好了要经受痛苦、挫折、失败、苦难的准备。

第34课 创造快乐人生

人的一生真正快乐的日子是不多的，大多时候处在烦恼和痛苦中。然而，快乐其实很简单，只要用心去发现，它就在你身边。要知道，境由心生，快乐靠每个人自己来决定，当一个人学会了享受生活的每一个细节，那么他又怎么能不快乐呢？

第35课 有时，放弃才是最好的选择

生活有时会逼迫你，不得不交出权力，不得不放走机遇，甚至不得不抛下手头所做的事。你不可能什么都得到，生活中应该学会放弃。放弃会让你变得更智慧和更有力量。因为它是一种淘汰，一种选择，淘汰掉自己的弱项，选择自己的强项。放弃绝不是不思进取，恰到好处的放弃，正是为了更好地进取，更好地成功。

第36课 培养你的心理优势

一个成功的人，一个成功的社会，都离不开心理的成功。大量的事实说明，心理素质是成功人生的基础。一切的成就，一切的财富，都始于良好的心理素质。因此，成功应该从提高心理素质、打造心理优势开始。

第 1 课

内在的世界，巨大的力量

潜能就是人类原本具备却忘了使用的能力，这种能力又称为“潜力”，也就是存在但却未被开发与利用的能力。每个个体内部都蕴藏有巨大的待以开发的潜能，只是我们没有发现而已。而一旦这种力量被引发出来，将会带给我们无穷的信心和能量。

认识你的潜能

> 人的潜能就像一种力量强大的动力，有时候，它爆发出来的能量会让所有人大吃一惊。
>
> ——歌　德

在每个人的身体里面，都蕴含着一种神秘的、巨大的能量。只要你能够认识到并对这种能量加以开发和利用，你就可以实现自己的理想和抱负，甚至成就自己所向往的一切东西。

如果能打开你心智的大门，亮出你内在超大的“能量宝库”，你会发现里面聚满了财富。其实，它就是你内心贮存已久的那座金矿，你可以从金矿里得到一切你想要的东西，让你的生活变得幸福，使你的事业获得成功。

一位农夫在粮仓面前注视着一辆轻型卡车快速地开过他的土地。他的14岁的儿子正在开着这辆车，由于年纪还小，他还不允许考驾驶执照。但是他对汽车很着迷，似乎已经能够操作一辆车子，于是这位农夫准许他的儿子在农场里开这辆客货两用车，但是不准上外面的路。突然间，农夫眼看着儿子开的汽车翻到水沟里去了，他大为惊慌，急忙跑到出事地点。他看到沟里有水，而他的儿子被压在车子下面，躺在那里，只有头的一部分透出水面。

这位农夫并不怎么高大，他只有170厘米高，70公斤重，但是他毫不犹豫地跳进水沟，双手伸到车下，把车子抬了起来，让另一位跑来援助的工人把失去知觉的孩子从下面拉出来。

当地医生很快赶来了，给孩子检查一遍，只有一点皮肉伤，其他毫无损伤。这个时候，农夫却开始觉得奇怪起来了。刚才去抬车子的时候根本来不及想一下自己是否抬得动，由于好奇，他就再试了一下。结果根本就动不了那辆车子。

这样的故事还有很多，无数事实和科学家的研究成果告诉我们：每个人身上都蕴藏着巨大的潜能，它就像心中“沉睡的巨人”，如果能够唤醒这种沉睡的巨大力量，就一定会出现奇迹。美国学者詹姆斯指出：“普通人只发现了他蕴藏能力的十分之一。与应当取得的成就相比较，我们不过是在沉睡。我们只利用了我们身心资源的很小的一部分，甚至可以说一直在荒废。”所以，世界上有那么多平凡的人，只要激发他们体内潜能的一小部分，就完全可以成就他们伟大、神奇的事业。

我们都知道，一块磁铁可以吸起比它重12倍的金属，但是，如果除去磁铁的磁性，恐怕它连一点儿细细的铁屑也吸不起来。同样，生活中也存在着不同的两类人。一类是有磁性的人。他们有着自己的信仰，对自己更是充满了信心，他们坚信自己生来就是与成功为伴的胜利者；另一类人是没有磁性的人。他们优柔寡断，思前想后，内心充满了恐惧和怀疑。当机会降临在他们面前时，他们总会说：“我失败了怎么办？我受到损失怎么办？人们嘲笑我怎么办？”于是他们在生活中真的没有任何成就，因为他们不敢冒险与尝试，就只有停留在原地。所以，每一个人都要争取成为一个充满磁性的人，并且找出自己身上的那座“能量宝库”——潜能。

每个人都具有潜能，只不过是意外事件和灾祸充当了催化剂，使一部分人有了显露这种能量的机会。但大多数人并不知道去深入开发那些供给身体和精神力量的源泉，反而坐在那里不停地抱怨命运不济，能力不够……他们不知道，自己的身上就存在着一种力量，一种能使他们获得新生的力量。所以，他们的生命常常是平庸、枯燥，甚至是毫无生气的。

在我们的生活中，还有的人可能屡屡遭遇逆境，郁郁而不得志。之后，他便形成一种偏激的思维模式：人生是艰难的，人生就是一场没有硝烟的战役，命运总是不按套路出牌，我的努力没有用，我不可能成为赢家。从此，这个人开始灰心丧气，不思进取，认定自己遇不上好事，也取不到什么成就。其实，他满可以获得和成功人士同等的辉煌，只是他没有及时发现能够改变他人生的巨大力量。他甚至并不知道这种力量的存在。他看见数以万计的人都在以和他相同的方式与命运抗争，然后他认为这可能就是生活。结果只能是埋没了一种能量，也埋没了他的人生。

所以，从现在开始，就着手认识你的潜能吧！一旦你发现了自身的潜能，并有效地加以开发和运用，它就会为你开辟出一片崭新的天地来，你的生命就会因此而大放光彩。

潜能可以创造奇迹

潜能的发挥与心理因素密切相关，要想使人体所蕴藏的潜能发挥到最大，就必须具备优秀的心理素质。

一天深夜，一个人在酒馆里喝醉了酒。从酒馆出来后，他摇摇晃晃地朝家走去，刚走没多远，下起了倾盆大雨，他于是决定抄近路回家，但是走近路要横穿一块墓地。就在他走进墓地时，因为黑暗和狂风暴雨的侵袭，他没有注意到前面刚刚挖好的墓穴，一脚踩空掉进了墓穴里。他奋力地想爬出墓穴，但是，墓穴四周的土因为雨水的冲刷变得泥泞而湿滑，多次努力，他还是没能爬出来。后来，筋疲力尽的他缩成一团，在角落里竟然睡着了。

正巧，又一个醉酒的人，因为想抄近路而横穿墓地，也不幸掉进墓穴里。在费尽全身力气挣扎一番之后，他也意识到当晚是无法逃出墓穴了。就在这时，睡着了的那位老兄被吵醒了。隐藏在漆黑角落里的他用一种深沉的声音不耐烦地说道："别费力气了，你出不去的！"突然从墓穴中传出来的地狱般的声音，让第二个人大受惊吓，他几乎没有迟疑，便纵身跳出了墓穴，一路飞奔地跑回了家。

由此可见，尽管两个落入墓穴的人都确信自己无法逃出墓穴，可事实上，他们绝对拥有跳出墓穴的能力。就是在被人的"助推"下，他们的潜能才能得到释放。很多时候，我们就像他们一样，总是喜欢低估自己的潜能。

从字面意义上来理解，潜能就是人潜在的能力。马克思在《资本论》第一卷中把这种人类"自身的自然中沉睡着的潜力"概括为人的潜能，这种潜能就是人的体能与智能的总和。通俗地说，潜能是指有待开发、挖掘的处于潜伏状态的能力。对此，大家也许再熟悉不过了。很多做父母的，从怀孕那天起，就开始费尽心思地挖掘孩子的潜能，希望他能够更聪明；老师也会用各种方法教育学生，以激发学生的潜能；我们自己也希望能够更加了解自身的潜能，以获得更大的成功。

潜能是巨大的，同时又是"沉睡"的。这可以用"海下冰山"来形容，隐藏在海平面之下的巨大冰山就是我们尚未表现或开发出的潜能，而那露出在海平面上的冰山一角就是我们每个人所表现出来的能力，即显能，只是极小的一部分。

所以，我们每个人都具有非常大的潜能，只是我们自己没有意识到而已。如果能够充分开发和利用自己的潜能，在人生与事业的道路上将会取得更大的成功。

那么，人的潜能到底有多大呢？一项调查显示，在阅读一本书时，正常人的阅读速度为30～40页每小时，而潜能得到激发的人却能达到300页每小时；人脑兴奋时，只有10%～15%的细胞在工作；人脑可储存10亿个甚至更多的信号，而保留在记忆中的却只是很小一部分。由此可见，人类社会的进步还有待于对潜能的进一步激发。

尽管潜能的威力很大，但是它具有不确定性。也就是说，究竟要达到什么程度才算是极限，这是无法测量的。

有一位已经被医生确定为残疾的英国人，名字叫做哈里，他已经在轮椅上坐了二十几年。他原本是个健全的人，只是因为在一次战争中背部中了枪弹，经过紧急抢救，他虽然保住了性命，却不能行走了。

为此，他变得悲观、失望，整天借酒消愁。有一天，当他从酒馆出来坐着轮椅回家时，突然遇上几个劫匪，他们动手抢他身上的钱。他奋力反抗并大声叫喊，结果触怒了劫匪，劫匪于是放火烧他的轮椅。看到轮椅失火，哈里竟然忘记了自己不能走路。他一跃而起，撒开两腿拼命地跑，求生的欲望竟然让他一口气跑到了警察局。

事件过去以后，哈里回忆说："如果当时我不逃走，就一定会被大火烧伤，甚至被烧死。那一刻，我什么都不顾，站起来拼命逃走，直到自己停下来时，才发现原来自己真的还可以行走。"

可以说潜能的发挥离不开心理因素，并与心理因素密切相关。要想使人体所蕴藏的潜能发挥到最大，就必须具备优秀的心理素质。良好的人格，不偏激，不忧虑，每天抱着一种积极向上的心态和观念，都可以使人的潜在力量得到开发。由于人常常是通过提高认识，培养感受力和领悟力、坚强意志等方法来开发人的心理潜能，在开发心理潜能的同时，生理潜能也随之得到共同开发。因此，从广义上讲，任何潜能都属于心理潜能。

激发你的潜能

每个人的体内都潜在着巨大的潜能，但这种潜能在沉睡着，一旦被激发，就能做出一番惊天动地的事业来。因此，我们必须挖掘它，激发它，不让潜能再酣睡！

没有人知道自己究竟具有多大的潜能，因而也没有人知道自己到底有多伟大，所以，我们要学会与心灵交流，努力寻找内心中的那个真实的自我。

有一个人向禅师请教："大师，我想学禅，感悟人生的真谛，但是，我不知道应该从哪里做起，您能告诉我吗？"禅师听完后用木棍在地上画了一条线，然后对那个人说："就从这里开始。"那人疑惑不解地问道："这里是哪里？"禅师回答说："这里就是此人、此地、此时！"

是的，学禅不需要去当几年和尚，也不需要去读几卷经文，因为禅就在你心里，不论何时何地，你都具有这种潜能。

你就是自己的化身，你是由肉体、遗传基因、有意识心理和潜意识心理、经验、已知和未知的能力以及其他东西造就的，你有能力去管理和控制这些东西。你的心理包含着巨大的潜能，它有着无限的力量。你必须把这个沉睡的巨人唤醒，因为它有着比阿拉丁神灯更强大的力量。神灯是虚幻的，你的潜能却是绝对真实存在的。

在英国某市的法院里有一位法官，他曾经是一个没有读过书的铁匠。如今60岁了，却成了全市最大图书馆的馆长。他获得过很多优秀讲者的美誉，被人们称作学识渊博、为民谋利的人。这位法官平生最大的愿望就是要帮助那些不识字的人们接受教育，获得知识。可是他自己并没有接受过系统的教育，为何会产生鸿鹄之志呢？原来是他偶然听了一个关于"教育的价值"的讲座。没想到，这个讲座竟唤醒了他沉睡的才能，激发了他远大的志向，从而做出了造福国民的事业来。

在人的一生中，不论何时何地，你都要竭尽所能地走入一种可能激发你的潜能的环境与气氛中，努力接近那些信任你、鼓励你的人，这对于你以后的成功有着重大的意义。可是，几乎所有的人都只发挥了自身能力的15%，而另外的85%的力量没有发挥出来，是因为自卑、恐惧、不安、意志薄弱及罪恶感的抑制。总而言之，就是"与外界的不调和"，因为无法适应外界，就等于是给自己的能力做了终结。

只有与外界的调和才能使自己的能力发挥到最大。因为一切创造的行为，都是指向外界的行为，一旦能和外界达到一致时，自然就会产生神奇的结果。有一个很有趣的现象：在下棋的时候，那些对对手抱有敌意，赢了就很高兴的人，他们的进步都不是很大。而相反，能和对手配合，不在乎输赢，只求下出正确的棋着并在其中寻求对弈之趣的人，则能充分激发潜能，他们也就进步得非常快。这里不把下棋当做一种争斗，而是当做一种"切磋"。所以，如果有两个人，先天素质不相上下，他们所持有的下棋态度不同时，相信他们以后的棋技也会有天壤之别。

胸怀大度，能包容对方的人才是真正的强者。这真的是一个有趣的法则。连下棋这种规则严格的游戏都有这种结果，更何况是充满激烈竞争的社会大舞台呢。

下棋中的这两种截然不同的态度，也反映出两种不同的生存态度，即“取”与“造”。为了争取第一而拼命往前挤的人，本以为是胜利在望，实际却是在拖自己的后腿，他们不知道真正的赢家是在后面。这就是为什么所有的成功者都采取“造”的态度，当你放弃将能力视为自己的私有物时，你就能充分地发挥能力。

如果你希望自己有个创造性的人生，那么，你首先就要做一个“不怕失败的人”，精神的强者，越是失败，越能在失败中得到教训，并且越能提升创造的热情。因此，成功的关键不在于你是否会失败，而在于失败之后能否继续坚持不懈，奋斗不休。无数事实证明，凡是能包容外界，连失败也能包容进去的人，最后必然能激发出最大的潜能，取得非凡的成就。

潜能开发训练

对于心理潜能，很多人都会狭隘地理解成意志的培养。的确，意志最能体现人的意识能动性，有恒心、有毅力、有信心，人们往往能够做到很多看起来不能做到的事情。但是心理潜能不仅仅是意志，任何心理活动都还有相当多的能量没有被挖掘。所以，在一般情况下，任何心理活动都存在着潜能，这些潜能在通过特殊的训练后能够逐步释放出来。

当我们关注自身的潜能并要进行开发时，绝不可盲目进行，还需要把握一些要点，否则将会事倍功半。

1.正确评估自己

潜能是一个人潜在的、尚未完全表现出来的能力倾向，它是个人发展的一种内在特质，是由智能、个性、兴趣、动机或价值观等多种因素构成的一个有机整体。一个人的潜能能否充分发挥出来，或得到发展，很大程度上取决于这些因素之间有机地组合、协调。如果有一件事是他感兴趣的，并且认为是有价值的，值得去做的，而且又有能力去做，同时又适合去做，那么他就会做得更好，这时，他的潜能就能被充分发挥出来。

认识和评价自我潜能必须全面、客观、深刻，既要看到自己的优势和长处，也要知晓自己的弱点和短处。因为“当局者迷，旁观者清”，可以参考家人、朋友及他人的意见，力争对自己有一个全面的认识。

2.正面暗示

我们生活在这个世界上，每天接受大量信息，有正面的也有负面的，要主动接受正面暗示，排除负面暗示。因为经常接受负面暗示的人容易灰心沮丧，一生无所作为，而接受正面暗示的人则倾向于表现出积极心态，百折不挠。

有一头小象，被一根粗锁链拴到了动物园里的一个牢固的铁柱子上。每天它都会拼命地试图挣脱铁索逃跑，但是，它的每次尝试均以失败告终。最后，小象得出结论，不管自己如何努力，锁链都是牢不可破的。于是它放弃了努力，从此不再尝试。日复一日，直到小象长成大象，它仍然习惯性地坚信自己不可能挣脱锁链，尽管拴它的那根锁链已经由粗的换成细细的链条。

“我不行，我挣脱不开。”这是大象从小就给自己的心理暗示，导致它长大了，有力气挣脱开的时候，也不肯再做尝试了。我们以为潜能可能被“训练”，或者用心理学的话说，像大象那样“条件反射”地受到某种定性的思维、行动以及结果的禁锢。正是一次次对自己的负面暗示，使得我们放弃了努力，殊不知，机会已经悄然临近。所以，要用正面暗示武装自己，每天练习，并对自己充满信心。

3.自我放松

有人认为成功就是奋斗、奋斗、再奋斗，人的潜能就是在有压力的情况下激发出来的。事实并非如此，我们奋斗的同时也要学会放松自己，这样做首先是为了获得健康，其次是为了获得智慧。脑科学研究发现，人在放松的状态下，大脑能够诱发出α脑波，在这种状态下，人的身心能量耗费最少，相对地脑部所获得的能量较高，运作会更加快速、顺畅。

4.“眼见”成功

许多成功人士之所以能够实现他们的梦想，主要是因为他们将渴望和思想具体化、形象化，他们具有按照成功来思考问题的习惯。他们的心里所想、行为所做的都是朝向成功，因而最后都成为事实。英国小说家毛姆曾说：“人生实在奇妙，如果你坚持只要最好，往往都能如愿。”每一种思想，只要持之以恒，百折不挠地加以贯彻，迟早都会梦想成真。你可以随意而思，也可以摆脱环境而想。因思想而形成的力量，远比你想象的大得多。

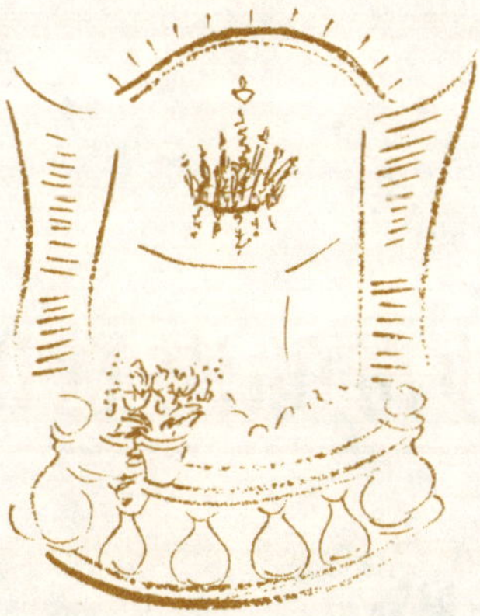

第 2 课

潜意识蕴藏着无穷的宝藏

人类的潜意识具有超越一般常识，几乎可称之为全然未知的超意识能力。人类的直觉、灵感、梦境、催眠、念力、透视力、预知力等都是潜意识的具体表现。有人常以“奇迹”或“超能力”来解释某种神奇的力量，其实指的就是潜意识的力量。任何人只要懂得开发这种与生俱来的能力，就没有实现不了的愿望。

神奇的潜意识

人有所谓的意识和潜意识。一般人学习的时候，运用的是意识的力量。然而，世界潜能大师博恩·崔西说：“潜意识的力量比意识大三万倍以上。”可以说，任何潜能的开发，任何希望的实现，都是可以依靠你的潜意识来达到的。

在人类的本性中，存在着一种强烈的意识倾向，那就是希望自己能变成所想象的样子。埃默森说：“一个人的个性，便是他整天所想要做的那一种人。”我们一切的表现，完全是思想的结果。可见思想具有决定人生方向和结局的力量，这是一个普遍存在的真理。

许多成功人士之所以能够梦想成真，主要是因为他们将愿望和思想形象化、具体化了，他们能够按照成功思维来思考问题。他们想的、做的都是朝着成功方向的，直至最后理想变为现实。因而他们能成功。

英国小说家毛姆曾说过："人生实在奇妙，如果你坚持只要最好的，往往都能如愿。"也就是说，每一个理想，只要坚持不懈、持之以恒地去追求，总有一天会变成现实的。

"只有想不到的，没有做不到的"，只要能够想到的东西，经过努力，都能成为现实。比如现在我们所享用的各种高科技发明成果，不都是发明家想象的结果吗？

很早就有人说过，思想是一种能量，它具有潜在的巨大力量。思想确实可以将你带入一种境界，或是带出一种境界。你可以尽情地思考，也可以随意地想象。它可以让你快乐无比，也可以使你痛苦不堪。思想牢牢地左右着你的境遇，而因思想而形成的力量，却比你想象的要大得多。这从发生在我们生活中的任何一件事情上，都能体现出来。

21世纪，谁能智慧地运用身心力量，谁就是真正的赢家！现代人不停地追求成功，想成就一番事业。可是没有几个人能真正做到，原因何在？事实告诉我们，不管你是聪明绝顶，还是技能高强，成败往往就在你的心念之间。

人的头脑就好比一台计算机，它不仅控制了你的思想和行为，也掌控着你的情绪、感觉以及身体的各种反应，不可思议的人脑系统主宰着我们一生的发展。因此，如何正确地输入信息，有效地提升我们头脑的运转速度，让我们的心志功能得以充分发挥，这将是我们获取成功的关键！

而所谓的潜意识是指潜藏在我们一般意识底下的一股神秘力量，它又称"宇宙意识"、"右脑意识"，脑内革命作者春山茂雄则把它称为"祖先脑"。潜意识内聚集了人类数百万年来的遗传基因层次的资讯。它囊括了人类生存最重要的本能与自主神经系统的功能与宇宙法则，即人类过去所得到的所有最好的生存经验，都包含在潜意识里，因此只要懂得开发这股与生俱来的能力，那么，几乎没有什么愿望是实现不了的。

一位从手工编织起步而成为富商的女士向人们讲述了她的故事。

8岁时，祖母过生日的那天，因为没有钱买礼物，我灵机一动，在祖母的后园里，采集到了一些松叶，然后用彩色线绳和细棒，做成了一朵很漂亮的人造孔雀花。当我把它送到祖母面前时，我用火将它点燃，色彩缤纷的火焰，让祖母不断发出惊讶的赞叹声："哇！这真是太漂亮了！"从那件事后，我发现自己有一种与生俱来的本能，那就是将大自然中的小东西重新安排，展现出全新的创意。

我很喜欢收集许多不同类型的物品，如美国本土的动物骨骸，早期文化的一些珠饰，或是其他国家的钱币等。对我而言，它们好像是一群拥有魔法的女巫，让我莫名其妙地想靠近它们。假如将它们重新打制，缝合在衣服里面，穿戴在自己身上时，不但让我感到和它们非常贴近，也会产生一种无法言喻的归属感，一种与世界其他文化、不同年代互相联结的亲密感受。19岁时，我找了一份销售工作。偶尔会带着收集来又重新组装过的耳环去上班，有的顾客看到后就问："我喜欢你身上的款式，你在哪里买的？"

不久后，有一位买家来和我商量，问我愿不愿意做一些这类的东西去卖。我毫不犹豫地答应了。当时，我只是想糊口谋生，并没有因此想要成为一位所谓的"事业女强人"。

多年后，许多人深深喜欢我设计的东西。我曾设计了一件作品，名为"心灵深处"，它是由一个大拇指环抱着小手指所组合而成。一位妇女看了我的作品后，竟然哭了起来。她说，小时候，她与父亲关系不好，长大后，她试图通过心理治疗来恢复健康的心理状态，但她尚未痊愈，父亲就去世了。她说，对她来说，这是一件象征宽恕的作品。她觉得自己像是那个胖大的手指，而父亲则像小手指一样活在她心中。在此基础上，我不知不觉地成了一个拥有好几家营业额高达数百万美元的公司的富商，连我自己都感到惊讶。

每个人的心灵深处都有一个声音在呼唤着你，它就是潜意识，只是一直以来没有被重视而已。如果我们能花一点时间去正视它，并且跟随它的脚步走，依着它的旨意做下去，那么成功也会变得非常简单。

根据维也纳大学康士坦丁·梵·艾克诺摩博士估算，人类的脑中大约存在一千五百亿个脑神经细胞。当脑神经细胞受到外部的刺激后，就会长出芽，再长成枝，也就是神经元，从而与其他脑细胞相结合形成联络，最后形成一个发达的联络网。这样就可以开启资讯电路。然而人类有95%以上的神经元处于未使用状态，如果这些沉睡的神经元能够被唤醒，那么，可以说每个人都能变成"超人"。

但是，我们只用了潜意识中的极小部分。就是爱因斯坦、爱迪生那样的天才，一生中也不过运用了他们潜意识力量的2%。所以，任何人不管你聪明与否，背景好坏，也不管你的理想多么远大或渺小，只要善于运用这种与生俱来的能力，你就一定会实现你的理想和愿望。

潜意识就好像一台万能的机器，任何愿望都可以为你实现。但它需要一个能够驾驭它的人，那个人就是你自己。只要你能用心，只让好的印象或暗示进入潜意识就完全可以了。

潜意识大师摩菲博士说过：“我们要不断地用充满希望与期待的话，来与潜意识交谈，于是潜意识就会让你的生活状况变得更明朗，让你的希望和期待实现。”所以，只要你不去想消极、不好的事情，而去想那些具有积极性、优越性、建设性的事情，那么，你就可以掌握你自己的命运。

开发利用你的潜意识

人类大脑中的潜意识，总是不断地在相互碰撞、追逐、扰攘，那里蕴藏着无穷的宝藏，是人类创造性的源泉。

一位住在澳洲的父亲罹患了老年性肺结核，且病情严重，眼看自己已经快不行了，所以要他的儿子赶快回家来处理后事。

他儿子对潜意识和信仰的关系有着深刻的认识，所以他对父亲说：“爸爸！我于偶然的机会遇到一位常常能创造奇迹的修士。这位修士带着一片真正十字架的碎片，我硬是把他这个碎片要了过来，而我也捐了500美金给他。听说只要碰到这个十字架的碎片，就像触碰到耶稣的身体一般，会发生奇迹。”

他的儿子把话说完后，就把十字架的碎片交给了他父亲。他的父亲对儿子的孝心大为感动，紧握十字架祈祷一番后就睡着了。第二天当他醒来的时候，觉得身体好多了，经过医生的检查，也发现他的肺结核转为阴性。事实上，这个儿子交给父亲的，并不是真正的十字架碎片，只是从路旁捡来的小木片而已。

既然潜意识蕴含着那么多的身体奥妙，那么我们该怎样去开发和利用它，使它发挥出最大效用呢?

训练开发潜意识的无限“储蓄”和记忆功能，将会为你的聪明才智奠定更为广阔、雄厚的基础。

训练对潜意识的控制能力，可以使它为你的成功服务，从而不至于把你导向事业的失败。

如果遇到消极的思想或信息，可以采取两个办法加以控制。一是立刻抑制它，回避它，不要让它“侵蚀”你的大脑；对过去无意中吸收的消极信息，永远也不要提起它，最好把它遗忘掉。二是进行判断性分析，“化腐朽为神奇”。你要善于运用成功的、积极的心态，对那些不良的思想和信息进行分析和评价，化害为利。让它们像毒草化成肥料一样，变成有益于成功的思想意识。

另外，开发利用潜意识自动思维创造的智慧性功能，可以帮助你解决问题，并获得创造性灵感。

很多时候，我们会发现，当你冥思苦想一个问题，无论如何也想不出个完美的答案。可是，过了一段时间，或者你在梦中，或者在你早上醒来，或者你走在路上时，却突然从大脑中“蹦”出了你想要的答案或灵感。

因此，你要随时准备好纸和笔，以便记下突然出现的灵感。电影大王邵逸夫就是这样，他在思考各种问题的时候，不管身在何处，都备有一支笔和一个记事簿。一旦灵感从潜意识中迸发出来，便立刻记录下来。这使邵逸夫成就了他辉煌的事业。

归纳起来，潜意识具有六大特点，即：一、能量巨大；二、喜欢带有感情色彩的信息；三、不识真假，唯命是从；四、易受图像刺激；五、记忆性差，需强烈刺激或重复刺激；六、心态放松时，各种信息最容易进入潜意识。

为此，美国著名潜意识专家博恩·崔西提出了如下“刺激法”激发潜意识的理论。

视觉刺激法：你可以在房间里竖起一块“梦想板”，把自己的梦想化成图画贴在梦想板上，天天观看。这可以时时刺激你的潜意识，使其帮助你实现梦想。

听觉刺激法：就是说当你在紧张、恐惧、缺乏自信的时候，就大喊几声，这样有助于你立刻恢复信心和力量。声音的力量可以影响你的信念，为你带来积极的效果。

意向刺激法：利用潜意识“不分是非”的原理，在大脑中引导你所希望的成功场景，从而把你潜意识中的负面思想一点点儿地替换掉。你可以通过反复的自我暗示，树立必胜的信念，使自己产生积极的行动，从而实现自己的目标。

不要强迫你的潜意识

向潜意识说出自己的要求和渴望是必要的，但是完成这一过程，需要你不急不躁，全身放松，心态平和地进行。只有这样，潜意识才能自主地工作并发挥力量。

法国著名心理疗法医师里库埃曾经说：“如果你的愿望与想象之间发生冲突，那么后者将会占据主导。”他还举了一个例子来说明：

假如地上放着一块木板，要你在上面走，这对你来说，肯定非常容易。现在，如果把这块木板搭在两面墙的墙头之间，离地面有20英尺高，那么，你还能无所畏惧地在上面走吗？你在木板上行走的愿望，很容易会被你的想象力——担心从上面掉下来这一想法所抵消。于是，你想行走在木板上的愿望、意志乃至事实上的行动，会在一转念间发生改变，恐惧的心理很快占据了上风。这样的大脑意识不啻为“自折台脚”，最终导致你没能走过木板所搭建的这座桥。这种强大自我暗示的力量，使得潜意识思维受到抑制。因此，要避免或禁止在祈祷时，或者做其他事情时产生不必要的想象，这是你的愿望得以实现的重要前提。

向潜意识说出自己的要求和渴望是必须的，但是完成这一过程，需要你不急不躁，全身放松，心态平和地进行。只有这样，潜意识才能自主地工作并发挥力量。不要特别在意过程中的细节和方法，重要的是你的心态。任何时候，只要你有待解决的问题得到了解决，你就应该把这种成功的快乐记在心里。当你久病初愈，当你在沉重的工作中获得了长假，那种无法想象的喜悦之情就会与你如影随形。你要常常用快乐来充实自己。

当你运用潜意识思维时，不要想着自己会有任何敌人，也不要假设自己会存在任何危险。你要做的，就是尽量想象你实现目标后的那种高兴和兴奋的状态。这时，你就会发现，自己的某些“智慧”与“悟性”总会跑出来，试图阻挡潜意识的前进之路。别去管它们，你只要尽力保持一份明确而强烈的信念就是了，它一定会产生奇迹。

要使潜意识做出有效的回应，最好的办法就是运用科学的手段，来“激活”头脑中的想象力。另外，你也可以使用“祈祷术”。

具体做法是：首先，认真分析你的问题；其次，把解决问题的任务下达给你的潜意识思维；最后，酝酿情感，对潜意识给予全部的希望与信任，坚信潜意识一定能够解决你的问题。

需要注意的是，在“祈祷”的过程中，不要出现“我希望自己有可能成功”、“但愿一切顺利”等这样的字眼。因为这种意识对成功没有任何用处。这样做，只能使潜意识思维产生抗拒心理，从而使你的愿望不能实现。你的言词要充满权威，充满坚定的信念。你要对自己说“我一定能成功”、“我相信一切都会顺利”。

很多参加考试的学生都有过这样的经历，当他们拿到试卷的时候，却发现原来背得滚瓜烂熟的东西一时间忘得一干二净，什么都想不起来了。这时，如果你越努力去想某些东西，越是和自己较劲，你就越想不起来。在这种情况下，你最好是暂时把它放弃，做那些你可以记住的题目。等到把会做的试题都做完了，再回过头来思考先前想不起来的问题，往往会意想不到地顺利。还有的时候，你在考场上无论如何也想不出问题的答案，可是一旦走出考场，却突然间什么都记起来了。

像在考场上一样，如果对大脑进行强迫性控制，那是你自己给自己预先设置了障碍。如果你把思维全部集中在解决问题的方法和过程上，那么，它就不会关注于问题本身。对于任何的愿望、想法或头脑意象来说，意识与潜意识之间必须达成某种默契。只有二者之间没有矛盾与冲突，才会达到更好的效果。

因此，为避免意识和潜意识之间出现冲突，你在“祈祷”时，最好让自己进入意识模糊的状态。比如，即将睡着的时候或刚刚起床的时候。这种时候，既有助于排除各种杂念的干扰，又是潜意识思维活动的“高峰期”，潜意识能够乖乖地听命于你。

潜意识开发训练

人有所谓的意识和潜意识。一般人学习的时候，都是运用意识的力量。然而，世界潜能大师博恩·崔西曾经说过："潜意识的力量比意识大三万倍以上。" 所以，任何的潜能开发，任何的希望要实现，都是依靠你的潜意识。

潜意识包罗万象，深厚神奇，那么如何来训练开发和利用它呢？以下几点可供探索参考。

1．训练开发潜意识的无限蓄储记忆功能

如果你想建造高楼大厦，就必须储备好各种各样的建筑材料、装修材料、设计知识、建筑技能、各种建筑机械，还有指挥管理技能等。对于一个追求成功与卓越的人来说，应该不断地学习新的东西，给潜意识输进更多的基本知识、专业知识、成功知识以及相关的最新信息。

为了使你的潜意识储蓄功能更有效率，可采取一些辅助手段帮助储存。如重要资料重复输入，重复学习，增加记忆功能，建立看得见的信息资料库——分类保存图书、剪报、笔记、日记、现代的电脑软盘等，以便协助潜意识为我们的创造性思维和其他聪明才智服务。

2．训练对潜意识的控制能力

由于潜意识是非不分，积极消极、好的坏的统统吸收，常常跳过意识而直接支配人的行为，或直接形成人的各种心态。所以，成也潜意识，败也潜意识。因此，我们要训练自己，努力开发利用有益的积极成功的潜意识，对可能导致失败消极的潜意识加以严格的控制。

具体地说，珍惜原来潜意识中的积极因素，并不断输入新的有利于积极成功的信息资料，使积极成功心态占据统治地位，成为最具优势的潜意识，甚至成为支配我们行为的直觉习惯和超感。另外，对一切消极失败心态信息进行控制，不要让它们随便进入我们的潜意识中。

3. 开发利用潜意识自动思维创造的智慧功能

潜意识蕴藏着我们一生有意无意、感知认知的信息，又能自动地排列组合分类并产生一些新意念。所以我们可以给它指令，把我们成功的梦想，所碰到的难题化成清晰的指令经由意识转到潜意识中，然后放松自己等待它的答案。比如反复下达这样的指令：我该如何开辟这新的饮料市场呢？还可以把指令化小：我开辟市场的第一步应该怎样走？等等。

4. 不断地想象、不断地自我确认、不断地自我暗示

假设你想要成功，就念我会成功，我会成功，我一定会成功；假设你想赚钱，你就念我很有钱，我很有钱，我一定会很有钱；假设你想要让自己的业绩提升，就告诉自己，我的业绩不断地提升，不断地提升，我的业绩一定会不断地提升；假设你想要存钱，就不断地告诉自己：我很会存钱，我很会存钱，我很会存钱。

这样不断地经由你反复地练习，反复地输入，当你潜意识可以接受这样一个指令的时候，所有的思想和行为都会配合这样一个想法，朝着你的目标前进，直到达到目标为止。

第 3 课

打造成功的心理资本

人的发展、成功和幸福，不仅需要环境和社会文化因素的支撑，更需要充分认识和发掘个人内在的积极心理品质，这就是心理资本。心理资本，是隐藏在我们内心深处的一股永不枯竭的力量，是把人生推向成功的原动力。

成就一生的乐观资本

一个经常保持乐观情绪的人，会拥有更加自信的心志。而充分的乐观更能激发一个人的奋发精神，让他更加自信地面对未来，更加有效地解决问题。

什么样的人才是最受欢迎的人呢？根据最近的调查和研究结果得出，“乐观”与“希望”是最好的人格品质。加强这方面的心理建设和学习，可以强化个人的能力，增进做事效能。

《EQ》一书的作者丹尼尔·高曼曾经说过，乐观的人不易产生无力感、冷漠，他们做事都比较自信，能经得起打击和挫折。乐观的人在面对失败时，大多会积极制订下一步计划，或者寻求他人的帮助，并且认为失败是很正常的，是可以补救的。而相反，悲观的人一旦遭遇失败，就会对一切感到绝望。

比如，刚刚步入社会的人，无论在求职，还是在开始工作的过程中，难免会遇到挫折，甚至还会灰心丧气、一蹶不振。如果刚进入社会时就学习打造自己的心理资本，积极培养“乐观”与“希望”的人格特质，那么，就会在无形中增进自己的能力。这也是现代社会最需要的人格资本。

乐观是动力的助推器。医学杂志载文表明，乐观的情绪可以刺激大脑，使大脑前额叶更加发达，而大脑前额叶的发达又可以促使人的思维运转得更为迅速。华盛顿说：“一切的和谐与平衡，健康与健美，成功与幸福，都是由乐观与希望的向上心理产生与造成的。”

有一个小男孩很悲观，他总认为自己是这个世界上最倒霉的人。他因为一种怪病而留下了瘸腿和一口参差不齐且外突的牙齿。所以他很少与其他孩子们一起玩耍。老师叫他回答问题，他也低着头一言不发。

春天到了，小男孩的父亲从邻居家讨了一把树苗。他想把这些树苗栽在房前。于是，他把孩子们叫了过来，说：“谁栽的树苗长得最好，我就送给谁一件他最喜欢的礼物。”小男孩很想得到父亲的礼物，但看到兄妹们种树的欢快身影，不知为何，他心里居然跳出一个奇怪的想法：希望自己栽的那棵树早点死掉。因此，小男孩浇过一两次水后，就再也没有去管小树。

几天后，小男孩再去看他栽的那棵树时，感到非常震惊。因为那棵小树不但没死，反而长出了几片崭新的绿叶。与兄妹们栽的树相比，显得更加茁壮、有生气。于是，父亲兑现了他的诺言。当父亲把礼物递给小男孩时，对小男孩说了一句话：“从你栽的树来看，你长大后一定会成为一名出色的植物学家。”

从那以后，小男孩变得乐观起来。

一天夜里，小男孩失眠了。他想起生物老师说过植物一般都在晚上生长。他就起身准备去看看自己的小树是否也会在晚上长出一截来。当他悄悄来到院子里时，却看见父亲在用勺子为自己的小树浇水。顿时，他一切都明白了，眼泪悄悄地流了下来。

转眼间，几十年过去了，那位瘸腿的小男孩虽然没有成为一名植物学家，但他却成为了美国的伟大总统。他就是富兰克林·罗斯福。

罗斯福的成功充满着神奇和伟大。先天赋予他的缺陷是那么的严重，但他却能毫不灰心地走下去，直到成功的大门为他而开。我们从中可以看到，保持乐观对人的影响是多么大。正是因为乐观，使罗斯福鼓起了生活的勇气，而不在乎自己的缺陷。他甚至可以加以利用，变其为自己成功的资本。直到他的晚年，已经没有几个人知道他的缺陷。美国人民都爱他，他是一位深得人心的总统。

一个时刻保持乐观的人，才会取得更大的成功。乐观能激发一个人的奋发精神，让他充满自信地面对未来，从而更加有效地去解决问题。

第二次世界大战期间，一位名叫汉娜的女士收到了侄儿战死沙场的消息。侄儿是她唯一的亲人，也是她最爱的一个人。她实在无法接受这个事实，决定放弃工作，远离家乡，把自己永远藏在孤独与泪水中。

就在她整理东西时，发现了一封几年前侄子写给她的信。信里这样写道："亲爱的汉娜姑姑，我知道你会撑过去。我永远不会忘记你曾教导我的：不论在哪里，都要勇敢地面对生活。我永远记着你的微笑，像一个男人一样，能够承受一切的微笑。"她把这封信一连读了好几遍，似乎亲爱的侄子又回来了，正在对她说：你为什么不照你教导我的去做呢！

汉娜放弃了离家出走的念头。她告诉自己说：我应该把痛苦藏在微笑下面，继续生活。事已如此，我没有能力改变它，但我有能力生活下去。

人的一生，总免不了要遭受各种苦难和挫折。有的人会因此而灰心丧气、伤心绝望，而也有人始终百折不挠、充满信心。人生需要往远处看，超越成败得失，满怀信心地面对未来。每一次的失败，都会让你离成功更近一步。用乐观去笑对一切，你才会飞得更高、更远。

豁达是智者的大度

“世界上比天空更宽阔的是人的心灵。”要有这样一颗美好的心灵，就必须放下各种心理包袱，使真诚、热情、谦虚、勇敢、坚定成为自己立身处世的法宝。这样才能使自己成为一个真正豁达的人。

人有一分器量，便有一分气质；人有一分气质，便多一分人缘；人有一分人缘，必多一分事业。虽说器量是天生的，但也可以在后天学习、培养。纵观历史，有多少名人圣贤，不赞其功业，而赞其器量。所以，器量对人生的功名事业至关重要！有器量的人在为人处世上的表现就是豁达大度。

豁达来自对人生的理解和对世事的明了，也是一种心智，一种格调。它能使人常有徜徉在山水之间自由自在的从容，也有处世不惊的沉稳；它能使人在理想与现实的契合点上找到自身的光芒，在对生活的博爱面前找到皈依。这时，豁达所袒露的是弘天地之美的大度，虽不热烈但深沉雄厚！

美国玫琳凯化妆公司的创始人兼董事长玫琳凯，这位化妆业的巨头，以她的智慧，缔造了世界化妆界的神话。她的公司，从38年前的9个人发展到今天的75万名员工。到20世纪90年代初，公司销售额达2亿美元。作为一个女人，能取得如此巨大的成功，显然是有其独特的智慧和能力的。

玫琳凯的成功，与她从小养成的豁达性格不无关系。很小的时候，父亲因病住院，母亲为了照顾全家人的生活，从早到晚在外打工赚钱。玫琳凯7岁时，便担当起照顾重病中的爸爸的工作。当时，个子矮小的她站在椅子上给爸爸做饭，做饭时，她要打20多个电话给妈妈。在电话里，妈妈一直用话激励着她：“宝贝，妈妈知道你能做好，一定能！”正是妈妈的这句话，让小小的玫琳凯有了自信。即使把饭做得不好，她也不沮丧，而是充满信心地去做第二次饭。7岁的玫琳凯正是在做这一切时，使她拥有了坚强的意志和豁达的心胸。

然而命运好像有意跟这个豁达美丽的女孩过不去。27岁那年，她的第一任丈夫离家出走，而把三个孩子留给了她。她没有工作，没有经济来源，没有一分钱的积蓄，生活面临着重重困难。第二天，这个平凡而又坚强的女性强打起笑脸，走上社会，去谋生路。几经奔波，她终于找到一份既能照顾家又能干事业的直销工作。在工作当中，她以豁达的心胸对待竞争对手，以坦诚的话语与顾客交心。不久，她成为经验丰富的年薪2.5万美元的销售强人，并开始一步步地走上公司的领导职位。

与此同时，在她心里，开始勾勒创办自己公司的蓝图。49岁时，她看到孩子们已经有了一份好工作后，就从销售部门退休回家。退休后的玫琳凯，筹划起她“梦想中的公司”，这就是后来享誉全球的“玫琳凯化妆公司”。

具有智慧的董事长玫琳凯生性豁达，与众不同的经历和丰富的工作经验，锻炼了她的口才。她曾用热情洋溢、充满激情的讲演激励她的员工，激励她的顾客。20世纪90年代的玫琳凯已经是曾祖母了，但她却笑着说：“我觉得我才24岁。”在她眼里，豁达的心胸是不会随着年龄的增大而老去的。她相信，一个豁达的人，是永远年轻和充满智慧的。

这就是豁达带给人类的智慧。就是这种豁达的心胸，让人在面临困难时，身陷人生低潮时，不畏惧、不退缩，更不企图逃避，而是微笑着站起来，寻找理想的方向。普希金说过一句话：阴郁的日子里需要镇定。那么，是不是也可以这样说，人生狭隘之处需要豁达。与其抱怨世事繁杂，还不如尝试着用豁达去拨开云雾，眺望晴空，那么天底下的美景还有什么是你看不到的呢？

豁达的人在遇到困境时，除了会本能地承认事实，摆脱自我纠缠之外，他还有一种趋乐避害的思维习惯。这种趋乐避害，不是为了功利，而是为了保持情绪与心境的明亮与稳定。这正如一位哲人所说：“所谓幸福的人，是只记得一生中满足之处的人；而所谓不幸的人，是只记得与此相反的内容的人。”

美国第32任总统富兰克林·罗斯福，一次，他的家中失盗，被偷去很多东西。他的朋友得知之后，写信安慰他。罗斯福是个性格豁达的人，他给朋友回信说：“谢谢你来信安慰我，我现在很平静，感谢上帝。因为：第一，贼偷去的是我的东西，而没有伤害我的生命；第二，贼偷去我部分东西，而不是全部；第三，最值得庆幸的是，做贼的是他，而不是我。”

这些理由是罗斯福心情平静的原因，也表现了他豁达的性格。

豁达是一种襟怀气度，是一种心境，更是一笔宝贵的精神财富。它使人达观、宽容、洒脱和睿智，直至虚怀若谷。

豁达与宽容比肩。它们共同演绎出洞明世事、练达人情的美妙境界。以豁达与宽容之心去体验，万事即豁达开明。宽容让人产生一种存乎天地、达于心性之间的浩然正气。在世事瑕瑜互见之间，敞开心扉、兼容并蓄、留有余地，接纳生活给予我们的种种磨砺和考验。那么，在磨难之中，就能保持一份坦荡和真诚。

人生并不总是欢歌。那些云起云落、潮涨潮退会轻易控制我们无法选择、无法通融的人生。人生也同样不尽是愁云。欢乐时，年轻浮躁的我们也很容易变成任性狂奔的野马。唯有心持豁达，处世无奇，不论花开花谢，月圆月缺，人生自能拥有燃烧的美丽！

生活是多姿多彩的，拥有了豁达的态度与胸怀，就拥有了透视人生的眼睛；拥有了豁达，就拥有了奋进的力量；拥有了豁达，就拥有了希望的渡船，就拥有了在艰难中敢于拼搏的精神。

抱着一份乐观豁达的人生态度，守着一颗淡泊宁静之心，你就会发现生活是多么美好！

要勇敢，脚下才有路

勇敢，指的是当一个人遇到痛苦、困难、危险的情况时，不但不害怕去面对，而且有信心去克服的一种心境。勇敢是面对危险和困难表现出来的一种无所畏惧的行为品质，即在危险和困难面前表现的胆气。

乔治·艾略特曾说：“等到事情有了确定的结果才肯做事的人，永远都不可能成就大事。”机遇可能来自于一项需要付出勇气的工作。当别人犹犹豫豫的时候，你迅速做出决断，大胆承担起来，很可能这就是改变你命运的关键性一步。

在生活中，勇敢型的人与妥协型的人大不一样。妥协型的人会尽力搞好与身边人的关系，他的原则是与他人保持绝对的一致；而勇敢型的人却会在特殊或危险的环境下脱颖而出，一跃而成为领袖。

曾经有一位波斯国王，想要挑选一名官员来担当重要的职务。于是他把手下智勇双全的官员全都召集在一起，检验他们之中究竟谁能胜任。国王把官员们领到一座大门前，面对这座他们谁都不曾见过的国内最大的门，国王说："臣子们，你们都是能文善武的人。现在你们看到的就是我国最大也是最重的门，但是一直没有打开过。你们之中有谁可以把这门打开，帮我解决这个一直没有解决的难题？"

大多数官员只远远望了一下大门，就连连摇头摆手。有几位官员走近大门看了看，又转身回来了，没敢试一下。另一些官员也都说没有办法把门打开。这时，有一位官员走到大门下，先仔细看了一番，又用手四处摸索，用各种办法尝试把大门打开。几经努力后，他抓住一根粗重的铁链，稍稍用力一拉，大门就开了。

原来，这座看似严密的大门，并没有真正关上，任何一个人只要肯仔细地观察，并大胆地试一试，都可以把门打开。如果连看都不看，摸都不摸，当然会被这貌似严密的庞然大物吓倒了。

国王对打开大门的臣子说："朝廷最重要的职务，就由你来担任吧！因为你没有被自己所听到的和所见到的吓倒，在别人感到束手无策时，你却会想到寻找破绽，并有勇气去尝试。"国王又对众臣子说："其实，对于任何看似难以解决的问题，都需要勤于思考，并大胆地去尝试。"

"在这个世界上，只要你真实地付出，就会发现许多门都是虚掩的！微小的勇气，能够完成无限的成就。"斯科特·派克说。

勇敢是一种敢于面对生活中的困难，敢于迎接新的挑战的英雄之气，是激励自我战胜心理上胆怯的一种无畏精神。没有勇敢品质的人，就不敢冲破世俗和传统习惯，不敢为天下先，也不会有惊人之举；他不具有创新精神，更不会做出惊天动地的事业来。没有勇敢品质的人，他才能的发挥会受到限制，他的智慧也将变得无用；他很容易丧失大好时机，更会丢失成功的机遇。

因此，每个人在面对困难和挫折时，都要勇敢地去面对和克服。勇敢者不是什么都不怕，他们的特点是面对自己的恐惧，采取的是积极的行动，而非退让。

1983年，布森·哈姆徒手攀壁，登上了纽约帝国大厦。他在创造了吉尼斯世界纪录的同时，也赢得了"蜘蛛人"的称号。

美国恐高症康复联席会得知这一消息后，致电“蜘蛛人”哈姆，打算聘请他做康复协会的顾问。

哈姆接到聘书后，给联席会主席约翰逊打电话，要他查一下第1042号会员，约翰逊很快就找到了1042号会员的个人资料。那个人的名字正是布森·哈姆。原来他们要聘请为顾问的这位“蜘蛛人”，本身就是一位恐高症患者。

约翰逊对此大为震惊。一个站在一楼阳台上都会心跳加速的人，竟然能徒手攀上400多米高的大楼，他决定亲自去拜访布森·哈姆。

约翰逊来到费城郊外的布森住所。这里正在举行一个庆祝会，一名记者在采访一位老太太。

原来布森·哈姆94岁的曾祖母听说他创造了吉尼斯世界纪录，特地从100公里外的家乡徒步赶来。她想用这一行动为哈姆的纪录喝彩。

谁知这异想天开的做法，无意间竟创造了老人徒步百里的世界纪录。有一位记者问她，当你打算徒步而来的时候，你是否因年龄问题而动摇过？

老人镇定地说：“小伙子，打算一口气跑100公里也许需要考虑。但是，走一步路是不需要考虑的。只要你走一步，接着再走一步，然后一步再一步，100公里也就走完了。”

站在一旁的恐高症康复联席会主席约翰逊听了这些后，一下子便明白了哈姆登上帝国大厦的奥秘，原来他有向上攀登一步的勇气。

做任何事情都必须实施行动，任何行动中都难免要遇到危险和困难。战胜困难，面对危险需要的是勇气，勇气是战胜困难的急先锋，先行官。只有有了勇气，才可能披荆斩棘，走到成功。只有有了勇气，人特有的思想、智慧、感情和精神才能淋漓尽致地表现。

爱因斯坦说：“勇气是上天的羽翼，怯懦却引人下地狱。”温斯顿·丘吉尔说：“一个人不可在遇到危险的威胁时，背过身去试图逃避。若这样做，只会使危险加倍；如果面对它毫不退缩，危险便会减半。绝不要逃避任何事物，绝不！”

因此，面对困难，不要望而却步、畏缩不前，要有勇气向上一步一步地攀登。只要一步一步地坚持，再高的山，再长的路，都会被你征服。

乐观心理训练

乐观是愿望得以实现、紧张状态解除时所产生的情绪体验。乐观是心胸豁达的表现。比地大的是天空，比天空大的是人心。乐观、豁达的人是真正的强者。乐观者能适应生活险境，控制自己的命运，即使事情变糟了，他也能迅速做出反应，找出解决的办法，确定新的生活方案。乐观的人不会对事业表现出丝毫的失望和绝望，正如情商研究中所说：悲观的心态泯灭希望，乐观者则能激发希望。

那么如何才能保持乐观的心境呢？主要有以下两种训练方法。

1．快乐游戏

（1）相互祝贺

10人一组围坐一圈，从第一位开始向对面一位说出快乐的语句，祝贺对方。不笑，再说一个，直到对方兴奋为止。下一位开始……依次完成，评出最佳快乐语。

（2）幽默表演

10人一组围坐一圈，从第一位开始顺时针方向，依次讲幽默笑话，并指出此笑话可在何时应用。

2．故事填补

不以物喜、不以己悲、随遇而安、知足常乐是高智商、高情商的表现。古希腊哲学家苏格拉底生活境况并不尽如人意，但善于从不利中寻找欢乐，心境保持良好。还是单身的时候，和几个朋友挤在一间小屋里，他总是笑眯眯的。有人问他："如此拥挤，何以高兴？"他说："朋友在一起，随时交流感情，难道不值得高兴？"

过了一段时间，朋友成家都走了，他一个人住依然很快乐。那人又问："现在一个人孤单单的，还有什么高兴的？"他说："……"（请大家填补快乐语句）

几年后，他成家住进楼房底层，条件很差，那人又问："现在你快乐吗？"他说："进门就是家，搬东西方便，朋友来访容易，空地能种花，乐趣没法说！"

又过一年他搬到最高层，依然快快乐乐的，那人又问他："住最高层又有哪些好处？"他说："……"（请大家填补快乐语句）

按照个人想法填上快乐的语句，然后举出一例说明苏格拉底的心境可以解决生活中哪些不快乐的事情。

第4课

心理控制术——改变意象，改变人生

自我意象会控制你能做哪些事、不能做哪些事，哪些事对你来说很难、哪些事很容易，甚至会决定别人对你有何反应。其确定性和科学性，就像一支温度计测量你家中的室内温度那样无可辩驳。

自我意象，由内而外改变自己

只有那些敢于相信自己内心有某种东西能战胜周围环境的人，才能创造辉煌。

——布鲁斯·巴顿

虽然你不是一台力量巨大、程序复杂的机器。但从某种意义上来说，你的内心里却有一部威力无比的成功机器在等待着你发号施令。只要你发现了它，并认识了它，那么便能为你提供强大的、源源不断的成功动力。这便是自我意象。

其实，一个人内心蕴藏的力量是巨大的，这种力量足以帮助你走向成功。但遗憾的是，很多人并没有意识到这些，而认为自己一无所长，干什么也不会成功，这其实是不对的。只要能重新认识自我，发现自我，相信自己的能力，那么就一定会取得成功。

自我意象心理学的先驱之一普雷斯科特·莱基曾做过一个实验。由于他是一位教师，所以有机会通过成千上万名学生来验证他的理论。他提出，如果学生学习某一学科有困难，那可能是因为他自认为不适合学习该学科。然而莱基相信，如果能说服该学生去改变对自己的自我界定，其学习能力应该也能随之改变。

事实证明的确如此。有一名学生拼100个单词会拼错55个，而且好几门功课不及格，整整一学年连学分都没拿到。但在第二年总评却达到92分，还成为全校拼写最好的学生之一。另一位因为学习成绩差被勒令退学的大学生，却在退学后考入哥伦比亚大学就读，还令人信服地得到了“A”。有个测试机构告诉一位男孩，说他根本没有学好英语的天赋，但这个孩子在第二年却获得了文学比赛的优秀奖。

这些学生的问题并不在于他们不聪明或缺乏基本能力，而在于有一种不恰当的自我意象，比如“我不是学英语的料”，“我天生就缺乏拼写能力”等。他们认同自己的错误和失败。但是，只要他们能够改变对自身的看法，就会取得非常惊人的成就。试想一个整天说自己是失败者的人，又怎能获取成功呢？

有一个盲人，小时候深为自己的缺陷而烦恼沮丧，认定这是老天在惩罚他，自己这一辈子算完了。后来一位老师开导他说：“世界上每个人都是被上帝咬过一口的苹果，都是有缺陷的人。有的人缺陷比较大，是因为上帝特别喜爱他的芬芳。”他很受鼓舞，从此把失明看做上帝的特殊钟爱，并振作起来，准备向命运挑战。若干年后，他成了一位著名的盲人推拿师，为许多人解除了病痛。

把人生缺陷看成是“被上帝咬过一口的苹果”，虽然有点自我安慰的阿Q精神，但却体现出一种积极心理：发现自身缺陷以外的优点，把自己看成是一个了不起的人，不气馁、不退缩，并坚信自己可以做得更好，才能充分实现自我人生价值。

世界文化史上有著名的三大怪杰，他们一个是瞎子，一个是聋子，还有一个是哑巴。他们就是成功地利用了自我意象而使他们成为世界闻名的顶级人物的。

英国伟大诗人弥尔顿，最杰出的诗作是在双目失明后完成的；德国伟大音乐家贝多芬，最杰出的乐章是在听力丧失以后创造的；世界级小提琴家帕格尼尼是个用苦难的琴弦把天才演奏到极致的奇人。

帕格尼尼，4岁时出麻疹，险些丧命；7岁时患肺炎，又几近夭折；46岁时牙齿全部掉光；47岁时视力急剧下降，几近失明；50岁时又成了哑巴。可是让我们震撼的是，他却成了一个天才的小提琴家。帕格尼尼永远不相信命运，不屈服于挫折，他坚信，只要自己活着，就具有一定的价值，甚至可以创造出和正常人一样的辉煌。果然，他做到了，追求成功的信念让他成为了举世闻名的音乐巨匠。

由此可见，自我意象是一种完全控制一个人实现目标的能力，也就是认识自我，并从内心中塑造一个自我走向成功的形象。那么，人就能在这种意识的支配下逐步走向成功。

每个人的内心都有一幅描绘自己的精神蓝图，也叫“心像”。对你的意识来说，这幅图可能模糊不清、朦朦胧胧。其实，人的意识甚至根本无法辨认出它。但它的确就在那里，完完全全，纤毫毕现。这个自我意象就是你自己对“我是什么样的人”的看法，它是以你的自我看法为基础形成的。这些关于自己的看法，大多数都是根据你过去的经历、成与败、荣与辱以及别人对你的反应而无意识地形成的。根据这些看法，你便从心理层面上构建了一个“自我”。

具体来说，你的一切行动、感受、举止甚至才能，都始终与自我意象相符。简单地说，你认为自己是什么样的人，就会“按照这一类人的特点去行动”。更重要的是，你根本无法改变这种行为模式，哪怕有意识地努力也无济于事。

比如，自我意象中认为自己“胖”的人，总是无法减肥并保持良好体型，无论他怎样有意识地与这种自我意象对抗也是徒劳。你无法做到长时间超越或逃避自我意象。就算你真能做到短暂的逃避，也会立即产生“反弹”效应。

如果一个人认为自己是“失败型的人”，那么无论动机多好，无论意志力多么坚强，他总能找到失败的方式，哪怕机遇真真切切来到眼前，也会与他失之交臂。如果一个人认为自己是不公正社会的牺牲品，认为自己“注定要受苦受难”，那么他看到的永远是周围环境中的不良现象以证明他的看法没错。

由于这种客观"证据"的存在，他很少想到自己的症结在于自我意象或他的自我评价。

如果告诉一个英语不好的学生，说"根本学不好英语"只不过是他的"想象"而已，那他可能会认为你在胡言乱语。他拼命地学啊，成绩依旧提不上去。如果告诉一个推销员，说"自己根本挣不到那么多钱"不过是她自己那样想的，那么，她会拿出所有订货簿来证明你说得不对。只有她最清楚自己付出了多少辛苦，经历了多少失败。但是，如果我们能够成功说服他们努力改变自我意象，无论是学生的成绩，还是推销员的挣钱能力，都会发生不可思议的变化。

可以说，成绩或挣钱能力是建立在某种难以察觉的思维模式之上的。这种思维模式一旦改变，你就能从中解放出来，从而更有效地开发自身潜力，并取得与先前完全不同的结果。这也说明了一个最重要的真理：自我意象可以改变。所以，你在任何时候都能开始一种全新的、不同的生活。

唤醒你体内的自动成功机制

如果一个人满怀信心地朝着心中的梦想前进，并致力于过自己想要的生活，那么，他将在某个意想不到的时刻与成功不期而遇。

——亨利·戴维·梭罗

每一种生物都有一个目标追寻装置。造物主让它来帮助生物实现自己的目标，直白地讲，就是帮它"生存下来"。在简单的生命形式中，生活的目标就是每个生命体在物质世界中的存活。动物的这种生活的目标仅限于寻找食物和住所，逃避危险以及繁衍后代。

而对人来说，生活的目标不只是生存，还包括情感需求和精神需求。因此，人的内置成功机制要比动物宽广得多。除了逃避危险、延续香火之外，人的成功机制还能帮我们获得解决问题的方案、发明创造、探索科学领域、形成良好的品性或在一些活动中取得成功，这些目标与“生存下去”紧密相连，也使生活变得更加完美。

可以说，无论是人，还是动物，都具有一种与生俱来的“成功本能”。

可爱的松鼠并没有学习过怎样收集坚果，也没有人告诉它应该将坚果存起来以备过冬。尤其是春天出生的松鼠，根本就没有经历过冬天。但是，它却知道在秋天来临之际，匆匆忙忙地储存坚果，以便在没有食物的冬天到来时享用。小鸟不用学习筑巢，也不用学习如何导航，但它却可以从遥远的北方飞到千里以外的南方。它们没有人类这样先进，可以有报纸或电视提供天气预报，曾经探索或前进的头鸟也不会给它们绘制地图，告诉它们地球上哪些地方比较暖和。但是，鸟儿却知道严冬何时到来，更知道哪些地方适宜迁徙安居，哪怕这些地方远在千里之外。

在试图解释这种现象时，我们也许会说，动物本身就具有这种特殊的“本能”。的确是这样，这种本能还能帮助动物成功地应对环境考验。更准确地说，动物具有一种“成功本能”。

人同样也有成功本能，而且比动物的成功本能要神奇、复杂得多。可是，我们却没有注意到这些。其实，造物主赐予我们的财富一点都不少。所以，从某种程度来说，我们应该知足了。动物无法选择目标，因为它们的目标是事先预置的。它们的成功机制仅限于被我们称为“本能”的内置目标图像。而人则比动物高级多了，人具有创造性想象。所以，和一切生命个体来比，人不仅是创造物，也是创造者。有了丰富的想象力，人就能为自己构想各种目标。通过运用想象力，人就能完全指挥自身的成功机制。

我们通常认为创造性想象只适用于发明创造者。其实，想象力在我们所做的任何事情中都具有创造性。“想象力统治世界。”拿破仑说。“想象的能力是人类活动中最伟大的根源，也是人类发展的主要源泉……破坏了这种能力，人的生存条件就会变得像畜生那样变动不居。”著名苏格兰哲学家戈尔德 斯图尔特这样说。

“你可以想象你的未来”，讲求实用主义的企业家亨利·J·恺撒说。他认为自己的一大半成功，都源于他对创造性想象积极而肯定的运用。

当代商业领导人也很重视想象的意义和力量。今天被很多人青睐的星巴克咖啡店便是霍华德·舒尔茨想象的结果。正是他充分的想象，创造了意大利人以及他们的蒸馏咖啡吧那种浪漫而温馨的体验。如今，这样的咖啡吧在许多国家的大中小城市里随处可见。舒尔茨写道："每个斯塔巴克斯咖啡店都经过精心设计，以提高顾客看到、摸到、听到、闻到的一切事物的质量……"而这一切体贴入微的设计都需要想象力！

去过迪斯尼乐园的人可能都知道，随便拿起一件迪斯尼的小玩意仔细观察，都会让你感受到想象力催生出来的人性关怀。所以，才会有那么多参观迪斯尼乐园和迪斯尼世界的人，而且很多都是回头客！这种现象并非偶然，而是想象力的力量得到了最实际的应用。

当然，也有很多人白白浪费了自己的想象力，整天漫游在奇异想象和白日梦中，他们不知道一旦有意运用它会受到怎样的效果。当然，漫无目的的想象会让你得到放松和消遣。但是，如果能够自觉地运用，它就能有效地规划你的自我意象，从而形成你的自动成功机制，成功帮你实现一切目标。

创造一幅你自己的新"意象"

要想在你的人生中获得更多的成功与幸福，你就要努力创造一幅适当的、切合实际的新"意象"。这样，才能真正实现自己的理想与目标。

要想好好活着，或者说，要想追求到令你感到幸福、满意的生活，就必须有一个切合实际的自我意象伴随着你。你要勇于认识并接受自我。你必须有一种健康的自尊，有一个你能信得过、靠得住的自我，一个你能为之感到自豪、能够通过它充分展现自己而不必躲躲藏藏的自我。

你要学会了解自己，了解自己的优点和长处，同时也要了解自己的弱点和不足，而且要真诚、坦然地面对自身的优点和缺陷。自我意象和"真我"非常接近，既不能凌驾于"真我"，也不能屈身于"真我"。

当这种自我意象完好无缺时，你就会自我感觉非常好；当它受到威胁或损害时，你就会感到焦虑和不安。如果它很适当，你就会为之感到无比的自豪，内心也会充满自信。

这时，你就可以无所顾虑地展示自我、释放自我，从而发挥自己的“超能力”。如果这种自我意象遭人侮辱时，你就会努力把它隐藏起来而不去展示它。这时，你就无法创造性地展示自己的行为，你也会变得充满敌意、不好相处。于是，你就需要改变自我意象。

但是，不幸、失败的性格并不能依靠单纯的意志力或坚定的决心去形成新的自我意象，而必须有某种原因、理由和根据，去证明你以前的自我意象是错误的，你确实需要一幅新的自我意象。但是，你不可能只凭借想象就能得到新的自我意象，除非你认为它是建立在事实基础之上的。经验表明，当人们改变自我意象时，通常会出现一种感觉：由于这样或那样的原因，他们能“看到”或意识到与自己有关的事实。

格罗利娅·斯坦海姆在其著作《向外革命：一本关于自尊的书》中，讲述了一个关于黑人住宅区“皇家武士”队的故事。

有一个曾获得过冠军的象棋俱乐部，由十几个西班牙人组成。这是几个来自西班牙黑人住宅区的“刺头”青年。这些青年整天在大街上游走，净干些打架斗殴、偷鸡摸狗的事情，甚至还偷偷吸食毒品。可以说，他们已经走上了犯罪的道路。人们见到这些孩子时都会不停地摇头，认为他们已经不可救药，除了进班房，不会有任何好结果。但是，一名“普通”的在校教师比尔·霍尔却在这群孩子身上看到了潜力。他成立了一个象棋俱乐部，精心营造了一种新环境。经过不懈的努力，他终于改变了这些孩子的自我认识。

这就告诉我们，很多情况下，一个在别人眼里，甚至在自己眼里都一无是处的人，常常会遇到某个“慧眼识金”的人。后者在他身上总能找到“金子”，总能看到别人看不到的潜力，并对他寄予了很大的希望和信任，而且还通过一系列的影响改变了他的自我意象，从而让这个人的人生由失败转向成功。然而，我们没有必要坐等别人来改变我们的自我意象，改变我们的人生。只要学会了心理控制，你自己就可以轻松做到改变自我意象。

需要说明的是，心理控制的基本信息是：造物主已经赋予了每个人“成功的本领”。每个人的身上都潜藏着一种远远超过自身的力量。这种力量非常强大。如果你有了成功和幸福的力量，那么你的人生也会随之变得更加精彩。

自我意象训练

心理学家发现，“自我意象”是左右一个人的个性和行为的关键，它划定了一个人的成就界限，决定你能做什么或不能做什么。改变自我意象，就能从根本上改变自己。那么，该如何改变自我意象呢?

1. 锁定生命的坐标

正如空气对于生命一样，目标对于成功也有绝对的必要。如果没有空气，一个人就无法生存；如果没有目标，没有任何人能成功。当你提出你的目标，并筹划着如何实现的时候，你可以把每一个具体的目标看做一条小溪，它们将会流入大河，也就是中期目标，并最终归于大海——你的总体目标。这些小小的溪流最终是流入大海，还是在半途枯竭，这完全取决于你的素养。

2. 运用想象力开启成功机制

一个人的反应、感觉和行动永远依照他对自己和环境的真实想象来进行。这是心灵的一个根本的原则，是我们存在的方式。你的行动与感觉并不是依照事物的本来面目，而是依照你对这些事物所持的意象。

做一件事情时，不要过分地用有意识的努力或钢铁般的意志力，也不要过分担心或心里老是觉得你所做的一切都可能是错误的。你应当放松神经，不要用紧张的力量来“干这件事”，而是在心里想着你真正要达到的目标，然后“让”你的创造性成功机制来承担任务。

如果你能够通过想象形成一个清晰的自我图标，并且“看到自己”扮演这个角色，同样是这个内在的创造性机制，它就能够帮助你达到最佳“自我”。

3. 正确的决策是成功之始

对于你面临的形势和你要解决的问题，你的头脑应该有一幅清楚的图画，这一点至关重要，你必须能简要地叙述你的愿望，如果你不能够简要叙述你的愿望，那么，就找出你讨厌的事情，也是一个好办法。

我们之所以常常做出错误的决策，是因为我们不自觉地将自己的信条方式建立在毫不怀疑就接受旧观念的基础之上。一个成熟而有效的决策，应该基于事实，而不是基于“它应该……”或“我希望它……”之类的观念。

第5课

心理影响力是成功的利器

影响力是一种不依靠权力，凭借自己的品德、才能、知识、情感等个人素质对被领导者所产生的自觉自愿追随的能力。所以，影响力是一种综合能力，更是你成功的利器。

发挥你的影响力

成功的领导者或表演者能够使得千万人随着他的情绪共舞，高明的演说家擅长带动观众的情绪，奥秘的关键就在于他们能够很轻易地影响别人的观点和情绪。

一个能够影响上级、下级、同级以及周围人的人，拥有很强的影响力。一个具有高情商和操之在我能力的人，通过缔造影响力，向下扎根，向上生长，横向影响，从而也就有了影响力和权力。

一个人，如果懂得如何充分发挥他的影响力，那么，他就会取得更大的成功。无论是在你的工作、学习还是生活中，一个具有高影响力的人，总是能够游刃有余地影响周围的人，从而成就自我。

崔永革是中国东北的农民，从来没有出过远门。攒了半辈子的钱，终于参加一个旅游团出了国。国外的一切都是非常新鲜的，关键是，崔永革参加的是豪华团，一个人住一个标准间。这让他新奇不已。早晨，服务生来敲门送早餐时大声说道："Good morning，sir！"

崔永革愣住了。这是什么意思呢？在自己的家乡，一般陌生的人见面都会问："您贵姓？"

于是崔永革大声叫道："我叫崔永革！"

如是这般，连着三天，都是那个服务生来敲门，每天都大声说："Good morning，sir！"而崔永革亦大声回道："我叫崔永革！"

但他非常地生气。这个服务生也太笨了，天天问自己叫什么，告诉他又记不住，很烦的。终于他忍不住去问导游，"Good morning，sir！"是什么意思，导游告诉了他，天啊！！真是丢脸死了。

崔永革反复练习"Good morning，sir！"，以便能体面地应对服务生。

又一天的早晨，服务生照常来敲门，门一开崔永革就大声叫道："Good morning，sir！"

与此同时，服务生叫的是："我是崔永革！"

这个故事告诉我们，人与人交往，常常是意志力与意志力的较量。不是你影响他，就是他影响你，而我们要想成功，一定要培养自己的影响力，只有影响力大的人才可以成为最强者。

沟通是一个人在工作和生活中最重要的技能之一，工作需要与同事沟通，推销需要与客户沟通，婚姻需要与伴侣沟通，任何一种信息的传递都是沟通，而人与人之间总是无时不在地传递着彼此的信息。因为人是社会的人，人处在一个错综复杂的人际网络之中，需要交流、需要理解、需要帮助，这一切都需要沟通。可以说，善于沟通的人，左右逢源、上下通达、处处遇贵人、时时有资源。而且，有效的沟通可以帮助我们建立良好的人际关系，可以帮助我们发挥有效的影响力，可以帮助我们成功。

每个人都渴望成功，并且我们的老祖宗在几千年前就知道成功的真谛——得人者，得天下。尽管我们都听说过"天时不如地利，地利不如人和"这句话，但是，怎样才能人和？知道的人不一定多。"人和"就是你管理好周围的人，包括上级、下级、同级。换句话说，就是你能利用他们来有效地做成事，达到目标。这里需要注意，管理的含义是指“自己处于主动的地位，一切操之在我”。只有这个意义上的“人和”才是真正的“人和”，才对自己举事有助。

不管你是一个领导者，还是一个下级，还是一个即将走向社会的学生，都要积极培养自己的影响力，发掘身边的可利用人力资源，让所有人都以你的意志为转移，那么，有这样一种强大的凝聚力，你有什么不能成功呢？

影响你的上级

每个人都有上级，而且他还是你的可利用资源，所以在处理同上司的关系中，你有一半的权力。

我们每个人都有上级，作为一个学生，老师就是你的上级；作为一名员工，部门经理就是你的上级；即使是老总，也要受到董事会的制约，董事会也可算作他的上级。但每个人都希望管好自己的下属，却不知道如何去影响自己的上级。

一般说来，上级所能支配的资源比你多，经验也比你丰富。因此，影响上级需要讲究更多的技巧，必须用你的力量去影响上级。对上级的进步和积极的改变要及时加以赞美和奖励，在上级做出错误决定时要用移情换位的方法加以说服，当上级处于窘境时要想办法帮其排忧解难、摆脱困境，只有这样，才会得到上级对你的信任和支持。

慈禧太后喜欢看京戏，也常赏给艺人们一点东西。一次她看完著名艺术家杨小楼的戏后，把他召到跟前，指着满桌子的点心说：“这些是赐给你的，倒回去吧！”

杨小楼叩头谢恩，但他不想要点心，于是壮大胆子说：“叩谢老佛爷，这些贵重之物，奴才不敢领，请……另外恩赐点……”

“哦？你想要什么？”慈禧情绪不错，并未发怒。

杨小楼又叩谢道："老佛爷洪福齐天，不知可否赐个字给奴才。"慈禧听了，一时高兴，便让太监取来笔墨纸砚，挥笔写了一个"福"字。

小王爷站在旁边一看，眉头一皱，低声道："这'福'是'示'字旁，不是'衣'字旁。"杨小楼一看，这字写错了，若拿回去必遭人议论，岂非是欺君之罪？不拿回去也不好，太后一怒非要自己的命不可。要也不是，不要也不是，急得杨小楼冷汗直流。

气氛顿时紧张起来，慈禧太后也觉得很不好意思，既不想让杨小楼把错字拿走，也不好意思再把字要回来。

旁边的李莲英脑子一转，笑呵呵地说："老佛爷之福，比世上任何人都要多出一'点'呀！"杨小楼一听，脑子便转过弯来，急忙叩首道："老佛爷福多，这万人之上之福，奴才如何敢领啊！"此时太后正为下不了台而发愁，听杨小楼这么一说，赶忙顺水推舟，笑着说："好吧，改天再赐你吧。"就这样，李莲英为二人摆脱了窘境。

李莲英机灵、嘴巧，经常能够为慈禧太后打圆场，难怪他会讨得太后的欢心，深得太后的信任。

爱面子是中国人的习性，视面子为珍宝。俗话说得好："人活一张脸，树活一张皮"，特别是老板就更爱面子。身为上级领导，要树立权威，如果不小心说错了话办错了事，下属直接指出其错误，特别是在公众场合，无疑是对其权威提出挑战，使其觉得很没有面子，相信一个再宽容大度的上司也会无法忍受的，而且还会使下属在领导心目中留下不好的印象。

人非圣贤，孰能无过，职位再高的人也会犯错误。此时，作为下属的你得装不知道，事后再弥补就是了。而有些人生性直爽，肚子里放不下事，一旦发现领导有什么疏漏便立即指出，长此以往，是很不利于自己的发展与前途的。

某公司召开季度总结大会，经理发言时不慎出了个错。他说："上半年我们公司的合作单位进一步增多，到目前为止已经有43个了。"话音刚落，一个下属便站起来，冲着台上讲得兴致勃勃的经理大声纠正道："错了，讲错了，43是年初数字，现在已经达到58个了。"结果全场一片哗然，经理羞得面红耳赤，情绪顿时低落了很多。

像这位下属一样与其当场指出上司的错误，不如积极地像李莲英一样为上司争面子。发现了上司有某些不妥之处或是犯了错误，可以在于上司单独相处或下班后一起娱乐时，委婉地向他提出，但也只能是蜻蜓点水，不要重复指出，否则会引起他的反感。交谈时也要时时留意他的反应，如果他表现出满脸的不悦，或是千方百计为自己找借口，你就不要再说了。如果听完了你的提示，他对自己的错误供认不讳，并为此表示烦恼，你也可以找出恰当的借口为他开脱，打圆场，使他心理上得到安慰。这样你就会成为他的知心人，成为上司最信任的下属，从而在事业上一展宏图。

影响下级

凡事不只靠自己的力量，学会适时地依靠他人，是一种谦卑，更是一种智慧。

一个人要成为领导者，要成为一个成功的领导者，首先就应让下属亲附于你，即与你有共同的情感基础。而要做到让下级亲附，就应该懂得尊重、认可和关心下属。

真正的领导者不仅懂得如何提高自我，而且能够做到超脱于凡夫俗子，做到一切操之在我，有意识地影响别人，而又有意识地不受别人影响，不批评、指责别人，而又能坦然面对别人的批评和指责。

一个能够充分发挥领导力的领导必定具有超凡的影响力。而具有影响力将使你成为一位好的领导、同事、下属，而这些将极大地促进你的成功。

在中国历史上，凡是成就大事业的人都是通过扩大自己的影响力来有所作为的。三国时期的刘备就是一个很有影响力的人，他善于笼络人心，三顾茅庐访孔明，马前摔阿斗，使得人们盛赞其贤德，创造了自己的影响力，终于从一个卖草鞋的落魄王孙成为刘皇叔，成为三国的一代霸主。与之相反，枭雄吕布则是只有匹夫之勇，因为不能听从别人的建议，刚愎自用，不能影响别人追随他，终于得到自杀的下场。

人往往因为自己优于别人而骄傲自大，看不起卑微者，更不愿听从下级的建议。而成功的人则善于对待下级、对待卑微者。

16世纪20年代的一天，神圣罗马皇帝领着一批随从走过提香画室时，忽然提香的一支笔脱手落地。皇帝弯腰提起画笔递到了提香手里。笑着说，世界上最伟大的皇帝给最伟大的画家拾起一支笔。

这个故事一直流传至今，也在当时给皇帝创造了良好的形象。这个皇帝无疑善于制造影响力。他的举动首先使下级感到被尊重，同时又赞美提香是最伟大的画家，如此一来，创造了自己平易近人，善待臣民的形象，树立了威望。

唐太宗李世民可算是一个善于对待下级的人。他自己勤勤恳恳，以身作则，使臣子以其为表率；他赏罚分明，让下级感到受到了公平对待；他尊重下级，虚心听取意见，让下级感到受到了重视。因为他的善于制造影响力，终于使下属忠贞不二，鞠躬尽瘁，创造了大唐盛世。

管理上级需要影响力，管理下级同样需要影响力。领导者要能够了解下属在想什么，了解他们的心态，这就是所谓的换位思考。只有知己知彼，善于发现部属的长处和短处，才能在工作中教导他们，并且充分发挥部属的工作能力。

要想成为一个具有影响力的人，对下级或地位比自己低的人，要表示出一致的关心，并且此时的关心更具有效应。任何人都渴望得到关心和尊重，尤其是在一个人地位低下，很少有人去关注他时，一个非常低廉的关心和没有成本的微笑，对他而言都是温暖人心的，他会为此感激不已。

有人对自己的评价是“刀子嘴，豆腐心”。尽管经常发火训人，但是心地善良。遗憾的是“刀子嘴”下属领教过了，却从没体验过“豆腐心”。

因此，在处理与下属的关系时，领导者一定要控制好自己的情绪。不要随便发脾气，如果经常在下级面前发怒，就会失去领导的威力。而且把事情做得过绝，就会断了自己的人脉，以后想挽回也难了。

所以，能够做到真正地了解下级、关心下级，把所有下级团结在自己的周围，让他们心甘情愿地为自己出力，并且达到了最高绩效，这才是真正意义上的“人和”，也才能获得更大的成功。

影响力提升训练

影响力，它的影响是不明显的，看不见的，但是它是客观存在的。影响力说的就是影响的程度量化的结果。虽然它很难叫人看见，无法度量，但它却是可以让人感知的。

影响力体现在个人的威信、号召力，别人对于他本人的信用程度。我们通常所说某个人很有影响力，指的就是此人可以很大程度地让别人相信，他的言行和见解一贯都很有说服力，所以，即使是在别人没有论证的情况下，也多半会相信他。由此可见影响力的重要性是非常大的。

那么，一个人该如何提升自己的影响力呢？

1.平时努力做到多看书

书中自有黄金屋，书中自有颜如玉，当然不思考是看不见它们的。看得多了，自然就懂得多了，懂得多了，自然说出的话更让人信服了，此所谓以理服人。

2.看问题要全面

在做事、思考的时候，尽量多角度、多方位地看待问题，这样才够全面，分析才够彻底，也才会有说服力。不要一根筋，钻牛角尖，否则你不但被认为视野狭窄，还得不到人们的信服。

3.凡是要实事求是，不要想当然

要想做事不出错，就要有调查，有研究，这样才可能得出正确的答案。没有地基的高楼是站不住脚的。要知道，你的一次正确观点可以帮你在影响力的等级上加一分，然而毫无根据的言论很可能一次扣你十分甚至更多。所以，宁可说我不知道，也不要妄自尊大，这也是学者们做学问时一贯持有的态度，人们都尊重他们，正是这个道理。我们信服的不应该是他们的权威，应该是他们在保持严谨的治学态度下的劳动成果。

4.做事要尽量做到公平、公正

公平、公正往往是让人信服的最好武器，很多人为此可以抛弃自己的生命，可见它的价值及重要性。不要轻易地夺去别人最在乎的东西，这比让别人接受他不想接受的东西还要让人无法忍耐，后者多的只是一种负担，前者失去的却是一个精神支柱。没有了精神支柱，其他的事也就无从谈起。

6.关键时刻要有牺牲精神

在关键时刻，你需要的不仅仅是勇敢，还要有牺牲的精神。你为了大家而牺牲了自己的利益，自然别人会很敬佩你、尊敬你，自然你在他们心目中的位置就会很高，如此你的影响力就在众人之中得到了提升。付出总是会有回报的，短期的个人损失换来的是长期的大家的尊重，也许还是值得的。无论如何，至少可以证明你是一个可以承担责任和值得信赖的人。这样的人，没有人会讨厌他，那些都是很多人所做不出的，所以很宝贵。

第6课

成功取决于心理状态

山不过来，我就过去。要想事情改变，首先得改变自己。只有改变自己，才会最终改变别人；只有改变自己，才可以改变属于自己的世界。山，如果不过来，那就让我过去吧！这是世界上最简单也是最有效的“移山大法”。

心态决定命运

大量事实表明，成功是由那些抱有良好心态并付诸行动的人所拥有的。同一件事抱有两种不同的心态，其结果必然相反。

为什么有些人总是比其他人更成功，并且能赚更多的钱，拥有满意的工作、健康的身体、良好的人脉、高品质的生活；而另一些人整天忙忙碌碌却只能勉强维持生计。

这是我们有些人可能一辈子都想不明白的问题。

生理上，人与人之间都是平等的，没有太大的差别。但是为什么有些人能够克服艰难险阻去建立事业，去获得成功，而有些人却总是做不到。

心理学家研究发现，这其中的秘密就是人的“心态”。

有位哲人说过："你的心态就是你真正的主人。"

有位伟人说过："要么你去驾驭生命，要么是生命驾驭你。你的心态决定谁是坐骑，谁是骑手。"

从前，在南非一个贫穷的村子里住着一家兄弟两人。和大多数人一样，他们不安于贫困的生活，便共同离开家，被卖到外地做苦工。

相比之下，大哥要稍微幸运些，他被奴隶主卖到了富裕的旧金山，而弟弟却被卖到贫穷落后的菲律宾。

40年后，兄弟二人终于有机会再见面。这时的他们，都发生了巨大的变化。

哥哥已经是旧金山的侨领，拥有两家餐饮店、两家洗衣店和一家杂货铺，而且孙子都满地跑了。

弟弟呢？居然成了一位在金融界久负盛名的银行家，还拥有东南亚相当分量的山林和橡胶园。

经过40年的努力，可以说兄弟俩都成功了。

在兄弟俩谈起各自的遭遇时，哥哥说："我们黑人到白人的社会，因为没有什么特别的才干，就只有给白人煮饭，为白人洗衣服。总之白人不愿意做的工作，都由我们黑人来做，生活是没有问题的，但事业却只能成为一种奢望。我的孩子们，虽然读了很多书，但也只能做一些中层的技术性工作来维持生计。至于要进入白人上层社会，实在是太难了。"

看到弟弟获得了成功，做哥哥的不免为弟弟的幸运感到高兴。

弟弟说："幸运是没有的。刚到菲律宾的时候，我只能做些低贱的工作，但发现当地人都比较懒惰，于是便接下他们放弃的事业，逐步地收购和扩张，生意也就做大了。"

再说另外一个故事。有两位年过七旬的老太太，一位觉得到了这把年纪可以说是走到了人生的尽头，于是开始准备自己的后事；而另一位老太太却认为，一个人能做什么事不在于年龄的大小，而在于你如何去想。于是，她在70多岁的时候开始学习登山，在她登过的山中，至少有八座是世界闻名的山。更让人称奇的是，就在她95岁高龄的时候亲自登上了日本的富士山，她成为攀登此山的人群中年龄最高的一位。

她就是著名的胡达·克鲁斯老太太。

70岁学习登山，这的确是人生的一大奇迹。但是，要知道一切奇迹都是人创造出来的。

成功者的首要标志，是他看待问题的方式。一个人如果是个心态良好者，喜欢并勇于接受挑战和应对麻烦，那他也就成功了一半。

所以，一个人能否取得成功，关键是他的心态。

成功者与失败者之间的差别就是：成功者总是用最好的心态、最乐观的精神和最丰富的经验去勾画自己的人生。失败者则正好相反，他们的人生总喜欢受过去的种种失败与疑虑所限制和支配。

总有一些人喜欢怨天尤人，把自己的遭遇说成是别人造成的。这些人常说他们的想法无法改变。在他们说这些话的同时，失败的命运已经与他们如影随形了。

小不忍则乱大谋

> 一忍可以制百勇，一静可以制百动。
>
> ——苏　洵

没有谁不想功成名就，没有谁不想干出一番惊天动地的事业来。然而这个世界上能干的人不少，能成大业的却不多。原因可能有很多，比如什么环境、机遇、智商、文化、修养等。除此之外，心态也是成就大业必不可少的因素。

很多人总是急功近利，想立刻事业顶天，功成名就，结果往往以失败告终。

孔子曰：“小不忍则乱大谋。”也就是说想成就一番事业，就得忍住自己的急躁之心，不受一时一事的干扰。这对于有理想、有抱负，想干出一番事业的人来说绝对是正确的，应该提倡和加以鼓励。每个人都一样，只有做到“忍人所不能忍”，才能等来风平浪静、海阔天空。

当你看到太阳的时候，你不会看到阴影。因此，奔波在人生路上的你向后看只会使你丧失信心，只有向前看才能让你信心百倍。当你陷入困境时，要学会调整自己的心态，看看自己是不是走错了方向。当前途一片坎坷的时候，试着向上看，你就一定会充满信心大踏步朝前走去。

一个人如果总是盯着眼前看，那么就难以看到未来。所以，要想拥有更长久的快乐，你就要忍受一时的痛苦。

只看眼前而没有长远打算，是很多人在做一项决定时都容易犯的错误。结果可能是没有得到快乐，反而时刻与痛苦相伴。哲学家蒙田说过："若结果是痛苦的话，我会竭力避开眼前的快乐；若结果是快乐的话，我会百般忍耐暂时的痛苦。"

世界上，不管是谁，想要成功，就必须经历一番苦难。你只有熬过眼前的恐怖和引诱，才能永葆美好的未来。所以，不要被一时的快乐和幸福所迷惑，那不过是个美丽的陷阱，一旦掉进去，就很难翻身。

1938年，当本田汽车的创始人本田先生还在上学时，就变卖了所有家当，全心投入研究汽车活塞。在以后的日子中，他甚至卖掉了妻子的所有首饰，最后终于做出了样品。本田先生由于财务紧张，他只好把制造活塞环的技术转卖给了丰田公司。

后来，他觉得自己发明的摩托车市场前景一定不错，可惜的是他资金不足。本田做出决定，不管怎样，他都要想办法实现这一伟大想法。费尽几番周折，本田终于把目标锁定在全日本两万多家脚踏车店上。本田跑遍了好几个城市，终于说服了其中的5000家脚踏车店，凑齐了所需的资金。后来，为了拓展销路，本田先生又把摩托车改得非常轻巧。一上市，便深受广大消费者的青睐。本田的摩托车为他赢来了巨大的财富，使他终于有实力进入汽车产业，并向全球发展。

本田先生确实是个不一般的人，他很清楚自己通向成功的道路该如何走。好的制造技术十分重要，但更重要的是对自己所做的事抱有信心与希望，能不断尝试并多次调整方向。虽然目标还遥不可见，但是为了理想的实现，就必须做到不屈不挠。

成功和失败不会是一时造成的，而是一步一步积累由量变到质变的结果。只有把眼光放远，并坚持不懈，才能获得成功。要知道在成功史上，没有哪个人或企业是因为短视而成功的。

所以，要想做大事，就要分清轻重缓急，大小远近，该舍弃的就要忍痛割爱，该忍受的就要从长计议。所谓“忍小谋大”就是要站得高，看得远，不为眼前的小谋小利缠住手脚，努力排除各种干扰，创造条件干大事业；“忍小谋大”就是不计较一时的得失，忍住急功近利的念头，一切都为成就大事铺平道路。长远目标与短期行为，大事业与小功利等，如果能处理好这些关系，就不至于“小不忍则乱大谋”了。

得意不可忘形

只有小人物才会认为自己是成功者，而真正伟大的人物从不认为他们达到了自己的目标。因为在取得更大的进步后，他们的目标也会随之增高。

有位企业家曾说过：“当你经过千辛万苦使你的产品打开市场的时候，你最多只能高兴五分钟，因为你若不努力，第六分钟就会有人赶上你，甚至超过你。”

当你获得加薪或升迁的时候，常常会洋洋得意吗？如果是，那你就有必要坐下来学习一番涵养的功夫，把你的过度兴奋压下去才好。你的人生目标一定是非常伟大的，但当你没有达到这个伟大目标之前，中途的任何进步与成功都是微乎其微的小事。也许在你取得每一个进步时，都会受到人们的夸奖，但你必须对人们的夸奖一笑了之，然后继续埋头做事，直到远方的那个大目标实现为止。到那时，你所得到的不仅仅是夸奖，还有万人的瞩目与伟大的勋章。

评判一个人是否伟大，要看他对自己的成就持有什么样的心态。美国汽车大王福特说过：“一个人如果自以为已经有了很多成就而止步不前，那么他的失败就在眼前了。许多人一开始奋斗得十分起劲，但前途稍露光明后，便自鸣得意起来，于是失败立刻接踵而来。”

一个人在春风得意时，最容易忘形，最终乐极生悲，招来失败。我们都听说过特洛伊战争“木马屠城记”的故事，特洛伊就是因为得意忘形而被毁的。

特洛伊人与入侵的希腊联军对战。战争进行了很久，但是双方不分胜负。后来联军中有人献策，可以装作全军撤退，最后留下一匹大木马，并将骁勇善战的士兵藏在马腹内，其他的主力部队就躲在附近。特洛伊人望见远去的部队，以为敌人真撤退了。于是在毫无防备下，将木马拖入城内，载歌载舞，饮酒作乐。就在他们正在睡梦中时，木马中的希腊士兵纷纷跳出木马，打开城门，放入埋伏在附近的主力部队。如此里应外合，特洛伊轻而易举地被打下了，就这样，特洛伊灭亡了。

从这个故事中，我们至少可以学到两个道理：一是得意时千万不要高兴得太早，否则失意马上就会降临在你的身上；二是失败了也不要灰心丧气，危机很可能就是转机，失败往后就是成功，遇到困难时要坚持一下，咬一咬牙，逆境便将过去，风雨过后就是彩虹，前程也将是绚烂多彩的。

一些人因一帆风顺而暗自庆幸，得意之情不时流露于脸上。然而，不能光顾着高兴，要想想如何才能维持好运气，永葆成功。同样，我们都听说过“打江山容易，守江山难”，好业绩得来容易，但难的是如何继续保持好业绩。因此，在运气好时，千万不要得意忘形，以免乐极生悲，而应该更加积极进取，以更上一层楼。

还有的人曾经一路成功地走过来，却在以后的路途中停滞不前。他不是没有机会，而是他满足于现状。要知道自满是无形的蛀虫，它会让人原地踏步，无法超越过去，更无法拥有未来的辉煌。

世界上最可悲的莫过于一个人安于现状、缺乏进取心。他的天性中就缺乏对自我的高要求和高标准，他没有足够的进取心去开创自己的事业，更没有足够的忍耐力去渡过一道道难关。

有一位业绩很好的销售部经理，有人问他成功的秘诀是什么，他回答说：“我还没有成功呢！我前面还有更高的目标等着我去实现。”这告诉我们，成功人士是决不会满足于现状，他们会不断地争取更好。

最初的成功，对许多人来说就是咖啡因，会麻痹他们的心灵。而只有不满足和恒久的进取心才会消除这种不良情绪。只要你胸怀强烈的进步欲望，再加上不懈的努力，你就一定会取得更大的成功。

积极心态训练

无论日常生活也好，漫漫人生也罢，心态常常是决定幸福与否、成功与否的关键所在。如果心态不好，即使外界各方面的条件都具备了，也可能抓不住成功的机遇。拥有一个良好的心态，即使摸爬滚打，也会感到怡然；即使前面是地雷阵，也会勇往直前。那么，从现在开始，“改造”自己的心态吧！

1. 一笑而过，从头再来

不管是成功还是失败，都要学会“一笑而过”。当你成功时，“一笑而过”说明了你的谦虚，成功只代表过去，要想取得突破，必须从头再来；当你失败时，“一笑而过”展示了你的胸怀，失败既然已经出现，那就分析原因，看准时机，从头再来。

2. 认识自我，适应改变

认识自己非常重要，每个人都有自己的优缺点。当面临挫折时，要审时度势，自我反省，找出自己的优缺点，从而扬长避短，充分发挥自己的优势。五音不全者想当音乐家，色盲想当画家只能徒增烦恼。

3. 坚持不懈，不言放弃

成功不会轻松而来，失败总是难免的。有时候，只要你再坚持那么一点点儿，再坚持几天、几分、几秒，或许你的命运就会来个大转折。失败是属于过去的，只要坚持不懈，不言放弃，相信明天会更好，你的未来就不是梦。

4. 善于与人相处和交流

现在有许多人不善于与人相处，与人交流。英国作家萧伯纳说过一句话：两个人交流思想和两个人交换苹果完全不一样。交换苹果，每个人手上只有一个苹果，而交流思想，每个人同时有两个思想。因此要学会与人相处和交流，这样博采众家之长，是你得到机遇、找到机遇所需的一个很好的素质。

第7课 梦想让我们有高瞻远瞩的能力

梦想，让我们有高瞻远瞩的能力，它给我们希望，鼓舞我们做不敢做的事，鼓励我们变得比原来更好。人的生命是在停止追求的那一刻结束的。只有把梦想锁定，生命才会放出异彩。给自己一个梦想吧！有梦想就有希望，就能最大限度地发挥一个人的潜能，指引他飞向梦想的天空。

梦想的力量

梦想是我们心中最深切的、最美好的渴望。人世间的很多奇迹都源自于梦想，并经过人们不懈的努力使梦想成真。梦想的力量是伟大的，它能创造出令人难以想象的奇迹。

梦想是最神奇的营养，它有着无穷的力量，它会用它的力量催促你开放。人生不可以没有梦想，我们必须拥有远大的梦想，驾着理想的风帆，让成功的小船驶向彼岸。

没有了梦想，人生就没有了奋斗的目标，也就没有了方向，这样，人生便没有希望，生命也就没有了存在的价值。所以，一个人需要树立远大的梦想，并为之付出努力。这样，他的梦想才能实现，他的人生也将发挥应有的价值。

在英国有位叫朱迪的女教师，在整理她的旧物品时，发现了一叠作文本。它们是小学一年级（5）班31位孩子的作文，题目叫：未来我是……

她本以为这些作文本，早在搬家的时候弄丢了，没想到它们竟安然地沉睡在自己的阁楼上，并且一睡就是五十年。

朱迪随手翻了几本，很快就被孩子们五彩缤纷的梦想吸引住了。

其中有个叫汤姆的小家伙，在作文里写道，未来的他将是一名海军大臣，因为有一次他和家人在海边游泳，喝了四升海水都没被淹死。

还有一个孩子声称自己将来必定是德国的总统，因为他能背出德国30个城市的名字。而班里的其他同学最多的也不过背出8个。

最让人震惊的是一个叫戴维的小男孩，他是一个盲童，他认为他将来肯定是英国的一个内阁大臣。因为在英国还没有一个盲人可以进入内阁。

总之，三十一个孩子都在作文中勾画了自己美好的未来，有当教师的；有当飞行员的；有做世界首富的。五花八门，应有尽有。

朱迪读着这些作文，突然冒出一个想法，为何不把这些作文本重新发到同学们的手中，让他们看看现在的自己是否实现了儿时的梦想。

于是她找到当地一家报纸，请求报纸为他刊登一则启示。没几天，书信便蜂拥般向朱迪飞来，他们中间有学者，商人及政府官员，而更多的是普通市民。

他们都在信中表示很想知道自己儿时的梦想，并且很想得到那本作文本。朱迪按照信上的地址把本子一一给他们寄了回去。

一年过去了，身边仅剩下一个作文本没人问津，她想这个叫戴维的人也许不在这个世界上了，毕竟五十年了。五十年间是什么事都可能发生的。

就在朱迪打算把这个本子送给一家私人收藏馆时，她收到一封信，署名是内阁教育大臣布伦克特。他在信中说，“那个叫戴维的小孩就是我，感谢你还为我们保存着儿时的梦想。不过我已经不需要那个作文本了，因为从那时起我就把梦想保存在我的脑子里。我没有一天放弃过，五十年过去了，可以说我已经实现了那个梦想。今天我还想通过这封信告诉我其他的三十位同学：只要不让年轻时的梦想随岁月流逝，不要放弃，成功总有一天会出现在你的面前！”

布伦克特的这封信后来被发表在一家报纸上，因为他作为英国第一位盲人大臣，用自己的实际行动向世界证明：假如谁能把儿时想当总统的梦想保持五十年，那么他现在一定已经是总统了。

这就是梦想的力量！美好的梦想会给人带来希望，会给人带来无穷的动力，它能创造出令人不敢想象的奇迹。

很多时候，我们会发现，内心不渴望的东西，这个东西就很少会靠近自己。而你能够实现的，差不多全是你自己内心渴望的东西。如果内心没有渴望，即使能够实现也会因为某些因素而实现不了。换句话说，是内心中的梦想形成了现实中的人生。

也许你把飞蛾扑火看成是飞蛾的傻，但那却是一个伟大的梦想，飞蛾的梦想让它不惜牺牲生命。爱迪生正因为有梦想，他才可以置1000次的失败于不顾，最终发现了钨丝，为人类带来了光明。更是梦想使居里夫人发现了镭，创造了世界第一名女子获得世界诺贝尔物理学奖的神话。

梦想可以让生命绽放，可以让灵魂升华。梦想是一种力量，是一种勇敢的探索精神。在梦想的激发下，人的潜能得以最大的发挥，让生命发出最强音。正如阿基米德所说："给我一个支点，我可以撬动整个地球。"请记住，有梦才有远方！

成功始于梦想

有一句非常经典的广告词："人类失去联想，世界将会怎样？"同样，对一个人、一个民族来说，如果没有梦想，世界又将呈现出一番怎样的景象呢？难以想象。

从儿童时代起，每个人都在勾画着自己心中的梦想，有的想当科学家，有的想当明星，有的想当钢琴家，有的想当老板。梦想没有高低贵贱之分，而且有梦的日子是快乐的，所以孩子们总是世界上最快乐的天使。

但是随着一天天地长大，生活也变得越来越实际。有的人为生活发愁，有的人为工作忧心，尤其是有了自己的儿女以后，很多人便像田间的老牛一样只知道埋头耕耘。梦想？连想想这两个字眼都觉得奢侈。只有个别人在深夜睡不着觉的时候，脑海中可能会闪现出有关儿时的梦想，但岁月如梭，现实的生活已不允许他们再为梦想而激动，也不允许他们再为无梦而可惜。

没有梦想的日子，人们变得很实际，也变得很世俗。他们成了物质主义者，把金钱看成是衡量一切成败得失的标准。人与人之间的纯真友谊不见了，有的只是相互利用的关系；人文精神、真善美等价值观念也很少再被人们提起，有时甚至变为他们嘲讽的对象。

但是，总有那么一些人，他们儿时的梦想一直都没有泯灭。那个梦想好似悬在头上的一盏明灯，指引着他们一步一步地往前迈进；如同播种在心田的一粒种子，一直在渴盼着有一天能生根发芽；如同一句偈语、一个暗示、一种宿命，催促着他们加快速度，向伟大的梦想靠近、靠近……而正是这些人，这些不甘平庸、不畏艰难的追梦人，以他们的努力和拼搏，极大地推动了人类的文明发展史。

有一个孩子在邻居家的碾坊里，看见大人正在用气球做一种飞行装置试验，他便突发奇想，要是把人的肚子里充满了气，人也一定会飞上天，那该多美呀！几天以后，他自己配制了几种化学制品，叫一个佣工吃完后飞行。谁知这个佣工吃了药后差点昏死过去。但作为孩子的他认为佣工飞不起来是佣工的失败，不是他的失败。这个孩子就是爱迪生。他后来发明了电灯、留声机、电影、电车、蓄电池、打字机，等等，一生共获专利1300多项，或者说2000多项。

谁能说这些伟大的发明和爱迪生儿时的梦想、儿时的好奇心没有关系呢？

台湾省散文家林清玄生长在一个普通的农民家庭，小时候家里很穷，很小就跟着父亲下地干活儿。

有一次，干活累了，他跟父亲坐在田埂上休息。他一言不发，呆呆地望着远处出神。父亲看见他这个样子，问他想什么。他说："等我长大了，不种地，也不上班。""那你干什么？"父亲问。他充满向往地说："我想每天坐在家里，等着人给我邮钱。"一听他这话，父亲笑起来，说："荒唐，你别做梦了！我敢保证，不会有人给你邮钱。"

后来，林清玄上学了。他从课本上知道了埃及的金字塔，对父亲说：“等我长大了，要去看埃及的金字塔。”父亲生气了，在他头上拍了一巴掌，训斥道：“真荒唐！你别总是做梦了！我敢保证，你去不了。”

再后来，林清玄上了大学，毕业后当了记者，出了好多书。他每天坐在家里读书、写作，出版社、报社和杂志社源源不断地往他家里寄钱，他用邮来的钱去各地旅行。

有一天，他站在金字塔下，仰望着高高的金字塔，想起了小时候对父亲说过的话，情不自禁地笑了起来。

林清玄成功了！他的成功始于小时候的梦想。

人的一生中总会有一个大的梦想，而生命的每一个阶段都会有一个个小的梦想。随着一个个小小梦想的实现，你离大的梦想就会越来越近。歌德说：“能把自己生命的终点和起点联结起来的人是最幸福的人。”梦想成真，童年梦圆，还有什么比这更令人高兴的事呢？

实现梦想

如果你已经有了自己追求的梦想，你只需要找出一个为什么你能实现这个梦想的理由就行了，而不要列出一大串为什么你不能达到这个梦想的理由。

成功是从梦想开始的。很多父母都喜欢阻止他们的孩子去追求真正美好的生活，理由是不可能找到这种美好的生活，所以他们把孩子绑定在一项普通的工作上，让孩子过着普通而平凡的生活。

这些做父母的并没有告诉他们的孩子：每一个富裕的家庭在以前——无论是上一代还是这一代——都是经历过贫穷的。像福特汽车、麦当劳、肯德基炸鸡这些大企业都是由创始人用很少的资金创立起来的。再比如美国的历届总统，柯立芝、胡佛、杜鲁门、尼克松等都出身于贫困之家。这些成功人士，都是善于开拓自己梦想的人。因此，你也不要再让你的梦想沉寂了，而应立刻动手去开拓它们。

你想实现你的梦想，就需要有一种看准目标就行动的魄力，并且要多走些路，多栽些跟头。克里曼特·斯通自述的亲身经历足以向我们证明。

一天晚上，我在墨西哥城访问一对工人夫妇。在谈到梦想时，他们说道："我只希望我们在加丁区能够有一所房子。"要知道，加丁区是这个美丽的城市中最令人神往的地方。

"那么，你们为什么还没有呢？"我问他们。

男主人笑着答道："因为我们没有这笔钱。"

"如果你已经知道你想要什么，那又有什么关系呢？"我问到，接着我又提出了另一个问题：

"还要问一下，你是否读过有关励志的书籍？"

"没有读过。"他回答。

于是，我就给他们讲述了一些人的成功故事，这些人都知道自己想要什么，他们在读了相关的励志书后，受到了很大的启发，然后就朝着自己的梦想努力奋进。

我还告诉他们，我以分期付款的形式购买了一套价值30000美元的新房子，并且还讲述了我是怎样如期付清了房款。我答应送给他们一册我推荐的书。

这对夫妇下定了决心。

就在这一年的12月，他们真的在加丁区买了一所新房子。事情是这样的，在一个星期六雨后的傍晚，这对夫妇正在家里休息。有几位从美国来的朋友打电话给他们，要这对夫妇用汽车把他们送到加丁区去。而那时夫妇两人都很累，不想再走出家门。正当他们想找借口推托时，他们想起了书中的一句话：多走些路。当这对夫妇用车送朋友们通过这座人造天堂时，他们见到了自己梦想已久的房子——甚至还有他们渴望的游泳池。最终，这对夫妇买下了它。他们买了两套房间，将其中的一套租了出去，所得到的租金足以偿付整个房产的分期付款。

故事虽然不是十分惊人。一个家庭买了两套房间，出租一套房间，自己住在另一套房间，这是再平常不过的事情了。但是令人吃惊的是，一个没有任何经验的人只要弄懂并正确运用某些成功原则，他就很容易得到他所想要的东西。

法国哲学家巴斯卡曾说："心灵具备某种连理智都无法解释的道理。"不要去听信阻碍你发挥潜力的声音，让你的心灵做主宰，去听听那些会让你编织伟大梦想的声音，然后大胆地跟随梦想前进。

不要害怕自己的能力有限，虽然我们没有巴尔扎克的天才，也很可能无法像斯蒂芬 金一样写畅销书，但是只要你及时抓住适合自己的梦想，你就绝不会一事无成的。

成功梦想训练

有位哲学家说过一句话：一定要做你喜欢的事，否则很难有伟大的成就。那么就要反思自己，自己真正喜欢的事是什么？把注意力集中在自己要达成的目标上，不去注意自己所恐惧的事情，你的理想目标就会越来越近。那么，究竟如何才能让成功的梦想变成现实呢？

1．树立明确的目标

其实有些时候，现实与理想的差距只是观念的差距而已。

有如下必成功方程式的五个步骤提供给你。

步骤一：要有明确的目标。

步骤二：要有详细的计划。

步骤三：要立刻采取行动。

步骤四：要修正你的行动，不断调整方向。

步骤五：要坚持到底——不断改变进行的方式，直到达到目标为止。

2．选对事业成就一生

每个人应当从小就树立"我长大后将做什么"的理想，在为这一目标努力的过程中，可培养自己的品性，因为"选对事业=成就一生"。而很多人是在没有目标的生活中，空虚度过了"打地基"的年轻时代。

那怎样才能选对成就一生的事业呢？可参考以下三大问题。

问题一：假如我知道我不能失败的话，那我该做什么工作？

问题二：假如我所做的每一项工作都给予我同样的薪水，那么，我会选择哪一行？

问题三：我对哪些事情最感兴趣？

把有兴趣的事情都列在纸上，并从中找寻：是否有可能把这些兴趣变成一生的事业？

记住：明确就是力量，愈能明确仔细地写出所想要的工作环境，愈能够找到理想的事业。

3．选择事业（梦想）的十大步骤

步骤一：写下自认完美的工作条件，包括环境、待遇等，然后依其重要性决定优先顺序。

步骤二：写出需要这份工作的五项理由。

步骤三：写出没有这份工作的五项坏处。

步骤四：写下这份工作所希望的收入、从事时限以及愿付出的代价。

步骤五：每天早晚将写下的东西念两遍，再闭起双眼，用10分钟，想象你已得到这份工作，梦想已实现，收入已赚得，工作环境十分完美，想象至逼真为止。

步骤六：在那张纸上写下：我一定要，马上行动，绝不放弃。这是一个大自然法则，因为潜意识无法分辨事情真假，因此会逐渐将它变成真实。明确知道你想要的，是实现梦想的开始。

步骤七：自问有哪些事物阻碍梦想，写下来。

步骤八：自问现在可以马上采取哪些行动来解决，写下解决方案。

步骤九：如果现在就采取行动，是否能逐渐得到梦想？

答案若为肯定，那么十分恭喜你。

答案若为否定，则再自问：还有哪些办法可以帮助我实现梦想，写下来。

步骤十：找一个已达成你理想境界的人士作为模范，请教他的经验，学习他的作为。

第 8 课

野心在哪里，成功就在哪里

野心，是根植于心中的，是对未来自己的强烈期待，是在脑海中形成一幅明朗的画面，而且从内心深处坚信自己一定能成为画面中的主人翁。只要坚持努力和奋斗，就一定可以成功！

野心有助成功

心有多大，舞台就有多大。用这么一句话来形容人的野心对人的影响，再合适不过了。

野心，是我们在生活中经常听到的一个词。词典里对野心的解释是："对领土、权力和各种利益的巨大而非分的欲望。"如此看来，野心是一种欲望，而且是一种巨大而非分的欲望。通常，我们说一个人有野心，大都对这个人抱有看法，野心便成了贬义词。

我们经常说：不想当将军的士兵不是好士兵。可能会有人说，那是理想，而不是野心。其实，这也是一种强烈的愿望，也是一种野心。而且，一个人应该有点野心，因为野心是成功者必备的一种素质。

当你将自己的人生定位在某一层面，你便会朝着这个目标迈进，直到丧失能力或功成名就，这就是野心的力量，它能指导着你怎么去走完自己的人生。

如果你的野心只是做一名普通工人，能养家糊口就足够了，那么，可想而知，你的一生都当一名普通工人，直到“光荣退休”。

如果你的野心是想成为百万富翁或亿万富翁，或许你奋力一生也无法达到，但是，对于你来说，至少还有机会。即使你当下流落街头，身无分文，衣食不饱，可是，你有梦想，有奋斗的目标，潜意识会使你改变自己，改善处境，一步步朝着梦想和目标靠近。

法国传媒大亨巴拉昂年轻时很穷，很苦。后来，他以推销装饰肖像画起家。在不到10年的时间里，迅速跻身法国50大富豪之列，成为一位年轻的媒体大亨。不幸的是，1998年他因患上前列腺癌在法国博比尼医院去世。临终前，他立下遗嘱，将他4.6亿法郎的股份捐给博比尼医院，用于前列腺癌的研究，另有100万法郎作为奖赏，奖给那些揭开贫穷之谜的人。

巴拉昂去世后，法国一家报纸刊登了他的遗嘱。巴拉昂在遗嘱里说：我曾经是一位穷人，在以一个富人的身份跨入天堂的门槛之前，我把自己成为富人的秘诀留下，谁若能通过回答“穷人最缺少的是什么”而猜中我成为富人的秘诀，将得到我的祝贺，我留在银行私人保险箱内的100万法郎，将作为睿智地揭开贫穷之谜的人的奖金，也是我在天堂给予他的欢呼与掌声。

遗嘱在报纸上公开刊登后，有很多人寄来了他们的答案。这些答案五花八门，应有尽有。有人认为穷人最缺少的是金钱，有人认为穷人最缺少的是关爱与帮助，有人认为穷人最缺少的是智慧，也有人认为穷人最缺少的是机遇，等等。

在巴拉昂逝世周年纪念日，他的律师和代理人在公证部门的监督下，打开了巴拉昂留在银行内的私人保险箱，公开了他致富的秘诀。巴拉昂认为，穷人最缺少的是成为富人的野心。在所有答案中，有一个年仅9岁的小女孩猜对了答案。为什么只有这位9岁的小女孩想到穷人最缺少的是野心呢？在接受100万法郎的颁奖时，她说：“每次，我姐姐把她十一岁的男朋友带回家时！总是警告我说：‘不要有野心哦！’于是我就想，或许野心可以让人得到自己想得到的东西。”

知道谜底后，整个法国都震动了。一些富人在谈论此话题时，也毫不掩饰地说：野心的确是改变贫穷的一个秘诀。

在英文词典里，“野心”和“雄心”、“抱负”是同一个词。至少我们可以看出这个词不带有贬义。其实，“野心”也是“心”，是从自己的内心迸发出来的某种需要，是属于他本人的一种欲望，是来自内心深处的一种冲动。

每个人都想成就一番伟大的事业，不幸的是，很多人从幼年起就被压制了梦想，他们美好的梦想总会被现实的大人们敲得粉碎。你暂时没有成功，没有地位，没有财富，这都不要紧。只要你有野心，有把野心贯彻到底的智慧和毅力，那么站在金字塔塔顶的时刻离你就不远了。每个人的人生都像一座金字塔，只有不断地往上攀登，才有可能享受最大的自由和空间。一部分人忙忙碌碌，终其一生都在同一个地方徘徊；另一部分人按部就班、辛辛苦苦地从5层爬到6层，就感到非常满足了；只有少数理想更高的人，才能攀到最高层，跻身于成功者之列，享受成功的荣耀。

据说克林顿很小的时候就曾口出狂言：“我长大了要当总统。”看来人有时候也许真的需要有一点“野心”的。没有“野心”的人，或许也不可能干出一番大事业来。

欲望就是力量

欲望是支配生命的动力和动机，是幻想的刺激素，是行动的意义。

——巴尔扎克

欲望，是指人所有行为的动因，所有由于人天生的本能所产生的渴望、需要和冲动，都可以称之为“欲望”。或者说，人之所以发生某种行为，是因为受到欲望的驱使。

欲望是一种野性的呼唤与回归，也是希望的覆灭与再生。每个人的心中都有希望，也有欲望，这里的欲望并非贬义词，它已经具有理想与行动的双重意义。

欲望是生命生存和发展的内在动因和必要条件，可以说，欲望是生命的本质属性。人的需要和欲望是发展和脱离困境的动力。强烈的欲望能够激发出人的全部力量，使人超越自我。欲望能够使一个人的潜力达到极致，排除一切艰难险阻以达到自己的目标。

欲望是成功者的第一素质。成功者的欲望，其实就是一种生活目标，一种人生理想。成功者的欲望与平凡人欲望的不同之处就在于，他们的欲望往往超出他们的现实，超出我们的想象，这是需要打破他们眼前的局限，才可以实现的。因此，成功者的欲望常常是伴随着行动力和牺牲精神的。

约翰·富勒家中有7个兄弟姐妹，他从5岁起就开始工作，9岁时会赶马车。他有一位了不起的母亲，她经常对儿子说："我们不应该这么穷，不要说贫穷是上帝的旨意，我们很穷，但不能怨天尤人，那是因为你爸爸从未有过改变贫穷的欲望，家中每一个人都胸无大志。"这些话在富勒幼小的心灵中扎了根，他一心想改变家里的现状，想变得富有起来，并且开始努力为之奋斗。

12年后，富勒接手一家被拍卖的公司，并且还陆续收购了7家公司，他真的成了富人。他在谈及成功的秘诀时，还是用多年前母亲的话回答："我们很穷，但不能怨天尤人，那是因为爸爸从未有过改变贫穷的欲望，家中每一个人都胸无大志。"富勒在后来的多次演讲中还说到："虽然我不能成为富人的后代，但我可以成为富人的祖先。"

你是否有改变自己的强烈欲望？你是否有做富人祖先的雄心壮志？可以说，富勒的话对我们产生了强烈的共鸣和震撼，鼓舞了我们的每一根神经。为什么我们总是离成功那么远？那是因为我们没有强烈的成功欲望。因为欲望，而不甘心，而行动，而成功，这是大多数成功者走过的共同道路。欲望是成功的最大推动力。一个真正的成功者一定是一个有着强烈成功欲望的人。

因此，你能否成功，取决于你是否有火一样的热情投入你最热望的事业中，是否有强烈的欲望去填充你心灵的深处。不再只是有美好的愿望去达成某事，而是有强烈的愿望去达成；不再是想成功，而是一定要成功。

你的欲望有多么强烈，就能爆发多大的力量。当你有足够强烈的愿望去改变自己的命运时，所有的困难、挫折、阻挠都会为你让路。欲望有多大，就能克服多大的困难，就能战胜多大的阻挠。你完全可以挖掘生命中的巨大能量，激发成功的欲望，因为欲望就是力量。

成功的事业需要强烈的欲望

欲望可以使一个人的力量发挥到极致，也可逼得一个人献出一切，排除所有障碍。欲望使人全速前进而无后顾之忧。

创业、创富……诱惑着许多人纷纷踏进圆梦之路，这其中有的收获果实，有的收获失落。记得刚开始时，情况并不是这样，每个人可都是满腔热情的。

只是因为他们在创业的过程中遭遇到各种各样的现实问题，使得他们每遇到一点点挫折就会对自己的工作产生怀疑，甚至半途而废，于是，前面的努力白费了。所以，要想真正创出自己的事业，就要有奋发向上的激情，永不冷却的热情，强烈的成功欲望。事实告诉我们，成功的事业需要强烈的欲望，就像我们强烈的求生欲望一样。

有一位年轻人，想向大哲学家苏格拉底求得真知。一次，苏格拉底将这个年轻人带到一条小河边，只听“扑通”一声，苏格拉底就跳进河里去了。年轻人一脸的迷惑不解：难道大师要教我学习游泳？看到苏格拉底在向自己招手，年轻人也急忙走过去跳进了河里。没想到，他刚一跳下来，苏格拉底迅速用力将他的脑袋摁进水里。年轻人拼命挣扎，刚一挣脱出水面，苏格拉底又用更大的力气将他的脑袋又摁进水里。年轻人拼命扑腾，奋力挣出水面，还没有喘上一口气，谁知苏格拉底再次用力将他的脑袋摁进水里……最后年轻人本能地用尽全身力气再次从大师的手中拼命挣扎出来，他本能地拼命向岸上跑，爬上岸后，他指着还在水里的苏格拉底说：“大，大师，你到底想干什么？”没想到苏格拉底理都没理他，自己爬上岸后，跟没事人一样就走了。年轻人从后面追上苏格拉底，虔诚地说：“大师，恕我愚钝无知，刚才发生的一切我还是不大明白，请指点一二。”这时，苏格拉底方觉得年轻人还有可教的可能性。于是，他停了下来，对年轻人讲了一句著名的话：“年轻人，如果你想向我学知识的话，你就必须有强烈的求知欲望，就像你有强烈的求生欲望一样。”

著名品牌营销专家于斐行曾说，心理学中有一个叫“期望强度”的概念，意思是说，一个人在实现自己期望达成的预定目标过程中，面对各种付出与挑战所能承受的心理限度，或者说欲望的牢固程度。正像苏格拉底对年轻人的启示一样，追求成功也是如此：要成功，必须有强烈的成功欲望，就像我们有强烈的求生欲望一样。

如果一个人的“期望强度”太弱的话，将无法应付残酷现实或自身弱点的挑战而半途而废。只有那些一定要成功的人，才有很牢固的“期望强度”，所以能不畏艰难，坚持不懈，不言放弃，直到成功。

成功学界流行一个著名的观点：成功来源于你是想要，还是一定要。如果仅仅是想要，可能我们什么都得不到；如果是一定要，那就一定有方法可以得到。成功来源于我一定要。“想要”，就有点消极，而“一定要”却是积极的。由此可见，要想成功就一定要摈除消极的心态。那么，消极的心态都有哪些表现，又如何消除呢？

美国宾州大学的塞利格曼教授曾对人类的消极心态做过研究，他指出有三种模式的消极心态会使人们有无力感，并最终毁其一生。

（1）永远长存。即把暂时的困难或挫折当做永远挥之不去的怪物，从而在时间上把困难或挫折无限延长了。这就使自己束缚于当前的消极心态不能自拔。要想走出束缚，就不要把以往的困难或挫折放在心上，而应努力走出其带来的阴影。

（2）无所不在。即因为某方面的失败，从而“确信”在其他方面也会失败。这是在空间方面把困难无限扩大了，从而使自己笼罩在失败的阴影里看不到希望。要想走出阴影，就要相信自己一定在某方面有天赋，一定会在某方面取得成功。有了这种积极的心态，就能很快走出阴影，去开创自己的成功之路。

（3）问题在自己。即认为自己能力不足，一味打击自己，使自己无法振作。这里的“问题在我”，不是勇于承担责任的代名词，而是在能力方面一味贬损自己，削弱自己的斗志。这就要重新树立信心，相信自己有能力做好，有能力取得成功。只要相信自己能行，你就一定能行，一定能取得成功。

成功欲望训练

成功的人都拥有相同的特质，他们都拥有强烈的成功欲望。如果说梦想是迈向成功的方向，那么欲望就是迈向成功的燃料。欲望越强，产生的动能越强，越能克服困难，获得成功。因此，成功要激发强烈的欲望。

1. 了解追求成功的真正动机

人的需求可分为五种：生理需求、心理需求、归属感、被尊重和自我实现。生理需求是指吃饱、穿暖，是人类最基本的需求。心理需求则是包括了爱和被爱、安全感等心理层次的满足。归属感是希望属于某个团体、家庭、公司。被尊重则是希望拥有某种职称、地位、受人肯定、敬重。自我实现是最高层次，追求自我的成就满足。

2. 转化心中的愿望成为强烈的欲望

愿望只是静态的，“我希望成功，希望非常富有，希望很有威望，希望很有成就……”欲望则是动态的，“我要获得成功，我要创造财富，我要获得地位，我要获得成就……”因此，你不止是空有愿望而已，你还要付诸行动，真正地去追求你渴望的获得成功。愿望如果没有转化为欲望，便无法拥有足够的动能，推动你走到成功的终点。因为在成功的路途上，还是充满了各种的困难和障碍，若没有强烈的欲望，你可能会半途而废，因而成为空泛的愿望。

3. 不断强化成功的欲望强度，发挥最大的冲劲

不断增强你追求的成功欲望，便会产生惊人的结果。强烈欲望会产生不可思议的力量，化不可能为可能。强化心中欲望的强度，可以朝两个方向去做。

第一个方式，想象你已经达到你的愿望，或者体验你已梦想成真的滋味。你心中越想尝到那种滋味，你就越渴望成功，越能驱逐自己去追求成功。另一种方式，记住失败所带给你的羞辱，你如果不达到成功，就无法去除心中的痛苦。

不断强化成功欲望强度，让自己像一把利箭在张满弓的弦上发射出去，满怀冲劲，锐不可当。欲望是开拓命运的力量，欲望越强产生的力量也越强。激发成功欲望是点燃心中储存的燃料，让它爆发出惊人的力量，向成功的目标直冲而去。和成功的人接触，可以产生见贤思齐的心理。你必须设定一个“假想敌”，一个可以竞争的对象，一个可以超越的目标，时时刻刻提醒自己要战胜他、打败他。

欲望能驱使你用行动去达成愿望。转化心中的愿望，就是要一而再、再而三地要求自己行动，前进再前进，绝不丝毫松懈。想象梦想成功的滋味，或是记取失败的教训，都能强化追求成功的欲望强度。成功的人所以奋斗不懈，都是因为有强烈的欲望在背后支持着。因此别人停止时，他还在前进，当别人前进时，他正大步奔跑。激发成功欲望，让自己拥有持续不断的动能，“忍人所不能为”，克服一切的困难，达到成功的目的地。

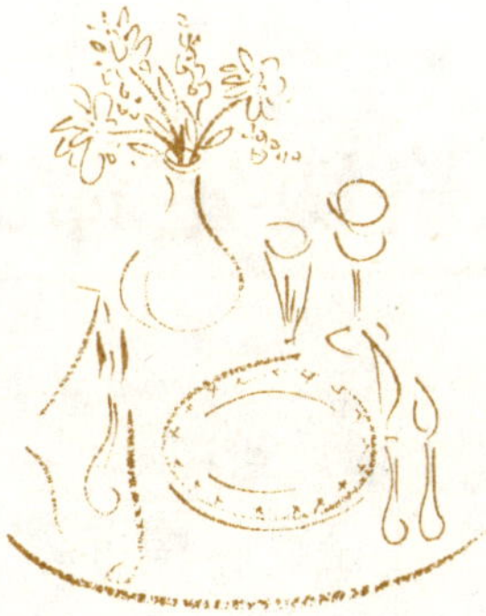

第9课

用性格打造成功的竞争力

美国著名心理学家威廉·詹姆士曾说："播下一个动作，你将收获一种习惯；播下一种习惯，你将收获一种性格；播下一种性格，你将收获一种命运。"性格的好坏在很大程度上决定着一个人的成败。优秀的性格，如深思熟虑、沉着冷静、善于自控、达观开朗等，都有助于人们做成大事，获得成功。而不良的性格，如优柔寡断、敏感多疑、易于冲动、抑郁沉闷等，则会影响一个人潜能的发挥，最终不利于其走向成功。

性格决定命运

性格会决定你的人生命运，只有培养良好的性格，才能使你树立正确积极的人生态度，才能使你转弱为强，转贫为富，转危为安，并由此而收获一个辉煌的人生。

性格可以帮助每个人找到真实的自己，从而理解自己的思想，宽容自己，关爱自己。健康优良的性格是保证一个人的智力、才能得到充分发挥的必不可少的条件。如果忽视性格修养，让许多不良性格支配、左右着自己，那么即使有非凡的智力和才能，也会被不良性格压制，或者走向歧途。所以，性格决定命运。

性格并没有好坏之分，不同的性格和不同的策略与原则，在迈向成功的道路上也会有不同的选择。同时，没有一个人百分之百的属于某一种类型。

每个人的个性里都有一种优势存在，不要只盯住自己的个性弱点，去苛求所谓的完美。其实，只要不带偏见地深入审视自己，总会找到自己个性中的优势所在。不同性格的人都可以成功，关键是我们怎么去运用性格，怎么样运用好的方法让大家都能够得到成长和成功，这就是性格分析带给我们的收获。

每个人对成功的理解都不一样。其实，真正的成功应该是全方位的，包括朋友、家庭、心灵、时间和金钱等，但最终是精神上的。买得起房子，却买不来家庭；买得起好药，却买不来健康；买得起高级化妆品，却买不来美丽。人是精神与物质相交融的产物，你只有主宰自己的性格优势，才能主宰自己的命运。

拿破仑是法国历史上功勋卓著的皇帝。他曾先后多次打垮“反法同盟”，保卫了法国大革命的胜利果实，并且削弱了欧洲大陆的封建势力，成为欧洲历史上最伟大的统治者。拿破仑之所以能取得如此巨大的功绩是与他的独立果敢的性格分不开的。

拿破仑10岁时进了一所军事学校，经过5年的学习，他做出了影响他一生的决定——参军。这时，他缜密而敏锐的思考、果敢的决断和灵活的指挥才能已经崭露头角。后来的事实也证明了拿破仑的过人之处。在一次向英军的作战中，他第一次参与了指挥，在战斗中他不但判断准确，而且身先士卒。不久，拿破仑就被任命为意大利军团炮兵指挥。

随后，在镇压二月党人政变的军事行动中，拿破仑更是表现得指挥得当，果敢勇猛，坚韧不拔，赢得了法国各阶层的尊重。之后，拿破仑扶摇直上，直至军团总司令。1799年11月9日，拿破仑看准时机，毫不犹豫地发动了政变。从此，开始了他雄霸欧洲的征服之旅。

拿破仑的伟大之处就在于性格上的伟大，虽然他也受到了很多挫折和失败，但他凭借决心和勇气，凭借果敢决断的性格优势，最终成就了他的辉煌与伟大。

与此相反，中国清代雍正时期的名将年羹尧，军功显赫，却居功自傲，恃宠骄横，为所欲为。他的这种骄横放纵的性格，也为他的政治前途和生命埋下了祸根，最终落了个赐死的结局，成为一名以悲剧谢幕的历史功勋人物。

康熙末年，皇室内部围绕着皇位的争斗愈演愈烈，年羹尧凭着眼力认准了康熙第四子胤禛将为皇位继承人，所以对胤禛忠心耿耿。当胤禛登基后，年羹尧也开始了他更大的事业。作为大将，他在平定西北部少数民族的叛乱中立下赫赫战功，维护了各少数民族的团结，稳定了西北部边疆，显示出了非凡的军事才能。在仕途上，年羹尧青云直上，达到了政治生涯的顶点。此时，他性格骄横的一面也显露了出来，有时连雍正也不放在眼里。

终于，到公元1726年，年羹尧被赐死。据史载，年羹尧贪赃银共计三百五十余万两，罪状九十二条。廷议要行大辟之刑，其父及兄弟子孙、伯叔之子，年十六岁以上者皆斩，十五岁以下及母女妻儿姊妹并予功臣家为奴。

正是年羹尧自大骄横的性格，造成了他被赐死的下场。每个人的性格都不可能是完美的，总会有这样那样的毛病。因此，及时为自己的性格会诊是非常重要的。要及时剔除掉性格中的不良因素，吸收别人的优点到自己性格中来，才能不断向成功迈进。

由此可见，要想做一个有作为的人，要想干一番自己的事业，就不仅要德、识、才、学兼备，而且需要有健康的、优良的性格作保证。历史上，李世民的从谏如流，拿破仑的坚强果敢，这些优良的品性为他们事业的成功起了关键性的作用。

对一个渴望有所作为的人来说，满腹的才学、卓越的能力、健壮的体魄固然重要，但高尚的品德、宽广的胸襟、豁达的度量、坚强的意志、乐观的性情等性格因素更是不可或缺。

世界上没有最好的性格，只有更好的性格，只有不断地优化自己的性格，才能拥有愉快的心情、健康的身体和成功的人生。

从自卑的阴影中走出来

一个人要想成功，必须自信。过于自卑，就会使自己失去自信心，失去行动的勇气，同时也会放弃对理想的追求，结果当然是一事无成。因此，若想拥有一个成功的人生，就必须突破自卑的个性。

一位父亲带着儿子去丹麦，参观安徒生故居。儿子问父亲："安徒生不是住在宫殿里的吗？"父亲回答："安徒生的父亲是个鞋匠，家里很穷，他就住在这个小阁楼里。"

第二年，父亲又带着儿子去参观凡·高的故居，儿子在看过凡·高的小床和一双破了的皮鞋之后，不解地问父亲："凡·高不是百万富翁吗？"父亲答："不，他是一个连妻子都没有娶上的穷人。"

这位父亲是位船员，他每年往返于大西洋的各个港口，儿子叫伊东布拉格，是美国第一位获得普利策奖的黑人记者。

几十年后，伊东布拉格在回忆童年往事时说："小时候家里很穷，父母靠苦力维持家用。所以那时我一直以为我是不可能有什么出息的，因为我们是如此卑贱的黑人。所幸的是，父亲让我认识了凡·高和安徒生，他们让我明白，上帝眼里没有卑贱。"

有这样一句话："天下无人不自卑。无论是圣人、贤人，都是充满自卑感的。"但是，如果你想取得辉煌的成就，你就必须战胜自卑。

法国科学家维克多·格林尼亚是诺贝尔化学奖的得主，他也是一位由自卑而走向成功的典型人物。格林尼亚的父亲是一位百万富翁，所以他从小就生活在极为优裕的环境里，这也就使其养成了游手好闲、不学无术、逞强摆阔的浪荡公子的恶习。而且他凭着自己相貌英俊，挥金如土，身边总是围着一群女孩子。可有一次，一向春风得意的格林尼亚却遭受了沉重打击。在一次舞会上，他遇到一位从巴黎来的美丽的女伯爵时一见倾心，他便像追其他女孩子一样，走上前去，却听到冷冷的一句："请站得远点，我最讨厌被浪荡公子挡住视线。”第一次在公众面前被人毫不留情地羞辱，格林尼亚顿感羞愧难当，颜面尽失。他突然意识到在别人眼里自己是如此的渺小和令人生厌，一种从未有过的自卑感汹涌澎湃地向他袭来，令他无地自容。

他羞愧地离开了家，来到里昂，进入里昂大学，插班就读，隐姓埋名，拒绝一切社交活动，泡在图书馆和实验室里。他的这种刻苦钻研的劲头赢得了化学权威菲利普·巴尔教授的器重。在名师的指点和自己的刻苦努力下，格林尼亚发明了“格林试剂”，并发表学术论文两百多篇，1912年被瑞典皇家科学院授予诺贝尔化学奖。

自卑是埋藏在人心底的邪恶之神，他仅仅是想和人们开个玩笑而已，然而很多人却被邪恶之神打倒了，也有很多人战胜了“邪恶之神”，从自卑走向成功。日本著名企业家松下幸之助，4岁家败，9岁辍学，11岁亡父，他曾深深地陷于自卑之中。被称为美国救世主的总统林肯出生于贫农家庭，8岁时母亲离世，仅受过一年的学校教育就下地劳动，他也深深地为自己的身世自卑。法国启蒙思想家卢梭，曾为自己是孤儿、从小就流落街头而自卑。法国存在主义大师萨特，两岁丧父，一眼失明，一眼斜视，也曾为自己的身世和身体的残疾而自卑。但事实证明，他们都是卓越的成功者，自卑只是一种徒然的自我折磨。

因为但凡自卑者，总是一味地自轻自贱，总是感觉自己低人一等，没有什么可以令自己感到骄傲的。这种心理一旦占据心头，就会摧残人的身心，窃走人的骨气，容忍自卑感的存在，有百害而无一利。著名学者邹韬奋在《自觉与自贱》一文中说：“若自觉有所短而存在自贱的心理，便是自甘居于卑劣的地位，所得的结果只能是颓废。”

你甘居卑劣的地位，你会永远卑劣；你甘愿低人一等，你永远不会出人头地；你甘愿自卑，你永远都与成功无缘。所以，拒绝自卑，不再卑劣，你就会出人头地，获得成功。

幽默增添你的魅力

幽默是一种美的、健康的品质，是成大事者受欢迎的必备要素之一。

生活在大千世界里，我们要接触形形色色的人。社会竞争越来越激烈，现代人常感到一种心理压力和焦虑。此时，幽默是最好的“减压阀”。它不仅使人心情变得轻松愉快，而且有助于你在交际中左右逢源，马到成功。

丘吉尔说过：“除非你绝顶幽默，否则就无法处理绝顶重要的事，这是我的信念。”众所周知，丘吉尔就是一位极其幽默和风趣的人，他经常能用幽默缓解对手的攻击或一些不便回答的问题。

有一次，国会开会时，有位专横跋扈的女议员在议席上指着丘吉尔的鼻子说：“如果我是你老婆，一定在你的咖啡里下毒。”此话一出，会场立刻鸦雀无声。可丘吉尔却笑嘻嘻地说：“如果你是我老婆，我一定一饮而尽。”结果，所有在场的包括那位女议员都哈哈大笑。

大家都知道，林肯总统长相平平。有一次，他针对有人骂他是两面派的问题，在集会中说：“有人骂我是两面派，我如果还有另外一张脸，我还会带着这张脸来参加集会吗？”此话真是一语双关，顿时博得一片喝彩。

史纳托夫·里德是英国上议院的议员，有一次在他发表演说时，全场听众都在屏息凝神地倾听。忽然，席间一听众的坐椅的腿折了，人也跟着跌坐在地上，颇觉尴尬，这时只听里德说：“现在各位应该相信，我提出的理由足以‘压倒’每个人了吧。”全场听众哄堂大笑，同时也为那位听众解了围。

柯立芝总统任期将满时，宣称不再竞选总统。当时新闻记者把他团团围住，要他说明原因。有一位记者非常固执，非得问出个究竟不可：“你为什么不想再做总统？”柯立芝总统幽默地答道：“因为没有升迁的机会。”

幽默不仅能消除烦恼，增添快乐，活跃气氛，还能化解尴尬，具有将悲剧转化为戏剧的奇效，而这种奇效是否能发挥出来，只在你一念之间。心胸豁达之人，总能自信地幽默一下，给别人带来欢笑，也为自己增添魅力。

在黑人总统曼德拉的身上，我们总能感受到他充满幽默、机智和风趣的人格魅力。他总是能够深深地吸引着同事和朋友，也包括他的亲人。

曼德拉入狱的时候，女儿津姬才3岁。1995年，当首次允许曼德拉在狱中与女儿见面时，女儿已是15岁的大姑娘了。他不想让女儿觉得他是一个衰弱的老人，所以他特意穿上一件漂亮的新外套。他明白，对于女儿来说，她并不了解她的父亲，时隔12年再见面，女儿一定会有点手足无措。

当女儿走进探亲室的时候，他的第一句话是："你看到我的卫兵了吗？"然后指了指紧随其后的看守。女儿笑了，气氛立刻轻松起来。

曼德拉告诉女儿，他经常想起以前的情景，他甚至提起，有一个星期天，他把女儿放在腿上，给女儿讲故事。

透过探亲室的玻璃窗，曼德拉发现女儿眼里浸满泪花。后来，津姬回忆这次探视时，特别提到了父亲的风趣与幽默："正是父亲的幽默，使我这个并不了解他的女儿，和他一下子亲近了许多。"

曼德拉80岁的时候领取了"卡马勋章"。在接受勋章的时候，曼德拉发表了精彩的演说。

在开场白中，曼德拉风趣地说："这个演讲台是为总统们设立的，今天，我这个退休的老人站在这里，抢了总统的镜头，我们的总统姆贝基一定不高兴。"话音一落，笑声四起。

笑声过后，曼德拉开始正式演讲。刚讲到一半，他把稿子的次序弄乱了，不得不重新把次序排好。

这本来是件很尴尬的事，而他却不以为然，边整理稿子边说："我把稿子弄乱了，请你们原谅一位老人。不过我知道在座的一位总统，在一次演说中把讲稿的次序弄乱了，他还不知道，照样往下念。"此时，整个会场哄堂大笑。

结束时，他说："感谢你们把一枚以卡马总统名字命名的勋章授予我，我现在退休在家，如果哪天没钱花了，我就把勋章拿到大街上去卖。我相信在座的一个人肯定会出高价购买，他就是我们的总统姆贝基。"

这时，坐在台下的姆贝基也情不自禁地笑出了声，连连拍手鼓掌。整个会场一片掌声。

这就是幽默的魅力，他拉近了演讲者与倾听者之间的距离，消除了一位伟人的神秘感，表现出曼德拉高超的智慧和人际沟通能力。而曼德拉的幽默是他在丰富的人生阅历与苦难的折磨中锻炼出来的。

幽默是一种人生态度，是人生的一种智慧，也是一种生存的技巧。它具有调和人际关系的神奇力量。生活中，善于运用幽默来处理各种人际关系的人，能够巧妙地把幽默作为一种挡箭牌，使自己免受许多不必要的伤害。同时，幽默也能使你更招人喜欢，增添你的魅力，使你成为人群的中心。

心理学家指出，凡是具有幽默感的人，在个人生活的满意度、工作效率、创造力方面都胜过缺乏幽默感的人。人的创造性智慧一旦与成熟的幽默联系，将会使一个人洒脱而富有征服力，使我们生活中许多难以解决的问题迎刃而解。

因此，在日常生活中，不妨幽默一下，它不但可以给别人带来快乐，也可以愉悦自己的身心，还能显示出你非同一般的个性。

抛弃自卑训练

人的自卑心理来源于心理上的一种消极的自我暗示，即“我不行”。正如哲学家斯宾诺莎所说：“由于痛苦而将自己看得太低就是自卑。”这也就是我们平常说的，自己看不起自己。过去不等于未来，无论我们对自己的评价如何，也无论别人对我们的评价如何，那都是过去的事情了，而我们现在要做的是抛弃自卑。

1．行走时抬头、挺胸，步子迈得有弹性

心理专家告诉我们，懒惰的姿势和缓慢步伐，能滋长人的消极思想；而改变走路的姿势和速度可以改变心态。快速走路能表现出超凡的信心，他的步伐仿佛告诉整个世界：“我要到一个重要的地方去办一件很重要的事，更重要的是我会在20分钟内成功。”因此抬头挺胸走快一点，你就会感到自己的信心在滋长。平时你从未意识到这一点吧？从现在你就试试看！

2. 敢于正视别人

正视别人等于告诉人家，我很自信，我肯定比你强。不正视别人通常意味着：在你旁边我感到很自卑，我感到什么都不如你，甚至怕你。因而要经常练习正视别人，使自己的眼睛为自己工作，就是让自己的眼神专注别人，以增强自信。同时，与人讲话看着别人的眼睛也是一种礼貌的表现。

3. 常给自己心理暗示“我能行”

在做事和做作业以前，暗示自己“我能行”、“我能出色完成这项工作”、“我能很好完成这些作业”。这就产生了我要努力把这件事做好的信念，自然就会想出“如何去完成这项工作”的方法，就会排除各种困难，直至成功。

4. 敢于当众发言

当众发言是克服羞怯心理、增强人的自信心、提升热忱的有效突破口。所以你不要放过每次当众发言的机会。当众发言既壮大胆量，又练就口才，是信心的“维生素”。所以不管在何种场合你都要勇敢地当众发言，畅谈自己的见解，不要怕说错，这样恐惧感就会逐渐消除，就会不断增加信心，下次更容易发言。

第10课

相信你能，你就无所不能

人生就有许多这样的奇迹，看似比登天还难的事情，有时轻而易举就可以做到。其中的差别就在于敢于相信自己。所以，在迈出脚步之前，请相信自己一定可以。因为自信源自每个人的内心，即使是只有一点点儿也比别人千万句的鼓励强。

告诉自己没有什么不可能

不管是争取成功还是要走出困境，都只有一个办法，那就是告诉自己没有什么不可能，未知的也并不可怕，只要走下去，就会成功。

西点军校最著名的校训之一是：没有什么不可能。“没有办法”或“不可能”常常是庸人和懒人的借口与托词。“没有什么不可能”对西点人在智慧、性格、纪律和毅力方面的塑造是十分成功的。

正是在这种理念的感召下，西点培养了一代又一代真正的男人。他们带着无所畏惧的心态、冲破任何阻力的力量、诚实执著的工作态度、负责敬业而又灵活机动的思维，走出了西点，走向了各行各业的巅峰，取得了令世人瞩目的成绩。

拿破仑信奉“世上没有什么不可能的事”，因此他创造了很多奇迹。事实上，诸多的“不可能”只是常规理论下的结论，也许是因为自信心不足，努力不够，或者是过高估计了自己所面临的困难。

在非洲中部地区干旱的大草原上，栖息着一种体形肥大臃肿的巨蜂。巨蜂的翅膀特别小，脖子也很粗短。但是这种蜂在非洲大草原上却能够连续飞行250公里，飞行的高度也要超过其他蜂类很多。它们极为聪明，平时就藏在岩石的缝隙或草丛里，一旦有了食物立即振翅而飞。特别是当它们发现这一个地区的气候开始变得越来越恶劣，即将面临一场干旱的时候，他们就会成群结队地立刻逃离，向着水草丰美的地方蜂拥而去。而其他的蜂类却不是这样，一旦遇到不好的天气，成千上万的蜂常常会不知所措，在顷刻之间四处逃散。于是，这种强健的蜂被科学家们称为非洲蜂。

但是科学家们对于这种非洲蜂却充满了诸多的疑惑。因为根据生物学传统的理论，这种非洲蜂体形巨大、臃肿而翅膀却又短又小，在生物界所有能够飞行的物种当中，它是最不符合飞行条件的。如果按照飞行条件来说，它还不如鸡和鸭、鹅优越。尤其在蜂类大家族里，它更是飞行条件最差的。

从物理学的理论方面来看，它的飞行也绝对是一件不可思议的事情。因为根据流体力学，它的身体和翅膀的比例差距太大，这是根本不能够起飞的！

根据科学家的理论，这种非洲蜂不要说自己起飞，就是借助外力把它扔到空中去，它的翅膀也不可能产生承载肥胖身体的浮力，它只有活活地掉下来摔死。

可是事实却不能不令我们称奇，它不但没有借助我们的力量，也没有任何的外界帮助，而是完全依靠自己的力量飞行，并且是飞行的群体里最为强健、最有耐力、飞行距离最长的物种之一。

科学家们从来也没有遇到过对科学如此残酷的挑战与愚弄。因为在这个小小的蜂类面前，一切关于科学的经典理论都不能成立。

心理学家们听说了这个“传奇故事”之后，对严谨的生物学家和物理学家解释说，其实这里并没有什么奇异的秘密。它们天生身体资质比较差，但是它们必须在生物界生存下去，所以，它们只有学会长途飞行的本领，才能够在气候恶劣的非洲大草原上求得生存。而那些自身条件比较好的物种就不一样了，由于它们天资较好，它们很容易就能飞行，它们也就不再拼命、刻苦练习求生的本领了。

其实，道理很简单，没有什么是不可能的。之所以不可能，是因为你没有被逼到绝路，没有被激发出你的潜力。所有的经验也不是一成不变的，只要你有强大的信心和勇气，一切都是可能的。

相信你能，你就无所不能

也许在生活中，我们都有这样或那样的弱点和缺陷，然而，只要我们相信自己的能力，并通过自身不懈的努力，就一定能克服各种障碍，活出真正的自己。

你还在为自己的弱点和缺陷自怨自艾吗？你还在为自己的平庸而怨天尤人吗？改变你的想法，你才能改变自己的人生。就像月亮不管阴晴圆缺，仍旧会发出照亮夜空的皎洁月光。生命同样如此，不管我们以什么样的相貌，什么样的身份出现，都没有必要暗自伤悲。你唯一需要做的，就是相信你自己。

小富兰克林·罗斯福曾经是个非常瘦弱胆小的男孩，无论见到谁，他幼稚的小脸上总是充满惊恐的表情。天生胆小怯场的小罗斯福，每次被老师叫起来回答问题时，他总是脸涨得通红，紧张得全身发抖，讲话也是断断续续、含糊不清。

如果是一般小朋友像他这样胆怯，可能就不会再去参加任何活动了，也会越来越封闭自己，不与任何朋友交往，只知躲在一角顾影自怜，唉声叹气。然而，小罗斯福却没有这样，虽然他容易紧张，但对于自己的弱点，他反而更加勇敢地面对。尽管同伴们经常嘲笑他，他也不放在心上，当紧张时，他坚定地说："只要我用力地咬紧牙关，尽力阻止它们颤动，过一会儿我就能让情绪稳定下来！"小小年纪的罗斯福，每一天都在坚定地告诉自己说："不管怎样，我都要成为一个坚强的人！"当他看见其他小朋友蹦蹦跳跳地参与各种体育活动时，他也便强迫自己去参加，不管体力能否承受得了。与他接触过的每个人都能从他坚毅的目光里，看到他坚定地想要成功的决心。而当紧张产生时，他会给自己鼓气说：“我一定可以！”

渐渐地，小罗斯福克服了紧张，也克服了身体上的缺陷。因为拥有不屈不挠的精神，他终于能够勇于面对任何恐惧或困难的事。而且喜欢广交朋友的罗斯福，对于交际也有一个很实用的原则，他认为：“与人交朋友是一件快乐的事情，只要我用真诚、快乐的态度与人交往，即使我的相貌很差，但人们仍然愿意与我交往。因为每个人都喜欢与快乐为伴，不是吗？”

为了让自己更勇敢，更强壮，高中前罗斯福都会利用假期时间加强体能训练，而他也正是凭着这种自强不息的精神与自信，最终成为美国的第32任总统。

不要因为身体上的某些缺陷而灰心丧气、自暴自弃，因为根本就没有谁会在意你的缺陷。通常那些独来独往、离群索居的人，他们的失败并不是因为被别人排挤出局，而是因为自己首先放弃了自己。

许多不敢相信自己或缺乏信心的人，当他们否定自己的时候，走路不是低着头，便是脸上布满愁容，这种形态恐怕连他们自己看见都要感到厌烦，更何况是别人呢。

不要再暗自伤悲了，站出来学学罗斯福改变自己的坚强决心与毅力吧！很多能让生命爆发的力量，其实不必向外面寻找，譬如活力与自信，都在你自己的身上，我们没有必要自怨自艾，正如《阿甘正传》里的阿甘一样，只要你相信你能，你就一定无所不能。

精神不倒，你就不会被困难压倒

意识的力量是无穷无尽的，只要我们能控制自己的意识，我们就能掌握命运的节拍。

也许，是因为你走得太久了，也许是因为你缺少行路的经验，或者是路途比较凶险，在途中，在你匆忙向前赶路的时刻，你却突然倒下了。这仿佛是命中注定一样，任何人都没有能力回避。

在你不得不选择爬行前进时，你的眼睛不能紧闭，你的目标不能迷失，你不能忘记为什么要向前赶，你也不要轻易地说出自己不行了。你要相信自己能行，要把所有的苦难都当做一道道门槛，只要你迈过了所有门槛，你就可以与成功拥抱了。

一位精神病博士曾经在纳粹集中营被关押了整整3年，期间饱受凌辱。他就是著名奥地利神经学家、精神病学家、犹太人大屠杀幸存者——维克多·弗兰克。

弗兰克曾经绝望过。这里只有血腥的屠杀与凌辱，没有一点人性，更没有尊严：那些手里有枪的人都是野兽，他们可以毫不犹豫地屠杀一位母亲、孩子或老人。

在集中营的那段日子里，他时刻生活在恐惧中，活在这一刻却要担心下一刻会不会死，这种对死的恐惧使他产生巨大的精神压力。因为在集中营里，每天都有人因此而疯掉。弗兰克知道，如果自己控制不好自己，他也很快就会因精神失常而崩溃掉。有一天，弗兰克随同长长的队伍去集中营的工地上劳动。一路上他都被一种幻觉所包围：晚上还能不能活着回来？能否吃上晚饭？他的鞋带断了，还能不能找到一根新的？这些幻觉让他感到焦虑和不安。于是，他强迫自己不去想那些可怕的事情，而是刻意幻想自己是走在前去演讲的路上，他来到了一个非常宽敞明亮的教室中，在斗志昂扬地为同学们发表演讲。

他的脸上浮现出了笑容。弗兰克知道，自己已经很久没有这样的笑容了。当他知道自己还会笑得如此轻松的时候，他开始相信自己不会死在集中营里，他一定会活着走出去的。当他从集中营被释放出来时，精神非常饱满。他的朋友们都很难相信，一个人竟可以在魔窟里活得如此惬意安然。

这就是心境的魔力。很多时候，一个人的精神可以击败很多困难与挫折。因为对于人的生命而言，要想活下来，只需要维持生命的食物就足够了。但既要活着，又要活出精彩，就需要有广阔的心胸、坚强的意志和相信自己能行的智慧。

大诗人享雷曾说：“我是自己命运的主宰，我是自己灵魂的舵手。”意思就是说，意识的力量是无穷无尽的，我们能控制自己的意识，那么我们就能掌握命运的节拍。

当你向前爬行的时候，那曾让你热血沸腾、充满希望的目标也正在前方向你招手。但是，它却决不会自动向你靠近一步……

这时，你除了奋然而起，你别无选择。只有站起来，你才能走得更踏实，走得更远。

在很多情况下，我们都不只一次地经历着跌倒了再爬起来的过程。其实，我们没有必要气馁，也没有必要怀疑自己的能力，只要精神不倒，就不会被困难压倒。

成功意识训练

每个人都具有意识，但不一定每个人都具有成功意识。每个人都可能成功，但最终成功的只是很少一部分人。这是为什么呢？根本原因就在于成功意识的缺乏。如果你认为自己不能，不相信自己会成功，那么你可能真的就不会成功。此即所谓：相信你能，不能也能；相信你不能，能也不能。因此，加强对自己的成功意识训练是尤为重要的。

1．悦纳你自己

世界上没有完美无缺的事物，我们都有着这样或那样的缺陷，当我们面对真实的自我时，我们完全可以为了自己拥有的一切优点欢呼。当然，看到自己的缺点时，也没必要怨天尤人，悦纳自己并努力让自己完善，才是我们对待生活的最佳态度。一个人应该有悦纳自己的勇气，坚信自己可以实现自己的梦。

2．其实你没有那么“笨”

任何一个人向着成功进发的路，都不会是完全笔直的，都要走些弯路，都要为成功付出代价。这代价就是失败。如果你认为自己很笨，不能成功，那你就注定是一个失败者，而且是一种做人的失败。世界上人与人之间的差距不会有多远，远的是人与人之间的观念。成功的人也许是聪明，但真实的你也不笨。对于一个能够面对真实的自己的人而言，失败是下一次成功的开始，而对一个无法面对真实的自己的人而言，失败也许就成了他一生的负累。事实上，失败了不等于你就永远失去了再次站立的机会，任何成功都不可能只经历一次或几次的失败就可以逆转航向。当我们失败了的时候，我们需要在面对失败的同时面对自己的渴望，有时不妨重新找一下路的出口，也许成功就会在不远的地方出现。

3．减除自我设限

科学研究成果表明，一位普通人只要发挥体内50%的潜能，就可以掌握40多种语言，可以背诵整部百科全书，可以获得12个博士学位。大多数人之所以没有取得任何成就，不是因为他们没有能力，而是自己没有认识和发挥自己的潜能，抑或是被习惯所掩盖、被惰性所消磨。

4．自信增加魅力

世界上你唯一可以相信的人是你自己，唯一可以一直依靠的人也是你自己。你的自信可以让自己站立，同时也可以帮助别人站立。任何人都应该在面对自己的时候，相信自己可以做到自己想做到的事，成为自己想成为的那个人。因为真实的我们完全有这个能力。

第11课

用积极的暗示来改变自己

暗示是一种心理影响，它通过使用语言、手势、表情等，把某种概念或结论输入一个人的大脑，使之不加考虑地接受某种意见或做某种事情。如果你想获得成功，那么就用积极的心理暗示来改变自己吧！

自我暗示的无限力量

暗示，可以用来训练和控制自我，也可以约束与命令他人。特别是积极性暗示，它可以给你带来财富和运气。

麦克·阿瑟将军曾经勉励我们说："你有信仰，你就年轻；你若疑虑，你就衰老。你有自信，你就年轻；你若恐惧，你就衰老。你有希望，你就年轻；你若绝望，你就衰老。"也就是在告诉我们，利用自我暗示，可以帮助你寻找适合自己的目标，并让你在改变自己的同时，激发自己的潜能。

心理学家和精神分析学家指出，一旦某种想法进入潜意识思维中，脑细胞就会获得信息，从而留下相应的痕迹；潜意识思维会就你的一生当中所积累起来的知识和想法进行工作，并产生相应的结果。有心理学家曾经对在催眠状态下的人进行试验，发现一旦人们接受了暗示，潜意识思维就会根据暗示的内容做出相应的回应。比如，心理学家告诉一个正处于催眠状态的人，说他就是美国总统华盛顿，或者说他是另外某一个人的话，那么他的个性就会发生暂时性的变化，这是因为他相信自己就是试验者所说的那个人。

所以，暗示的力量是无穷的，只要你能利用它积极的一面，它就会为你的人生带来幸福和快乐。

威廉·丹佛斯是布瑞纳公司的总经理。他小时候长得很瘦小，而且缺少远大的志向。因为，每当他看到瘦小羸弱的自己时，信心就完全没有了，甚至经常为此而感到恐惧不安。直到有一天，他遇见了一位老师，人生观就此发生改变。

上课的第一天，老师便把威廉找来谈话。老师说："威廉，听完你的自我介绍后，我发现你有一个错误的观念，就是你认为你很软弱，如果总是这样认为，那么你就会变得越来越软弱！现在我要告诉你，其实你是一个非常强壮的孩子。"小威廉听到老师的话后，惊讶地问道："是吗？怎么可能呢？我怎么可能是强壮的孩子？"老师笑着说："当然是啦！不信，你可以站到我的面前来！"于是，小威廉乖乖地站到老师面前，并听从老师的指示："你看看自己的站姿，一眼就能看出，你一直在心中想着自己瘦弱的一面。来，认真听老师的话！从现在起，你要在心里想着'我很强壮'，接着做收腹、挺胸的动作，想象自己很强壮，也相信自己任何事都能做到，只要你勇敢去做，你就会像个男子汉一样威猛！"当小威廉按照着老师的话做完一次后，全身忽然间充满了力量。如今，他已经85岁高龄了，却依然活力十足，因为他一直没有忘记老师的话。每当遇到熟悉的人时，他总是铿锵有力地喊："站直一点，要像个大丈夫一样。"

利用自我暗示的力量，灌输给自己正面的意识，在改变自己的同时，可以更加了解自己，也对自己更具信心。就像故事里的小威廉，老师的引导唤起了他内在的勇气与活力，让他相信，只要"挺直腰"，世界就已经掌握在自己的手中。你也可以试着对自己说："站直点，要像个大丈夫一样！"深吸一口气，你一定能感觉到身上的一股潜在能量正隐隐发威。唯有相信自己的无限可能，你才能真正地超越自己，提早看见成功的未来。

暗示的力量来自于自己

科学家对那些成就非凡的人做过很多研究，结果表明，他们在关键时刻都能进行积极的自我暗示，都能自己给自己增强信心，因此他们战胜了无数的困难，获得成功。

提高自我价值需要不断地用激励暗示自己。心理学上激励的含义是指，激发人的行为动因，使人具有一股内在的动力，而为期望目标做出努力的心理过程。哈佛大学的心理学家威廉姆·詹姆斯研究发现，一个没有受到激励暗示的人，仅能发挥其能力的1/5左右，而当他受到激励暗示时，他的能力可以发挥到4/5。这表明，同样一个人，在通过充分激励后，所发挥的能力相当于激励前的三四倍。

在一个寒冷冬天的午夜1点30分。在医院的一间急救室里，两位女护士正守在病人拉尔夫身旁。在头天下午4点半时，一个紧急电话打到他的家里，要他的家人尽快赶到医院。当他们来到医院时，拉尔夫已经由于心脏病发作而处于昏迷状态，一家人都焦急地等待在外面的走廊上。

灯光灰暗的深夜病房里，两个女护士焦急地忙碌着。她们各抓住拉尔夫的一只手腕，力图摸到脉搏的跳动。因为拉尔夫已经昏迷了6个小时。医生在对拉尔夫做了他所能做的一切后，就离开病房给其他病人看病去了。

拉尔夫不能动弹，包括说话和抚摸任何东西。但是他能听到护士们在说话。在昏迷的一些间隙里，他甚至能非常清楚地思考。他听到一位护士惊奇地说："他停止呼吸了！你能摸到脉搏的跳动吗？"

"没有。"

不知过了多久，他又听到：

"现在你能摸到脉搏的跳动吗？"

"没有。"

"我非常好，"他想，"但我必须告诉他们。不管怎样我必须告诉他们。"

他对护士们近乎愚蠢的关切感到很好笑。他一直在想："我的身体很好，并没有临近死亡。但是，我该怎样去告诉她们呢？"

于是，他想起了曾经读过的关于激励的语句：如果你相信你能够做这件事，你就能完成它。他试着想睁开眼睛，但失败了。他的眼睛不听使唤。事实上他一点知觉都没有。但是，他依旧努力地想睁开双眼，直到最后他听到一声尖叫："我看见一只眼睛在动——看来他还活着！"

"我并不感觉到害怕，"拉尔夫后来说，"一位护士不停地向我叫道：'拉尔夫先生，你听到了吗？……'对这个问题我只能以闪动我的眼睑来回答，告诉她们我很好，我仍然活着。"

这种情况持续了很长一段时间，直到拉尔夫努力睁开了一只眼睛，接着又睁开了另一只眼睛。

就在这时，医生回来了。当拉尔夫在死亡边缘徘徊时，他想起了曾读过的关于励志的自我暗示，正是这个自我暗示拯救了他。

其实，我们所读的书和所有的思想都能影响我们的下意识心理。同时也有一种无形的强大力量在支配着我们，这种看不见的力量可能是来自自己的生理原因，也可能来自我们还没有发现的其他来源。

心理暗示在我们的生活中具有非常重要的激励作用。因为，人们的意识会形成一种"心理导向效应"，即人的内心都会有一种强烈的接受外界暗示，通过语言、声音的传播媒介树立形象的渴望。

所以，我们在心里为自己描绘的形象，就决定了自己的未来，暗示常常是无法改变的，因为它在潜移默化中影响我们的成长。我们经常说"言必行"，意思是说话要有信用。其实，这句话还有更深一层的意思，就是语言有着非常明显的暗示和自我暗示作用，因为"说"是一种心理强化，会对一个人的行为产生重要的影响。不管是说积极的话，还是消极的话，它的影响都无法抹杀。

我们都有这样的感受，当心里郁闷、痛苦不堪时，如果能够找个人来倾诉，痛苦就会有所减轻。

另外，当我们为某件事"夸下海口"时，都会尽自己最大的努力去完成。因为说出来了，就要努力做到，这关系到一个言行一致的信誉问题。这就是心理暗示。

在我们的生活中，这样的例子很多，一个经常说丧气话的人，绝不会积极向上；反之，一个积极奋进的人，说的话则多是乐观向上的。

因此，常常用带激励色彩的自我暗示的话语提醒自己，便会使积极的心态融入自己的身心，并能长期保持，形成强大的心理力量，激励自己前进。

给自己一个积极的暗示

暗示是一种神秘的、能够影响思想的意念力量，它能够激发肉体的巨大潜能，甚至可以让生命发生奇迹。

有一个故事：有一个罪犯杀了一家五口人，县官判他死刑，并告知他，他将被以放尽血的方式处死。行刑时，囚犯被放到一个隔音的房间，捆绑在床上，蒙上眼睛，衙役用针头刺入他的手臂（但没有刺入血管），然后打开了床下的滴水器，使他听到“滴答”、“滴答”的滴“血”声，他误以为是自己的血在不断地滴出。半天后，他死了。

还有一个故事：一位年轻的母亲因车祸导致脑受伤，能用的药都用了，能采用的办法都采用了，但还是昏迷不醒，医生说可能她会成为植物人。但神经外科主任想做最后一次努力，便每天在病人的床头播放女儿的哭声和对妈妈的呼唤。一个星期后，这位年轻的母亲奇迹般地苏醒了过来，并开始逐渐恢复健康。

由此看来，暗示可以让生命发生奇迹。前者因恐惧而放弃求生的欲望，他死了；后者因女儿的呼唤而激起强烈的求生欲望，于是她坚强地活了下来。正如海伦·凯勒所说：“当你感受到生活中有一股力量驱使你飞翔时，你是绝对不应该爬行的！”一个人若是能经常进行积极的自我暗示，就能激发出巨大的潜力，获得超人的才能和无比强大的精神动力，从而成功属于你了。

阿尔塔从小就被认为是个愚笨的孩子，刚上学就被挂上低智商的牌子，后来又被迫退学。18岁时就嫁人了，不久后成了两个男孩和一个女孩的母亲，而令阿尔塔很难受的是，她的两个儿子都被诊断为低能儿。于是，她下定决心要拯救自己的孩子。首先她自己要给孩子做个榜样，从求学开始。

她先是到两年制的得克萨斯南方学院学习，同时还要做家务照顾孩子，每天两头忙得不可开交。虽然家人都很支持她的追求，但又觉得她不会坚持太久就会回家做家庭主妇了。

但事实完全出乎家人的预料。第一学期结束时，阿尔塔发现自己并不比别人差，自己完全有能力做得更好。于是在南方学院学习的同时，又在泛美大学报了学习课程。3年后，她获得了初级学院学位，还以优秀的成绩取得了泛美大学的理科学士学位。

一般情况下，美籍墨西哥母亲都读不到大学，这就令孩子们觉得自己的母亲很与众不同，很了不起。在母亲的帮助和鼓励下，孩子们各方面能力进步都很快，两个儿子的学习成绩也渐渐提高，自信心也有很大的增强，后来他们转到了正常班学习。

1971年，阿尔塔获得了文学硕士学位，并被聘请为豪斯登大学墨西哥美国文化研究所的理事。为了更好地工作，她又去读了行政管理的博士学位，并在课余时间在大学任教，每周还要去教堂给基督教女教徒上两次课，但她从没有忘记过她的孩子。

她总是抽出时间来辅导孩子的学习，到学校参加家长会，观看孩子们参加的足球赛。在她无微不至的照顾和引导下，三个孩子都很成功。

高贵的出身，优越的条件，超常的才智，强壮的身体，充裕的时间，朋友的谅解和支持，这些都是你成功的有利条件，但这些东西并不可靠，最可靠的是你自己，并且只能是你自己，是你坚强的意志、积极的自我暗示、乐观的心态和潜能的发挥。

一个人要想在这个世界上有所作为，有所突破，就需要有高度的自觉和顽强的意志，坚持心理上积极的自我暗示，这样，才能将积极的自我暗示、重塑自我的魔力显示出来。

积极暗示训练

美国的一位心理学家设计了一种被称为“60秒PR法”的放松方法。它要求一个人每天花60秒钟以讲演的形式简洁地描述自己的天赋和能力以及自己应该达到的成功目标。这一方法的实质就是做积极的自我暗示。根据行为科学的理论，一个人对自己失去信心，垂头丧气，沮丧忧郁，必然产生一种厌恶和否定自己的自卑情绪。要克服这种不良情绪，就要时常赞美自己的优点和长处，鼓励自己在人生道路上勇敢奋进，对未来充满信心和希望，以塑造出全新的自我形象。

该项训练的具体要求如下。

1. 每天早起后和晚睡前，各用一分钟左右的时间进行积极的自我暗示

在自我暗示的前半部分，要选择一些积极、肯定并富有激励性的语言，并固定下来。天天背诵做到反复强化，例如：

我正在进行自信训练，我一定会越来越有自信的。

我是有能力的。

我在各方面都会越来越好。

我是我生命的主人。

活着，我感到充实与快乐。

重要的是不断行动。

自信，勇敢，乐观，实践是我人生的宗旨。

2. 完成了前半部分固定内容的背诵以后，后半部分可即兴发挥

在讲演过程中，还应多提到自己过去成功的例子。当然未来的目标也是必不可少的。这可分为长期目标和短期目标。长期目标要富于想象和激发性，短期目标则应切实可行，具体明确。

第一步，现在先请你把自己的优点写下来。

第二步，安静地坐下来，背板挺直但身体放松。

第三步，深呼吸两次，然后大声将自己写的字句说出来。

第四步，说这些句子时，一定要全神贯注，没有一丝杂念。

第五步，每次说2～3句，一个句子重复说3～4遍。

第六步，每天练习两次自我暗示，早上起床后及晚上睡觉之前各一次。

第12课

抱定成功的信心

信心，是一种坚定的自信，是一种震撼的力量，是一种勇往直前、锐不可当、气壮山河的气势。在信心面前，一切障碍都是渺小的，一切曲折都是微不足道的，一切高度都是可以逾越的。没有信心，就没有追求的成功；没有信心，就没有信念的实现；没有信心，就没有“野火烧不尽”的绿色生命。

信心与成功

不要因为有些事情难以做到，我们就失去信心。在成功的道路上，更需要我们有信心、恒心和决心，才能不断战胜困难，实现自己的人生理想。

成功，是个多么诱人的字眼啊！在这个世界上，每天不知道有多少人在对成功翘首以盼。在现实生活中，所谓的成功的“秘诀”是存在的。对此，很多人都有不同的看法。有人认为，成功的“秘诀”在于志向远大和老实、肯干；也有人认为，成功的“秘诀”在于刻苦、勤奋；还有人认为，成功的“秘诀”在于一个人的机遇……其实，一个积极的自我形象才是成功的第一步，自信是成功的第一“秘诀”。自信是煤，成功就是燃烧的火焰。

《史记·李将军列传》中，讲到一个故事：汉代飞将军李广，一日外出打猎，隐约看到远处草丛里卧着一只老虎。他弯弓搭箭，猛力一射，但不见那只虎有什么动静。走近一看，原来隐约看到的那只虎是块大石头，只见整个箭头都射进石头中了。过后，他退回原地，几次再射，但箭头始终不能再射进去了。

李广误把石头当成老虎，不敢轻敌，只想一箭将老虎射死，因而凭着臂力和百倍信心，一箭射过去箭入石中。后来他发现那只是一块石头，不会伤人，也知道箭难穿石，于是信心不足，因而再怎么射也射不进去了。

如此看来，信心就是这么重要！

成立于1927年的美国布鲁金斯学会，曾培养出近万名以上的优秀推销员。该学会有个惯用的做法，每到学院毕业考试的时候，都会出一道刁钻的推销试题，让学员去“做”。2000年的题目是：“请把一把斧头卖给小布什总统”。天啊，总统要斧头做什么？就是要，用得着他亲自来买吗？开什么国际玩笑！但是，有位叫乔治·赫伯特的人成功了。赫伯特发现小布什家有个小农场，所栽的橘树有些已经死掉了，需要砍掉，小布什又有侍弄农场的爱好，以作消遣。于是给小布什写信，说自己有把大小适中的斧头，是祖传下来的，正好适合总统修理果树，而且只需要15美元。殊不知，小布什果真寄给赫伯特15美元，于是赫伯特送上斧头。

有人问赫伯特卖斧头的成功经验是什么？他仰天大笑道：“总统也是人，如果把他看得太伟大、太神秘，我就没有了卖斧头给他的信心了。事情一开始，我认为把斧头卖给总统是完全可能的”。

这告诉我们赫伯特的自信力非常高，他不会因为有人说某一目标不能实现就选择放弃，也不会因为某件事情难以办到就丧失信心。

要知道没有信心，就没有行动，没有行动，就没有成功！现实生活中，很多人缺少的恰恰是信心。在困难面前，总觉得自己太渺小，这也不敢做，那也不可能，一开始就把自己的路给封死了，把自己的思想禁锢在狭窄的牢笼之中，又怎么会成功呢？人不能被自己打败，应该站起来，克服自己在思想、心理、性格上的种种弱点，以提高自身的思想修养，增强自信心，困难当前，要多为自己鼓气，树立自信心，相信自己能够战胜一切困难！每个人的“悟性”都差不多，谁也不比谁差多少！谋事在人，成事也在人！

拿破仑曾说："在我的字典中，没有'难'字。"由于他的自信，他建立了令法国人引以为傲的丰功伟业，虽然最后拿破仑被放逐到圣赫勒拿岛，但他仍然是普天下人所津津乐道的历史英雄。

信心，是成功的"秘诀"，多一份自信，就多一份成功的希望。美国发明家莫尔斯，原来是一位画家，但他对电磁学非常有兴趣，经过3年的刻苦钻研，他成功制造了一台电报机。这台电报机很粗糙，遭到了许多人的冷嘲热讽。在外界的压力下，莫尔斯没有灰心，他坚信电报机对人类是有用的，更坚信"我能成功"！又经过3年多的努力，更完善的电报机终于研制成功。1844年5月24日，由于莫尔斯的自信，人类通信历史揭开了新的一页。

因此，我们一定要抱定必胜的信心，振作起来，勇于攀登，勤奋学习。让我们跟上时代的步伐，跨上时代的骏马，向着人类美好的明天驰骋吧！

自信——成功的基石

> 一个人能否有成就，只看他是否具有自尊心和自信心这两个条件。
>
> ——苏格拉底

千百年来，在人们眼里，命运是神秘莫测、不可把握、无法控制的一种神秘力量，是主宰人们一生的至高无上的主人，而人类则永远是命运的仆人和奴隶。半个世纪以前，一位比利时智者莫里斯·梅特林克先生告诉我们，人们是完全可以成为命运的主人而非奴隶，这种能够把握、主宰和战胜命运的首要条件就是自信。自信是成功的基石。

一个人要自信，就要克服自卑，树立自信。

唐朝著名诗人李白说："天生我材必有用。"我们芸芸众生正是抱着必胜的信念对待未来。自信可以使人不断进取，催人自强不息，还可以使人道德高尚。自信是一种良好的心理品质，它在一个人成才、成功中起着重要作用。自信对我们来说这么重要，但并不是每个人都能对之有一个正确的认识。

1951年，英国女医生弗兰克林从自己拍摄X射线衍射中发现了DNA双螺旋结构，经过研究，她大胆地提出了假设，并以此为题做了一次很出色的演讲，然而许多人对她的发现提出质疑，怀疑她的照片的真实性和假说的可靠性，在这些压力下，弗兰克林也开始怀疑自己：作为一个普通医生，提出这样高深的理论问题，或许太不自量力了吧？她动摇了。于是，她公开否认了自己提出的假说，也没有再继续研究下去，后来在1953年，其他科学家却证实了这个假说，不自信的弗兰克林与成功失之交臂了。

人生的航船由每个人自己掌舵，鼓起自信的风帆，千帆竞渡，才能抵达成功的彼岸。

著名天文学家、自然科学先驱哥白尼，第一个对影响人类达千年之久的托勒玫地心说提出怀疑、否认。虽遭到无数人的反对及压迫，但他自始至终都相信自己的“是地球绕太阳旋转而非太阳绕地球旋转”的理论，也没有轻言放弃，最终，其日心说被印证。

哥白尼也成功了。如果他在人们提出怀疑的时候也怀疑自己的能力，他就不会有后来的成功。

自信，就是对自己有信心，能看到自己的优缺点，并且能扬长避短，能充分认识自己，对自己有一个正确和适当的评估，既不妄自菲薄又不狂妄自大的一种心态。

自信是一种很好的自我心理激励。强烈的自信心，可以使人产生巨大的力量，促使人不断进取。这种催人向上的力量，既是一种强大的内部驱动力，又是一种强大的自我约束力。它能使人燃起智慧的火花，充分挖掘自己的潜力，不断给自己提出新的要求，去完成各项任务，去创造发明。所以，一个人只要能保持自信，就会要求自己努力上进，加强对自己的约束，提高自己各方面的素质和水平，从而增强自信心。

雨果说：“对于那些自信而不介意于暂时失败的人，没有所谓失败！对怀着百折不挠的坚定意志的人，没有所谓失败！对别人放弃而他仍然坚持，别人后退他仍然前冲的人，没有所谓失败！对每次摔倒而立刻站起来，每次坠地反会像皮球一样跳得更高的人，没有所谓失败。”

没有人能打败你，只有你自己打败自己。只要抱定胜利的信心，不管经历了多少次的失败，总会有成功的那一天。

但是，自信并不是自负，自负的人喜欢制造虚幻的自我满足，希望得到超过自己实际价值的肯定，但往往适得其反。无数事实告诉我们，自信要克服自卑，自信不是自负。有了自信，我们才有可能通向成功的彼岸。

扬起自信的风帆

要有自信，然后全力以赴——假如有这种信念，任何事情十有八九都会成功。

——威尔逊

自信能让我们超越自我，穿越看似不能逾越的峡谷；自信能令我们随时信心百倍，燃起我们对生活的热爱之火；自信是成功的翅膀，失去了自信也就失去了昂扬的斗志，失去了摘取成功桂冠的机会；自信是人对自身力量肯定评价的一种心理状态，是心理健康的表现；自信是成功的基础，它是一个人获得成功的一种精神支柱，是一个人精神力量的源泉，是一个人成长、成才不可缺少的重要心理品质。因此，只有相信你自己，才能激起奋发进取的勇气，才能感受生活的快乐，也才能有所作为！

威尔逊在刚刚创业时，全部家产只有分期付款赊来的一台爆米花机，价值50美元。第二次世界大战结束后，威尔逊做生意赚了一点儿钱，便决定做地皮生意。如果说这是威尔逊成功的目标，那么，这一目标的确定，就是基于他对自己的市场需求预测充满信心。

当时，在美国从事地皮生意的人很少，由于第二次世界大战后的人们大多比较穷，买地皮、盖厂房、建商店的人很少，因此，地皮的价格很低。当亲朋好友听说他要做地皮生意时，没有一个不反对的。

而威尔逊却坚定立场，认为所有反对他的人都是目光短浅，尽管连年的战争使美国的经济很不景气，但美国是战胜国，它的经济很快就会恢复，并进入大发展时期，到那时买地皮的人就会增多，地皮的价格也会暴涨。

于是，威尔逊用手头的全部资金加上一部分贷款在市郊买下了很大一块荒地。这片荒地由于地势低洼，不适合耕种，所以很少有人注意。可是威尔逊经过仔细观察后，还是决定要买下这片荒地。他的预测是：美国经济很快就会繁荣起来，城市人口也会日渐增多，郊区也将城市化，在不久的将来，这片荒地一定会变成黄金地段。

后来，真的如威尔逊所料。还不到3年，城市人口猛增，市区迅速向周边发展，马路一直修到威尔逊买的土地的边儿上。这时，人们才发现，这片土地周围风景秀丽，是夏日避暑的好地方。于是，这片土地价格倍增，许多商人竞相出高价购买，但威尔逊不为眼前的利益所动，他还有更长远的打算。后来，威尔逊在自己这片土地上盖起了一座汽车旅馆，命名为“假日旅馆”。由于它的地理位置好，舒适方便，开业后，顾客云集，生意火暴。从此以后，威尔逊的生意越做越大，他的假日旅馆逐渐遍及世界各地。

自信会使人创造奇迹。古往今来，每一个伟大的人物，在他们的一生中，无不是以顽强的自信为先导。自信不是一句空话，也不是阿Q式的精神胜利法。发自内心的信心才是真正的自信，我们的职业可以低下，地位可以卑微，但我们不能没有自信心！

虽然有自信不一定会赢，但失去自信就一定会输。每个人心灵里都有两扇大门，一扇叫“我能行”，另一扇叫“我不行”。走进“我能行”大门的人，个个都充满自信，人人都有成功的体验，能够抬起头来大胆往前走，有勇气迎接风雨，敢于在困难中微笑。

当一个人有自信，别人就会相信他；当一个人坚持到底，那些怀疑他的人就会反过来帮助他。当一个人勇往直前，别人就会给他让路。

能够在遭遇质问或批评时，不动摇自己的信念，不是因为固执，而是因为自信。充分的自信是由于有足够的准备、高超的见识、卓越的能力。它不是盲目的刚愎自用，而是清楚地知道事情必然的归趋。这种自信是由知识、见识和力量所形成的。

增强自信训练

自信是对自己思维能力转化为实践能力并产生预期效果的科学判断和认可。对人影响最大的心理缺陷是不自信，自信心关系到个体能否适应社会、能否走向成功。自信心强的人具备相信自己成功、成才的心理素质，能够对自身能力进行科学评价。

那么，如何才能增强自信呢？

1. 自信呐喊

自信呐喊训练形式是让每个人站在高台，大声喊出自我激励词，并振臂高呼："我是最好的，我要成功，我一定成功！"

在引导和压力共同作用下，用最大的声音呐喊之后，会使本人事后感到惊讶，感到自己大有潜力可挖，完成一次战胜自我的感觉。

自信呐喊训练过程如下。

（1）准备一份自我激励性强的激励词，目标不在大而在真，大而空的话起不到激发自信的作用，如针对上课发言胆怯、内心着急但总无法克服，或者针对怕竞争、采取回避心理而无法自拔等，但语言不宜"大而空"，比如"天空将因为我而更加辽阔"、"看茫茫大地，唯我独尊"等豪言壮语则不可取。

针对怕竞争回避心理，激励词可设计为以下内容。

我已经不再胆怯，因为我深深知道：市场不相信眼泪，竞争只淘汰弱者。

我不比别人差，我是最好的，我要成功，我一定成功！

（2）自信呐喊后，针对自己体会进行发言并写出报告，并将体会凝练成一句座右铭，防止类似行为再发生。

对怕竞争、回避心理，经自信呐喊训练后，座右铭可为："全力抢先，不问结果"。

2. 行为回放

行为回放与自信呐喊是融合进行的。

第一次练习一般在室内，由于初次进行效果一般不明显，在语句设计、语言气势上都不同程度存在问题，依次练习后进行回放。强调每人存在的问题，引导人提出改进措施。

第二次室外四人一组（事先分组，给一定练习时间），以鼓励、赞扬、肯定为主，同时指出期望改进之处。

第三次作为测试性强制训练拍摄，暗示这是一次展示自己的机会，必须达到理想效果——找到出乎个人意料之外的感觉，可以反复以最后三句作为激发最大声音的关键句。

录像回放时，每个人都要到前面站立观看，使自己真正感觉战胜自我后的放松。

团队组织激励练习，并根据回放中表现分、形象分、团队表现分、激励词设计分、呐喊气势分等，按不同比例评定成绩。

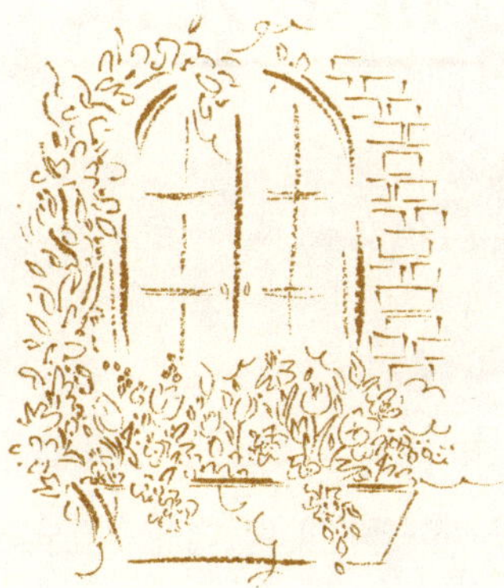

第13课

你所希望的，就是你将得到的

希望就是力量，有了希望就有了成功的可能。成功与失败之间，只隔着是否有一颗充满希望的心。生活中，我们缺少的恰恰就是为了万分之一的希望去拼搏、去追求的信心。一个人，即使他一无所有，只要他有希望，就可能拥有一切；一个人即使拥有一切，却不拥有希望，那就可能失去他拥有的一切。

希望无敌

你可以失败一百次，但你必须一百零一次燃起希望的火焰。人生真的是希望无敌。

什么叫希望？在人的心里具有一个明了、正确而远大的目标，并且坚信，通过不懈的努力，这个目标一定能够实现；而一旦实现这个目标，生活将产生飞跃，崭新的生活由此开始，这便是希望。希望，是力量的源泉。一个人，如果他对生活满怀希望，那么他一定会精神抖擞、斗志昂扬地投入到学习和工作中去，努力战胜重重困难，向理想的彼岸挺进，开创美好的新生活。反之，如果一个人对生活不抱希望，他将萎靡不振、意志消沉，得过且过，无所作为。

鲍勃·摩尔在参加哈佛大学的招生考试时，共参加了五门功课的考试，而他却有三门不及格，因此与这所世界著名的大学失之交臂。

在那段高考落榜的日子里，鲍勃·摩尔感到十分自卑，总是把自己关在房间里，怨天尤人，唉声叹气。

这年夏天，鲍勃·摩尔的家乡接连下了一个多月的暴雨，导致山洪暴发。鲍勃·摩尔不幸被山洪卷进了翻滚的河流。在急速奔流的河水中，他像一片叶子被抛来甩去，生死难测。这个时候，他多么想抓住一个能够拯救他的东西，哪怕是一块木板、一根树枝也好。可是，湍急的水流中除了污浊的泥沙，他抓不到任何东西。他惊恐地想到，这下完了，死定了。也好，自己没有事业，没有未来，死就死吧！

他的这个念头刚一“发芽”，便立刻浑身无力，四肢发软，再没有一点挣扎的力气了。整个人都在随着汹涌的波涛沉浮不定。

就在他万念俱灰，最后一丝生的希望也将消失的时候，脑袋突然被洪水中滚动的石块给碰了一下，骤然的疼痛使他完全清醒过来。一时间，他想起去年夏天与女友在这条河中漂流探险时，曾在河的下游见到一棵粗壮的老树，老树有一个粗大的枝丫，正好横在水面上。只要能够顺利抓住这根树杈，他就可能活下来。想到这里，他的心中顿时充满了希望，全身的力气也开始倍增，心不慌了，连发软的四肢也变得灵活有力了。

鲍勃·摩尔在洪水中顽强地挣扎着，历尽艰险，他终于游到了那棵老树跟前。但是，当他拼命地抱住老树的树杈时，谁知那根树杈由于干枯已久。用力一拉，便“咔嚓”一声折断了。鲍勃·摩尔只好紧抱着折断的树杈，继续漂流。刚漂出没有多远，就被河边经过的抢险队员搭救上岸。

事后，鲍勃·摩尔说，如果他早知道那根树杈是枯朽的，他也许根本无法坚持游到那儿。

事后，远在英国的父亲打电话给鲍勃·摩尔：你看，连死神都害怕希望吧！只要你的心中还有希望，那么，再大的困难，再大的挫折你都能够战胜。你想，既然你已经通过了两门考试，那就一定能够通过更多的考试。记住，哈佛大学就是你生命的下游那棵紧贴河面生长的“大树”。

鲍勃·摩尔心中一亮。于是，他重新拿起了课本，开始为下一次考试而努力学习。最终他以优异的成绩被哈佛大学录取，成为哈佛大学自开办动机激励教育学科以来最出色的学员之一。

后来，他的代表作《你也能当总统》一书，鼓舞和激励了成千上万的奋斗者，使他们由一个个平凡甚至平庸的无名之辈，最终变成了万人瞩目的社会名流。

鲍勃·摩尔说："你可以失败一百次，但你必须一百零一次燃起希望的火焰。人生真的是希望无敌。"

是啊，一个人不管他缺少什么，都不能缺少希望，有了希望就等于拥有了一切，因为有希望的人存在着对生活、对幸福、对成功的最强烈的渴望，他会带着这种渴望一步一步走下去，直到把渴望变成现实。

所以，你所希望的，就是你将得到的，只要希望还在，只要你还活着，那么，这个世上就没有什么不可能的。

希望就是力量

希望就是力量。一个人，即使他一无所有，只要他有希望，他就可能拥有一切；而一个人即使拥有一切，却不拥有希望，那就可能丧失他已经拥有的一切。

在这个世界上，很多事情是我们难以预料的。

我们不能控制机遇，却可以控制自己；我们无法预知未来，却可以把握现在；我们不知道自己的生命到底有多长，我们却可以拓展生命的宽度；我们左右不了天气，但我们却可以左右心情。

只要活着，就有希望，有了希望，也就有了拼搏奋斗的力量。

有一位医术高明的医生，事业蓬勃发展之时，他却被诊断患有癌症。这对他来说犹如晴天霹雳。和常人一样，他也曾一度情绪低落。但是，他还是接受了这个事实，而且他的心态也为之一变，变得更宽容、更谦和、更懂得珍惜所有的一切。在勤奋工作之余，他坚持与病魔做斗争。就这样，他平安度过了好些年头。有人惊讶地问他，是什么力量在支撑着他。医生微笑着回答："是希望，每天早晨，我都给自己一个希望，希望我能多救治一个病人，希望我的笑容能多温暖一个人。”

每天给自己一个希望，就是给自己一个目标，给自己一分信心。希望是什么？是引爆生命潜能的导火索，是激发生命激情的催化剂。生命是有限的，但希望的力量却是无穷的，只要我们不忘给自己一个希望。

曾有一位心理学家做过这样一个试验：将两只大白鼠丢入一个装了水的器皿中，它们会拼命地挣扎求生，一般维持的时间是8分钟左右。然后，他在同样的器皿中放入另外两只大白鼠，在它们挣扎了5分钟左右时，放入一块可以让它们爬出器皿的跳板，这两只大白鼠得以爬出来。

若干天后，再将这对大难不死的大白鼠放入同样的器皿，结果真的令人吃惊：两只大白鼠竟然可以坚持24分钟——3倍于一般情况下能够坚持的时间。出人意料的是，那两只大白鼠没有死，在第24分钟时，这位心理学家看它们实在不行了，就把它们捞上来了。别人问他为什么那样做？他说：“因为有积极心态的大白鼠更有价值，更值得活下去。我们人类应该尊重一切希望，哪怕是大白鼠内心的希望。”

这位心理学家总结说：前面的两只大白鼠，因为没有逃生的经验，它们只能凭自己的体力来挣扎求生；而有过逃生经验的大白鼠却多了一种精神的力量，它们相信在某一个时候，一块跳板会救它们出去，这使得它们能够坚持更长的时间。这种精神力量，就是积极的心态，或者说，是内心对一个好的结果心存希望。希望就是力量。上苍会更欣赏那些内心总是充满希望的人。

大白鼠的希望，是人给它们的；而我们人类自己，在任何时候、任何地点、面对任何困难的情况下，都应该给自己一个希望。也许，我们不知道希望所调动的，是不是仅仅只是我们自己的精力和体力。但是，冥冥中或许真的有天意在关照人间，天意会更欣赏那些内心总是充满希望的人，会觉得这样的人不仅应该活下去，还应该活得更好。

所以，希望就是力量。在很多情形下，希望的力量可以比知识的力量更强大，因为只有在有希望的背景下，知识才能被更好地利用。一个人，即使他一无所有，只要他有希望，他就可能拥有一切；而一个人即使拥有一切，却不拥有希望，那就可能丧失他已经拥有的一切。

幸运只会眷顾充满希望的人

只要不放弃希望，人生的乌云总有一天会散去，阳光也会给它镶上金边。

人与人之所以相同，是因为在生命面前，人人都是平等的，谁也不比谁矮一截。

人与人之所以不同，那是因为有些人因理想、信念而变得更加坚强，而另一些人则胸无大志，知难而退，对一切都不抱有什么希望。

人生注定要有所追求，不管哪种意义上的成功，都是生命的需要。只有这样，生命才更有意义，才不会因没有任何追求而自生自灭。

然而，困难与挫折总会与成功左右相伴，选择了成功就等于是选择了困难与挫折。如果你能认识到这一点，那么，艰难险阻对你而言就是小菜一碟，不管遇到什么样的困境，你都会满怀希望，不以为然。

曾经，有一个创业者带领一群人来到中东采矿，但是工人们越往下挖越感到失望，因为他们所挖的地下都是花岗岩石。他们辛辛苦苦干了两年，只换来一堆破损的器材和挖不完的花岗岩石。

很显然，创业者没有找到所希望的矿石，但是那一大片的花岗岩石却意外地被附近一个海港所看重，他们急需这种质地坚硬的岩石做建港材料。

那个海港原本打算要花费大笔经费从外国进口石材，能在附近找到适用的材料，他们非常高兴。很快就与那个创业者签订了购买石材的合同。

创业者坚持到最后，始终没有放弃希望，所以从看似没有希望的道路上，却开辟出了自己的一番新天地。很多时候，我们的人生就是这样，看似山穷水尽，但只要再坚持一会，就可以柳暗花明。俗话说“天无绝人之路”，只要你不放弃希望，你人生的乌云总有一天会散去，阳光也会给它镶上金边。

一位农场主不小心将一块金表丢失在谷仓里，他在那里寻找了好半天，可还是没有找到。于是就在自家门口贴了一张悬赏启示：凡是能找到金表的，奖赏100美元。

面对如此大的诱惑，人们开始竭尽全力四处查找金表，由于谷仓里的谷子堆积成山，还有成捆的稻草，想找回金表非常不容易。

太阳已经落山了，金表还是没有下落。大家想尽办法，可还是一无所获，渐渐地，天色暗了下来，更加无法寻找了，人们开始放弃了100美元的诱惑，纷纷离开了谷仓。但是，一个衣衫不整的小男孩毫不气馁，在人们走散之后，他依旧在谷堆里不停地寻找。他已经整整一天没有吃东西了，但是，为了给家里解决点困难，他还是希望能找到金表，让父母和兄妹们吃上一顿香喷喷的饱饭。

已是深夜，男孩已经很累，于是他躺在稻草堆里想要休息一会儿。周围十分安静，突然，小男孩听到了嘀嗒嘀嗒的声音。男孩兴奋极了，他屏住呼吸，仔细倾听着谷仓里的声音。

终于，他循着声音找到了藏在稻草堆里的金表，最终得到了100美元的奖赏。

人生的希望常常不以绚烂多彩的形象出现，不能一把抓住你的眼球，吸引你的注意，它有时就如同那若隐若现的声音，需要耐心去找寻才能发现。但只要你能够坚持，你就一定会有所收获。

成功就好比谷仓里的金表，早已经埋伏在我们的周围，潜藏在人生的每一个角落，只有我们静下心来，执著地去寻找就能发现。

希望反思训练

为了让你身临其境地感受希望，请完成下面这个训练：回想你最近在工作中的最困难的一件事情。当你意识到这一问题时，你是怎么做的？具体来说，你是如何考虑这一问题的，又是通过什么方式来解决这一问题的？你对上面这些问题的回答，可以作为你的指南。

除了意志和途径，还有许多因素可能会影响你的希望水平。例如，如果在你的生活中发生了下列这些事情，你会如何回应呢？你的第一反应会是什么？从长期来看，你会采取什么样的行动？

- 你的上级是一个很差劲的管理者。
- 你管理的员工在工作上很不投入。
- 在晋升时，你又一次被忽略了。
- 你被调任到一个不太喜欢的职位或工作地点，或两者同时发生了。
- 在完成你最成功的项目之后，你被解雇了。
- 你的生意或个人生活遭受毁灭性的财务打击。
- 一个工作上最要好的朋友被解雇了。
- 一个你非常信赖的同事出卖了你。
- 一个同事在工作中受重伤或是患了很严重的疾病。
- 你正承担的重要项目的资金被突然抽走了。

在这些情况下，你还始终满怀希望吗？如果是的话，这说明你的希望指数非常高。如果在这些接二连三的打击前，你很快就心灰意冷，这说明你的希望指数比较低，承受挫折的能力不强，那么获得成功的几率就会减小。因此，赶快培养自己的希望吧，如果你想取得成功。

第 14 课

每个人都有同等伟大的信念

信念是一个力大无比的巨人，它可以创造出令人难以置信的奇迹。每个人在自己的一生中，都会遇到困难和挫折，但只要有坚定的信念，你的生命就会焕发出灿烂的光芒。

积极的信念使人成功

拿破仑·希尔说："每种逆境都含有等量的成功的种子。"人类对于生活中的遭遇会很主观地赋予某种意义，积极的信念可使人越过障碍继续往前迈进，而消极的信念很可能就此毁掉整个人生。

我们经常会有这样的感受：当自己事事顺心时，感觉生活中处处充满金色的阳光；而一旦遭遇困难和挫折时，就会感到生活中到处都是荆棘和阴霾。所以，个人主观性在很大程度上影响和改变着人们的生活和事业。

在第二次世界大战中，有一位士官在瓜答卡纳岛战役中，被炮弹的碎片割开了喉咙，医疗队及时为他输了七袋血。因为无法讲话，他只能用笔把想说的话写下来。就在手术结束后，他写了一张纸条问医生："我还能活下去吗？”医生回答说：“能。”他又问：“我还可以继续讲话吗？”医生再次给了他肯定的答复。于是，这个士官在纸上写道：“那我还有什么可担心的呢？”

是的，如果你能够停止忧虑，对自己说：“我还有什么好担心的呢？”也许你就会发现，你所面临的困难其实很容易就可以克服，根本不值得你整天忧心忡忡。况且，在生活中，每个人都可能遇到困难和不幸，只要你抱定积极的信念，不退缩，不气馁，不抱怨，你就会取得成功和幸福。

伟大的科学家爱因斯坦在逆境中也要坚持自己的追求，因为牛顿的定律解决不了他的问题，所以他不断地研究和探索自然，终于提出了影响全世界的相对论。人们因此而找到了击破原子的方法，懂得了质量与能量相互转换的关系，并成功地征服了空间，解决了很多让人们困惑已久的问题。如果爱因斯坦没有钻研到底的坚定信念，恐怕难以取得这么多的成就。

当然，我们毕竟不是爱因斯坦，我们的努力结果也不一定会改变客观世界，但它却可以改变我们的内心世界，让自己能够沿着我们的心路前进。

很多年前，人们坚持认为在四分钟内跑完一英里简直是天方夜谭。但在1954年，罗杰·班纳斯特就敢于向人们的论断提出反驳。不错，他做到了，他用真实的成绩证实给人们看，他罗杰·班纳斯特就能在四分钟内跑完一英里。他能创造这样好的成绩，除了得益于在体能上的苦练，更重要的是他打破了意念上的束缚。一直以来，他都在脑海中不断地勾画四分钟跑完一英里的情形。久而久之，便形成了十分强烈的信念，因而对自己下了一道绝对命令，必须完成这项任务。他果然做到了人们都认为不可能的事。

只要坚持成功的信念，人就能够发挥出巨大的力量。通常人们喜欢对生活中的遭遇主观地赋予某种意义，有积极的，也有消极的。但是不管怎样，如果你能保持积极的信念，你就会越过重重障碍而继续向前迈进。

谁都想拥有辉煌的人生，谁都想过高品质的生活，有车，有房，有地位，但为什么成功的人只占百分之十几，甚至更少？是命运决定人生吗？是老天不公吗？是那些成功人士智商更高吗？

不是，这些都不是。是因为你没有一个切实的目标，没有给自己一个真正的定位，没有让自己站在一个高度，没有一个坚定不移的信念，没有一颗持之以恒的决心。当你拥有这些时你就没有理由不成功。

由此看来，不管遭遇多大的挫折，我们始终都应该坚信：风雨过后，就是彩虹。没有翻不过的山，也没有趟不过的河，只要坚信自己能行，就一定可以得到你想要的结果。

坚持信念，就是成功

只要拥有坚定不移的信念，再加上勤奋的努力，你就能得到你想要的成功，伟人如此，你同样也是如此。

很多成功者都有着三起三落的传奇经历。

这一点儿都不奇怪，因为成功的规律正是如此，一起一落，会让很多人灰心丧气，一蹶不振；二起二落，更让人心灰意冷，从此对成功产生了强烈的恐惧感，最终只有败下阵来；三起三落，可是最后的“大浪淘金”，剩下的绝对是意志坚强、信念坚定的英雄豪杰。

一个杰出人物的诞生，必定源自一个伟大信念的确立。

这不能不让我们想到邓小平、华盛顿、林肯等为人们所景仰的伟人。可以说他们都是在三起三落中摸爬滚打出来的精英。

在这个世界上永远没有唾手可得的成功，所以只有经得住千锤百炼的人才有可能做成大事。因为他们始终坚守着心中那个不变的信念，所以才会有耐心坚持下去，直到成功的到来。

邓小平一生中被打倒过好多次，但他最后还是顶天立地地站了起来。不管遭受怎样的“雷打火烧”，他的“以经济建设为中心”的伟大信念始终坚如磐石。第三次复出的时候，他虽已年过七旬，但还是成功地拉开了“改革开放”的大幕。

华盛顿领导美国获得独立并建立民主制；林肯废除奴隶制；孙中山废除君主制……他们都是经过长期的艰难奋斗才掀开了历史新页的人。

可以说，一个人的伟大完全在于他信念的伟大，一个人的成功完全在于他对信念的坚持。

140年前，英国有个不安于现状的富翁，七十岁时突发奇想，“妄图”在大西洋的海底铺设一条连接欧洲和美国的电缆。如果这个被别人看来简直是异想天开的想法实现了，其商业价值将无法估量，但这个工程的浩大与艰难也是可想而知的。

这个名叫希拉斯·菲尔德的老人，绞尽脑汁，费尽口舌，终于说动了掌权者，英国政府答应拨给他一笔可用资金。要知道，这笔资金来得非常不容易，因为在英国议会的投票表决中，仅以一票的优势勉强通过。可以说，菲尔德这个项目从一开始就注定步履维艰。

果然，当菲尔德开始铺设电缆时，铺设里程不到五英里，电缆就断了。

没有办法，菲尔德只得进行第二次铺设。可是，当电缆达到二百英里长的时候，电线上的电流突然消失了，这证明电缆又断了。

于是，他不得不重新购买了七百英里的电缆，这次，他请了最优秀的专家，买了最先进的机器来进行工作。遗憾的是，当七百英里长的电缆马上就要铺设完工时，电缆再次断了。

菲尔德手下的工作人员彻底泄气了，媒体和大众也纷纷嘲笑菲尔德的“荒唐想法”，那些投资者更是没有了信心，也都不愿意继续向大西洋中“投钱”了。唯独菲尔德没有灰心，他用自己的真诚与执著说服了合作者，这项工作又得以开工。这次一切都还顺利，电缆铺设完了，并且电源也很正常。然而，就在要竣工的时候，电缆上的电流又突然中断了。

此刻，除了菲尔德和两个朋友外，没有一个人不为此而感到绝望。但菲尔德始终抱有信心，正是凭着一种坚定的信念，他最终又找到了投资人，开始了又一次的尝试。他们买来了质量上乘的电缆，重新开始了电缆的铺设，但在最后铺设横越纽芬兰六百英里电缆线路时，电缆突然又折断了掉入了海底。他们想把电缆打捞上来，但几次都没有成功。于是，这项工作被迫停了下来，而且一停就是一年。

一年之后，菲尔德又组建了一个新的公司来继续他冒险性的工程。1866年7月13日，这个异想天开的想法终于变成了现实。菲尔德发出了第一份横跨大西洋的电报！内容是：“7月27日，我们晚上九点到达目的地，一切顺利。感谢上帝！电缆都铺好了，运行完全正常。希拉斯·菲尔德。”

菲尔德和他合伙人们铺设的电缆至今仍然被人们使用着。

这就是信念产生的威力，它让我们明白了人生的意义和方向。既然选择了远方，就应该一如既往；既然目标已选定，就不能再徘徊。哪怕是艰难险阻、困难重重，也不放弃成功的希望。成功人士走过的道路告诉我们，只要坚持，远方不远。

很多时候，尤其在你遇到挫折时，如果你认为自己被打倒了，那么你就真的倒下了。如果你认为自己屹立不倒，那你就会永远屹立着。如果你想赢，但又认为自己没有能力，那你可能不会赢。如果你认为自己不会失败，那你就真的会迎来成功。因此，一个人只有拥有信念，他才能成为他希望成为的那种人。在生活中，强者并非都是胜利者，但是胜利者却都属于有信念的人。

信念可以造就“天下第一人”

信念可以让你无所畏惧，信念会使你成为一个对诸多禁忌持怀疑论调的人，信念是造就“天下第一人”起码应具备的特质。

美国纽约州的黑人州长罗尔斯曾经说过：“信念是免费的，人人都可以获得。”

然而，信念却不同于一个盒子里的面包，只要分过去，每个人都可以得到一份。信念不是别人分给你的，而是自己树立的，因而不同的人有着不同的信念。

比尔·盖茨的信念是建立一个操纵世界电脑行业走向的“微软帝国”，而一个普通职员执著追求的最大理想不过是“能拥有自己的一所新房子”。

同样拥有信念，但目标的大小和想象力的丰富与否，决定其人生与事业形态的截然不同。

“想象力操纵世界”是个无法改变的真理。无论飞机、火箭，还是网络、股市，以及北欧、世贸等，统统都是人类想象力的结果。可以说人们的想象力在主宰着世界。所以，当想象成为信念的翅膀时，你的事业便会呈现出一种飞翔的态势。但是，如果你的信念不能保持强烈而持久，你便飞不高，也飞不远。

世界石油大王保罗·盖蒂从小就不喜欢读书，无奈之下，父亲给儿子500美元："这是给你打天下的本钱。两年内，我每个月只能给你100美元做生活费。"

"如果我赚不到100万美元，我永远都不会回来！"保罗暗自发誓道。

于是，他背上自己的行囊，踏上了东去的火车，只身一人来到俄克拉何马州的塔尔萨镇。

这里被称为"冒险家的天堂"，许多来自世界各地的人都在此挖掘石油，以求一夜暴富。在当时，挖掘石油绝对是一个冒险的行业，你如果钻出油来就会马上成为百万富翁，但是如果接连打了几口井都滴油不见，你就只能倾家荡产。保罗四下看看，一切都是那么的陌生，而且这里汇聚了各种各样的人，他们都为了寻找石油而来。有钱人还在这里建立了石油公司，准备长期在这里开采石油。与他们相比，保罗简直是小巫见大巫。然而，他却没有被吓回去，决心留下来试一试。

当时一个已经富得流油的石油大王伯恩达吹嘘道："想借石油发财要靠运气，除非你能闻出石油，即使在3000英尺以下也能闻得出来。"保罗听后很不服气，他觉得，发现石油是要靠运气，可运气不是坐等来的，而是要自己动手去找，才能碰到好运气。

1915年冬季，保罗听说有一块叫"南希泰勒农场"的地皮要拍卖。又听说那块地皮底下一定会有石油。于是，他怦然心动，马上开车奔赴现场。走了一圈，保罗也感觉那块地下很可能有石油。可他兴奋不起来，因为那是很多人都在竞争的一块"肥肉"。保罗想，"公开竞争，我肯定不会赢，因为我只有500美元！怎么办，靠硬拼绝对不行。"

思来想去，一心要做石油大亨的他终于想出了一个出乎想象的办法。他来到存款的银行，要求派代表替他喊价。他故意神秘兮兮，不说出谁是真正的买家。终于在他的游说下，银行的一位高级职员答应替他喊价。

拍卖开始了，银行高级职员首先举牌，在场的人一片震惊和骚动。一些向银行贷款的人沉默了，和银行没有借贷关系的人小声议论，来者不善啊！

最后，保罗成功地以500美元的价钱买下了这块地皮，那只是报价的三分之一。而且，在这块地皮下，保罗真的钻出了石油。

保罗·盖蒂注定会成为石油大亨。因为在激烈的竞争中，他没有被那些抱着金匣子的石油大亨们吓倒，更没有因为缺少钱而黯然退出。500美元“买来”一个石油大亨的宝座，是信念与想象力共同创造的奇迹。

人生就有许多这样意想不到的事情，看似不可能的事，有时却轻而易举地变成可能。而最关键的因素就在于非凡的信念和想象力。

信念的极致即是世界无极限。也就是说，一旦你的信念发挥到极致，世界对于你来说就没有了极限。

这句话看似有些荒谬。但信念就是喜欢和人类科学开玩笑，它有着神奇的魔力。科学是公式化、定律化的，而信念可以超出公式和定律的范围，甚至可以超乎一切，它指引着你从不可能中去发现可能，从平凡中去创造奇迹。

成功信念训练

如果一个人对成功的信念不够坚定，那么他就会在充满困难和阻碍的现实面前缩手缩脚，于是很难到达成功的彼岸。我们应该拥有坚定的信念，相信自己总有一天会走向成功，因为我们每天都在为了目标的实现而坚持不懈地努力奋斗。坚定的信念可以帮助我们克服重重困难，跨过种种阻碍，坚定的信念可以促使我们付出积极努力的行动。那么该如何坚定自己的成功信念呢？

1．树立必胜的信念

有人说，一个人之所以活着，是因为有希望。希望没了，就没有活着的必要了，这应该只是生活下去的一个动因。至于活得是否有价值，是否可以将自己的一生燃烧成炙热的火焰，在生命结束时也可以不至于抱憾，这种支撑的力量应该是什么？答案应该是信念，而且应该是必胜的信念。唯有信念才能左右人的命运，因而那些成功的人只相信自己的信念。

实践证明，人的潜在意识一旦完全接受自己的要求之后，他的要求便会成为创造法则的一部分，并自动地运作起来。人必须相信自己所要相信的事，这样，就会在自己的潜意识中得到真正的印象，而自己的潜意识也会因印象的程度而适当地做出反应。普通人认为办不成的事，若当事人确实能从潜在意识中去认定可以办成，事情就会按照当事人信念的程度如何，发展到他希望看到的结果。此时，即使表面看来不可能办成的事，也可能成功。

2．自信是你真实的感觉

自信是你内心最真实、最有力的感觉。一个人的成长，然后成功，往往靠这种感觉。有些人一定要读个名牌大学，比别人有钱，才能让自己更自信，其实那不是真正的自信。那些过分强调成功，极力想要证明自己的人，其实是不那么自信的。一个真正自信的人，一定非常强调自己的观点，但是，也可以随时放弃自己的观点，放弃也是需要自信的。过分地想让别人认可自己，只能是一种不自信的表现。世界上没有人比你自己更清楚你自己的，你用不着通过任何外在的形式来证明你自己，也不要在乎别人怎么评价你，你只需按照自己的方式做你认为一定可以成功的事就可以了。

3．将信念牢记于心

很难想象一个没有信念的人，如何度过这一生漫长的时光。相信自己可以成功的人，因为有这一信念的支持可以征服整个世界。当我们静静回想自己已经走过的路，那些已经过去的岁月，是否也曾有一个不灭的声音一直会回响在我们的耳畔，支持着我们一路进发？一切成功的秘诀都在于执著于自己的信念。时常听见有些人哀叹自己时运不济，无论任何事都不能如愿。事实上，真正失败的原因是他做任何一件事，都无法将自己的信念贯穿始终。

第15课

为自己定一个高目标

目标是成功的基础。有目标去追求的人，生活的压力和张力就会减弱，就像障碍赛跑一样，为了达到目标，而不惜冲过一道道关卡和障碍。所以，为自己设定一个目标吧，它会把你引向成功之途。

带着目标上路

什么是成功，成功就是你先有了目标，带着这些目标上路，并且马上出发。

目标是一盏明灯，照亮了你生命的前程；目标是一个路牌，能为你指明前进的方向；目标是一支火把，它能燃烧每个人的潜能，牵引着你飞向梦想的天空。

罗曼·罗兰说："人生最可怕的敌人，就是没有明确的目标。"的确，目标是你奋斗不息的梦想，目标是追求成功的希望。失去了目标，你便失去了人生的方向，甚至失去了一切。

什么事情都要有目标，有了目标，就有了前进的动力，就有了奋起直追的精神，就有了迎难而上的勇气。在人生的旅途中，我们需要带着目标上路。

一百多年前，一位穷苦的牧羊人带着他的两个儿子来到一个山坡上，这时，从头顶飞过一群大雁，并逐渐消失在远方。牧羊人的小儿子问父亲："大雁要飞往什么地方？"牧羊人说："他们要飞向一个食物丰足、阳光温暖的地方，在那里安家落户，以度过寒冷的冬天。"大儿子满怀羡慕地说："要是我们也能像大雁一样自由自在地飞翔该多好呀！"牧羊人沉默了一会儿对儿子说："只要你们想，你们也能飞起来。"两个儿子伸开手臂抖动了几下，却都没有飞起来，他们失望地看着父亲。牧羊人微笑着说："我的话还没有说完，只有插上理想的翅膀，树立坚定的目标，你们才可以飞往想去的地方。"两个儿子把父亲的话牢牢记在心里，并朝目标努力着，奋斗着。后来，他们果然飞了起来，因为他们发明了飞机。他们就是美国著名的莱特兄弟。

可见，要想成就一番事业，就要为自己树立远大的目标和理想，而且还要付诸行动，只有经过不懈的努力和不断的挫折，才能够使目标和理想得到实现。

彼得斯说过："人生应该树立目标，否则你的精力会白白浪费。"的确，时代在进步，生活在飞跃，适者生存的法则逼迫我们成为不断适应新环境的强者。目标就是立足于社会的原动力。所以，要想适应环境，并立于不败之地，就必须为自己树立一个目标。

人生的道路坎坷不平，荆棘丛生，很难一帆风顺。然而，只要有明确的目标，你就会看到胜利的曙光，看到成功的希望。即使前方的风浪再大，也会执著地追求，无怨无悔。

"凡事预则立，不预则废。"目标，是崛起时的垫脚石，是成功的基础。只要带着目标上路，你就会在人生的道路上独领风骚！

让我们齐声呐喊："带着目标上路吧！"去寻找内心的激情与澎湃；"带着目标上路吧！"去寻觅明天的灿烂与辉煌；"带着目标上路吧！"去采撷人生道路上一颗颗璀璨的果实。在这收获的季节，请微笑着向蓝天，向大海，向星空，高声呐喊："带着目标上路吧！"

明确的目标是一切成功的起点

你的目标是什么？你真正想要的东西是什么？目标是人生的导向，正确的目标能指引你的人生走向成功。

目标是一个人心中不灭的信念，是一个人通往成功的必要条件，没有目标可能会失去人生重要的支点，失去追求理想生活的动力。

心存远大的理想抱负是现代每一个想有所成就的人都应具备的精神条件。

法国著名人文主义作家蒙田说过："灵魂如果没有确定的目标，它就会丧失自己！"此话言简意赅，明白之至。一个人如果没有目标，那他的生活就没有方向，没有重心，就缺乏朝气。为自己建立一个正确的目标，朝这个目标去努力追求，那他的生活就会充实而又有意义。

在蒙古草原上，一位年岁已高的父亲带着自己的三个儿子去草原打猎，四人来到草原上，这时父亲提出了一个问题："你们看到了什么呢？"老大很快做出反应："看到了我们手中的猎枪，草原上奔跑的野兔，还有无边无际的草原。"父亲摇了摇头。二儿子回答说："我看到了爸爸、哥哥、弟弟、猎枪，野兔和茫茫的草原。"父亲接着又摇了摇头。而老三却说："我只看到了野兔。"父亲听后笑了，对三个儿子说道："老三的回答可能让你们感觉很幼稚，但这恰恰说明了一个道理：一个能够顺利捕获猎物的猎人只瞄准自己的目标。有时候我们之所以没成功，是因为看到的太多，想得太多，禁不住诱惑，丢失了自己的目标和方向。一个人只有专注于真正想要的东西，才会得到它。"

不错，有了自己明确的目标，就有了生活的方向，才会朝着它不断地努力探索，成功将不期而至；有了明确的目标，就仿佛是在倾盆大雨中持一把温馨的伞，虽然有时会有很少雨滴溅起，但却阻挡不住你前行的力量；有了明确的目标，就像孤独无助时前来的挚友，帮你排忧解难，指点方向；有了明确的目标，好似在沙漠中的一小杯水，可以使你重获生活的力量，坚持走到最后。

明确的目标，能激发你的动机，由动机引起你的行为，行为导向目标的实现。目标的实现是对自我价值的肯定，是对自我的奖励，自己由此体会到无比的快乐与自豪。

心中认定一个目标，无论他人如何责骂，自己只管前进！这是英国学者塞罗杰斯的真实生活体验与写照。

没有奋斗的方向，就活得浑浑噩噩。只有准确地把握好自己的喜好和追求，才是走向成功的第一步！因为没有目标就会失去生活的欲望，整天无所适从，久而久之将会面临精神崩溃之险。所以，目标的长短、大小应该因人而异，用有限的生命投入到无限的追求当中，这样生命的价值才得以体现，难道不是吗？

最后，我们应该牢牢记住法国著名学者戴高乐所说的那句话：目标已经在望，为了这个目标，我们遭受一些痛苦是值得的。在这以后，我们将会飞得更高，更远，更有力，生活难道不就是这样吗？

成功的道路是由目标铺成的

如果你渴望成功，那就先给自己定一个明确的目标，拥有目标，不断地朝目标努力，这是成功的必经之路。

一次，有一个走钢丝跨越峡谷的杂技演员在谈到他走钢丝的感想时说：“当一个人走钢丝时，他并不是在钢丝上僵硬不动。虽然他基本上能保持直立的姿势，但为了保持运动中的整体平衡，他的身体总是轻轻地摆动和弯曲。但是有一点是不变的，他的脚只朝着一个方向移动，向着眼睛盯准的目标——钢丝的另一头前进。”

其实，人生有时候就像是走钢丝，不管你有怎样高超的技艺，你都要有自己的目标，并坚持自己的目标。无论遇到多大的困难和干扰，始终把目光盯在目标上，我们就不会与成功错过。

有人问哈佛毕业的罗斯福总统："尊敬的总统，你能给那些渴求成功特别是那些年轻、刚刚走出校门的人一些建议吗？"

总统谦虚地摇摇头，但他接下来说道："不过，先生，你的提问让我想起曾经发生的一件事：记得那时，我在本宁顿学院上学，想一边读书，一边找一份工作做，如果能在电讯业工作就更好了，那样我还可以修几个学分。我的父亲便帮我联系了他的一位朋友——当时任美国无线电公司董事长的萨尔洛夫将军。等我独自去见萨尔洛夫将军时，他便很直接地问我需要什么样的工作，具体哪一个工种？我想了一下，他手下的任何工种我都感兴趣，自己也不知道该如何选。便对他说，随便哪份工作都行！"

"只见将军停下手中的工作，抬起头来看我，严肃地说，年轻人，世上没有一类工作叫'随便'，成功的道路是由目标铺成的！"

总统的话意味深长。而其母校哈佛大学商学院有一个非常著名的关于目标对人生影响的跟踪调查也印证了总统所说的话。哈佛商学院调查了一群学历、智力、环境等条件不相上下的年轻人，调查结果发现：

27%的人没有目标；

60%的人目标不明确；

10%的人具有清晰但比较短期的目标；

3%的人有清晰且长期的目标。

25年的跟踪研究结果发现，他们的变化和生活状况非常有意思。那些占3%的人，25年来几乎都没有改变过自己的目标，他们一直朝着一个方向不懈地努力，25年后，他们几乎都成了社会各界的成功人士，他们之中有白手起家的创业者、行业领袖、社会精英。

那些占10%的人，有着清晰而短期的目标，25年后，他们大都生活在社会的中上层。他们的共同特点是，短期目标不断被达成，生活状态稳步上升，成为各行各业的不可或缺的专业人士，如医生、工程师、律师、高级主管等。

那些占60%的目标模糊的人，几乎都生活在社会的中下层，他们有着稳定的工作与生活，但没有什么特别的成绩。

剩下的27%是那些25年来都没有目标的人，他们几乎都生活在社会最底层，他们的生活都过得不怎么样，经常失业，有的还要靠社会的救济，并且整天不思进取、怨天尤人。

调查者因此得出结论：目标对人生有巨大的导向性作用。成功，在一开始仅仅是一种选择，你选择什么样的目标，就会收获什么样的人生。

所以，哈佛商学院在录取学生的时候，非常注意吸收那些有着卓越目标的学生。

成功目标训练

人生是一个旅程，如果你没有一个旅程计划，那你打算如何到达终点？

如果你觉得自己没有进步，整天不知道干什么，那么就给自己设定一个目标吧！

1．如果你已经有了一个计划，那么先问问自己以下的问题：

“关于这件事情，我了解什么？”

“我已经掌握了哪些信息？”

“哪些信息是我需要的？我该如何获得这些信息？”

“我需要熟悉哪些技能？”

“我该利用其他什么资源？”

“这是解决问题最好的办法吗？还是还有其他更好的办法？”

2．设定目标的起点要低，然后再逐渐提高

目标并不一定要设置得太高，如果你把自己的目标设置得太高，你会发现你需要投入大量的时间和精力。到头来你只能放弃，或者重新设定另一个差不多的目标。

3．把目标细化

也许你会设定一些太泛的目标，比如：“我想成为一个成功的人”，“我想成为有钱人！”。但是，怎么样才算达到目标了呢？倒不如把这些个目标分为生活中各个方面的小目标。比如：家庭、职业、社交、心理和精神等方面。按照时间、日期、工作量等其他要素，细化成一个个容易操作的小的阶

段。这样，你的目标才更有可能会实现。记住：即使是伟人，他也是从一点一滴开始做起的。

4．不要低估自己的能力

有时候设定的目标太低了，而太容易实现，也给自己多了一些偷懒的机会。

5．用积极的语气陈述自己的目标

积极地陈述自己的目标，不要说："我不想错过今天的例行锻炼"，而要说："我真的很忙，所以我可能只会参加20分钟的跑步机锻炼"。以乐观的心态开始一个目标会使你觉得这是一件好事，而不是一件尽力想避免的苦差事。

6．不要害怕未知的阻力

开展自己的目标时，可能会遇到各种阻力。记住："你面临的恐惧是未知的"，所以，不要去想同事会不会嘲笑你的努力，也不用害怕目标会不会实现。因为这些并不是真正让你害怕的理由。

7．把你的目标写下来

把你要设定的目标写在纸上，画一个目标计划，列出你要实现的目标。书面的清单是一个很好的提醒工具，它能够使你对自己的目标一目了然，而且很清楚自己现在已经完成和未完成的目标。

8．不断提醒自己

把你的目标写下来，贴到经常能看到的地方，加深印象。这样做不仅能时刻意识到自己的目标，也能激励自己努力去实现它。

9．抵制诱惑

实现目标的过程是艰辛的，你可能会遇到很多让你前功尽弃的诱惑。这时，你试着问自己："如果我这样做了，我还能实现我的目标吗？"，"几个月后，目标没有实现，就是因为今天这愚蠢的行为吗？"

10．要有时间观念，不要拖延

浪费时间就是浪费生命，也是慢性自杀。如果目标的其中一个环节被拖延，后面的环节就需要付出更多的时间和精力补上前面拖延造成的损失。为了避免自身的懒惰或是其他原因造成的拖延，你可以给自己设定一个时间表，也可以在每次按时完成目标时给自己一个小小的奖励。

第16课

韧性的复原与超越

阅读世界一流的领导者的传记，他们的韧性都会给我们留下深刻的印象。这些领导者会为自己、组织，甚至整个社会提出崇高的使命，并尽自己最大的努力去实现这些使命，即使遇到困难与挫折也决不退缩。像纳尔逊·曼德拉、温斯顿·丘吉尔、亚伯拉罕·林肯，他们都是有韧性的领导者典范。他们的成功事例告诉我们，“复原”能力对总是处在艰难困境中的领导者来说至关重要，更重要的是，具有“复原”能力的领导者，对其追随者和支持者有着深远的影响。

做人当如水

考场也好，做事也好，做人也好，不仅需要毅力，还要有勇气，有自信，更要有韧性。

明确目标后，更重要的就是学会选择路径。新东方的创始人俞敏洪曾说：“河流入海自有轨道。长江是劈山入海的，黄河是绕道入海的，我们要学一下水的精神。欲速则不达，过刚则易折。做人，生命要有高度，心胸要有宽度，思想要有深度，这样的人生才会有厚度。”

生活中，如果我们注意观察就会发现从那山谷深处，遇山而绕、遇石而转、遇坡而下、遇道而行的溪水，哪怕是被深坑留住了脚步，那也不过是暂时的，它会在不断的积蓄中蓄势待发，最后走出山谷，走向田野、流向大海的怀抱……

水是生命之源，却从不向人炫耀什么。水没有性格，却可以勇往直前地奔向大海，水可蜿蜒曲折，却总能找到出口。这就是水的特性！

那么人呢？人生呢？

当你遇到困难的时候，你是否想过要借势而行，寻找出路呢？当你碰到南墙的时候，是否转过身去，绕道而行？

有一个年轻人总是抑郁不得志，有人向他建议，说你不妨向住在山顶寺庙里的大师请教良策。于是他虔诚而去。在听过他的讲述后，大师沉思良久后来到水池边，默默地舀起一碗水，问："水是什么形状的？"年轻人摇头道："水哪里还会有形状？"大师笑而不答，只是把水倒入瓶子。年轻人恍然："噢，我知道了，水的形状像瓶子。"大师摇头，又拿起瓶子把水倒入一个盛满沙土的瓦盆，水便一下子融入沙土，不见了踪影。

年轻人陷入了沉默与思索，过了很久，他有些大悟："我知道了，我们所处的社会，处处像一个不规则的容器，人应该像水一样，盛进什么容器就是什么形状。而且，人还极有可能在容器中消逝，就像这水一样消逝得迅速、突然，而且一切都无法改变！"

"是这样的。"大师笑答，转而又说："又不完全是这样。"说完，大师开门来到庭院，年轻人也紧随其后。在屋檐下，大师用手指着青石板上凹陷的小坑说："一到雨天，雨水就会从屋檐落下，你看这个小小的凹陷处，却是水落下的结果啊。"

如此这般，举一反三，年轻人终于醒悟："作为人，我们可能被装入各种形状的容器里，而泯灭了自己，但又极有可能会像小小的水滴，一直坚持不懈地改变着一种东西，比如那块青石板，甚至可以做到水滴石穿。"

细细想来，做人的确如水，既要尽力适应环境，也要努力改变环境。要想实现自我，就要有坚持不懈的韧性，除了韧性还不够，还必须在必要的时候弯一弯，转一转，改变一下方向。冰就不懂得弯一弯，一下子就被打碎了，而水却是抽刀断水水更流。

人生会遇到很多的困难。有的，我们能够解决，有的，我们必须要解决，可还有一些困难，需要解决而又无法解决，你是否换一种思维，转一种观念而因势利导，迂回之中而使困难迎刃而解呢？

做人当如水，水滴经久不息可让石穿，流水终年磨砺可让石成蛋，困难面前要有韧性。

做人当如水，水流见山而转、遇道而行，高山流水也需要道路，学会转弯也是一种智慧。

做人当如水，遇深潭而存不是成死水，在不断注入中积蓄着力量，在沉默中爆发的力量更加具有底蕴。

做人固然如水，但真正想要做到水的品质又何其难啊。唯有做不仅坚韧，还更具备灵活性的人，才更能适应社会这个大容器，才能克服许多困难，实现自己的理想。这样的道理，浅显得很，但却值得我们细细去揣摩。

做人要有韧性

坚忍不拔的品性，应该是任何成大事者的必备条件。没有韧性的人，做事大多都是三分钟热度。没有“众里寻她千百度”的精神，又怎么会有“蓦然回首，那人却在灯火阑珊处”的收获。

韧性是一种勇于对抗挫折的能力。马克思主义哲学告诉我们，事物总是曲折发展的，任何事情都不可能永远一帆风顺，而是充满了失败与挫折。这其实正是成长进步的推动力。倘若没有挫折，只能证明我们的生活是安逸的，事业也是在原地踏步的。

面对挫折，我们需要有博大的胸怀、宽广的胸襟、伟大的气魄。要能够从全局看问题，而不在乎一时的得失。这种眼光的具备，也是以明确的人生目标和完备的人生计划为基础的。只有如此，才可以胸怀全局，懂得失败与挫折不可避免，只要自己贯彻力行，就不会对全局造成更坏的影响。看到了这一点，你才可能做到心胸坦荡，而不至于终日忧心忡忡、患得患失。

曼德拉是南非第一任黑人总统，也是一位民族斗士。他46岁时，因为矢志不渝、百折不挠地领导反对白人种族隔离政策而入狱。白人统治者把他关在荒凉的大西洋小岛罗本岛上27年。当时尽管曼德拉已近知天命之年，但是白人统治者依然像对待年轻犯人一样对他进行残酷的虐待。曼德拉被关在总集中营的一个　“狱中之狱”。这是一座单层的长方形石头堡垒，狱警持枪牵着德国狼狗昼夜巡逻把守。他被关押的房间里只有三条破旧的、到处是洞的薄毛毯。在寒冷的冬天，这几样东西形同虚设。而囚室更是小得可怜，走三步就能到头。睡觉时，头和脚都能触到冰凉而潮湿的水泥墙。更糟的是，牢房内没有床，他只能睡在地上。

在狱中，无论是精神和肉体受到怎样的摧残，曼德拉从没有丧失过斗志。他每天早晨排队到采石场，然后下到一个很大的石灰石田地，用尖镐和铁锹挖掘石灰石，有时从冰冷的海水里捞取海带。因为他是要犯，所以身边有3个人看守他。看守很没有人性，总是想方设法虐待他。就这样，直到1990年被释放时，他已在狱中整整待了27年。

1991年，曼德拉领导的非国大在南非第一次不分种族的选举中获胜，他当选为总统。在就职典礼上，他起身致辞欢迎各位来宾，首先介绍了来自世界各国的政要。然后他说，虽然深感荣幸能接待这么多尊贵的客人，但他最高兴的是当初他被关在罗本岛监狱时，看守他的3名狱方人员也能到场。他邀请他们站起身，以便他能介绍给大家。曼德拉博大的胸襟和宽宏的精神，让南非那些残酷虐待了他27年的白人深深感到无地自容，也让所有在场的人肃然起敬。看着年迈的曼德拉缓缓站起身来，恭敬地向3个曾关押他的看守致敬，在场的所有来宾以至整个世界，都静下来了，都被他独特的人格魅力所征服。

一位哲人曾经说过：“科学是没有国界的。伟大的思想、高尚的人格、优秀的文化同样没有国界。”曼德拉——这位为民族独立和国家振兴奋斗一生，赢得了世界级声誉的领导人，其博大的胸怀、惊人的毅力、朴实的作风、无私的品质，将成为世界人民的共同精神财富。

胸怀全局的最后底线，就是看得开，把该看开的东西看开了，也就没有什么好忧虑的了。当官总有退下来的一天，发财也总有千金散尽的时候。做人，要有韧性，要有通达的心态，胜之固喜，败亦欣然，这样才能平和地看待世间的人和事。

通达平和，并不代表不思进取。在避免人生走极端、钻牛角尖的前提下，做人最重要的就是一定要有斗志，一定要能吃苦。只是这种斗志，必须要保证不太露锋芒，锋芒太盛则易折，要用一种平和的精神与心态来保护才行。

韧性是一种能力，它更像一根弹簧，被众多的苦难和挫折压得很扁。但是，它可以默无声息地承受。一旦苦难过后，它仍可以还原成原来的样子，甚至弹得比原来更高。做人也要有韧性和弹性。当你把吃苦、挫折看成是提高自己的最好途径与机会时，你才有可能通过这一关，人生也才能“百尺竿头，更进一步”。

坚忍不拔与成功

人，只要有志气，只要相信你能行，只要拥有坚忍不拔的意志和精神，就一定会成功。

树，砍断了还能再生；草，烧掉了还能再长；悬崖上的一棵松树，茁壮地生长着，不需要谁来施肥，也不需要谁来灌溉；一粒种子，可以掀翻压在它头上的石头，顽强地生长……

坚忍不拔是获得事业成功的基础。在成功的道路上，没有任何东西比坚忍不拔的意志更重要。坚忍不拔能使劳动者不厌恶劳动，使劳碌者不知道疲倦。它所产生的力量源源不断，如能加以控制和引导，就会变成一种执著。如果一个人有奋勇拼搏的勇气、坚忍不拔的意志，他就会克服困难，取得成功。

美国第十六任总统林肯不失为一个有志者。他的画像被挂在西点军校的图书馆里，下面写着一行大字：“以林肯为榜样，汲取他的生活经验和坚忍不拔、锲而不舍的意志品质。”可是有多少人真正知道他的奋斗历程呢？

1816年，家人被赶出了居住的地方，他必须工作以抚养他们。

1818年，母亲去世。

1831年，经商失败。

1832年，竞选州议员落选。

1832年，向朋友借钱经商，但年底就破产了，接下来他花了16年，才把债还清。

1834年，再次竞选州议员赢了！

1835年，即将结婚时，未婚妻却死了，他的心也碎了！

1836年，精神完全崩溃，卧病在床6个月。

1838年，争取成为州议员的发言人没有成功。

1843年，参加国会大选落选了！

1846年，再次参加国会大选这次当选了！前往华盛顿特区，表现可圈可点。

1848年，寻求国会议员连任失败了！

1849年，想在自己的州内担任土地局长的工作被拒绝了！

1854年，竞选美国参议员落选了！

1856年，在共和党的全国代表大会上争取副总统的提名得票不到一百张。

1858年，再度竞选美国参议员，再度落败。

1860年，当选美国总统。

林肯在竞选参议员落败后这样鼓励自己："这不过是滑了一跤，并不是死去而爬不起来。"

一个人的成功并不只取决于他的智商和文化，拥有坚忍不拔、坚定的信念、绝不放弃的勇气也是至关重要的。生下来就一贫如洗的林肯，八次竞选八次落败，两次经商两次破产，甚至还精神崩溃过一次。面对这些打击，好多次，他本可以放弃，但他没有。也正是因为他的百折不挠、永不放弃，才成为美国历史上最伟大的总统之一。

1948年，牛津大学举办了一个名叫"成功秘诀"的讲座，邀请到当时享有盛誉的诺贝尔文学奖得主、英国首相丘吉尔来演讲。3个月前，媒体就开始炒作，各界人士引颈等待，翘首以盼。这一天终于到了，会场上人山人海、水泄不通，全世界各大新闻媒体都到了。人们准备洗耳恭听这位伟大的政治家、外交家、文学家的成功秘诀。丘吉尔用手势止住大家雷鸣般的掌声后说："我有3个成功秘诀：第一是百折不挠；第二是永不放弃；第三是百折不挠、永不放弃！我的演讲结束了。"会场上沉寂了一分钟后，才爆发出经久不息的掌声。

一个人取得成功的关键，就是能够正确对待困难和挫折，在困难和挫折面前，他从不悲观失望，不怨天尤人，而是自强不息，坚忍不拔，锲而不舍，凭着韧劲、闯劲走出困境。

美国西方石油公司最大的股东兼总裁戴维·霍华德·默多克，由于小时候家境贫穷，只接受过相当于高中文化程度的教育。对他而言，资本、学识、家境、机遇都不是成功的决定性因素。默多克曾经用两个单词概括自己成功的秘密，这两个单词是“顽强”和“坚韧”。与默多克共同经营一家房地产公司的一位朋友说：“戴维最大的财富，就是他所具备的坚忍不拔、锲而不舍的意志品质。”

美国前总统柯立芝在其晚年的人生回忆录中也曾写过：“世界上没有一样东西可以取代坚忍不拔、锲而不舍的意志品质。才能不可以——怀才不遇者比比皆是，一事无成的天才也到处可见；教育也不可以——世界上充斥着学而无用、学非所用的人。只有具备了坚忍不拔、锲而不舍的意志品质，一个人才能无往而不胜。”

成功者比正常人要接受更多的挑战，但成功者往往能不为困境所惑，他们把困难化为前进的动力，胜不骄、败不馁，从而造就了其坚忍不拔的品性。无论面对什么情况，他们都显示出坚持下去的毅力，他们凭着坚忍不拔、锲而不舍的意志品质，稳步前进在崭新的道路上。

韧性的个人反思训练

做人要有韧性，打不垮，拖不烂，嚼不碎，碾不散。因此，不能太刚，而是要柔中带刚。为了更好地了解自己的韧性，你可以花一些时间来思考以下问题。

1. 最近一次遇到在你看来是不可抗拒的困难、冲突、失败或者积极事件，是在什么时候？

2. 这件事或这一情形的基本特征是什么？

3. 它是没有预兆而突然发生的，还是逐渐出现的情绪低落？

4．你当时采取了哪些应对策略？

5．你认为这些策略是否有效？

6．你认为，你最终从这些事或这一情形中完全恢复过来了吗？为什么是？为什么不是？

7．你从这次经历中得到什么教训？

8．这件事或这一情形还有其他什么特别的地方吗？你是如何处理的？你从中又学到了什么？

9．总体来说，如果现在就评价自己曾经历的事情和情形（也许是很久之前经过的），你认为自己是否成长或成熟了？你是恢复到你的“正常”状态，甚至超越它了，还是感觉若有所思？

与上面的问题相同，你可以选择一些你非常尊重的领导者或导师作为榜样，看看他们是怎么做的。这些人是如何处理困境所带来的挑战的？你能从他们的韧性中学到什么？

接下来请试着回想自己是否做过以下事情。

1．自告奋勇去做一件全新或困难的事情。

2．虽然有些事情对我来说是危险的、不同寻常的，但我还是做了。

3．出国旅游。

4．品尝了我从未吃过的食物。

5．为了改变一下，在去一个熟悉的地方时，走一条从未走过的路。

6．听另外一种风格的音乐。

7．纯粹出于好奇而阅读了一些书。

8．接受别人的想法，因为我确实觉得它更好一些。

9．不管他/她外表如何，或者性格与我明显不同，我还是和他/她交朋友。

10．尽管有地位差异，我还是向某人寻求帮助。

11．允许自己毫无准备或者临场发挥。

12．搬到一个新地方住。

13．开始一份完全不同的事业。

14．重返学校，学习一门对自己来说全新的学科或专业。

15．给我的下属完全自主作决策的自由。

以上问题，与你现实情况相符合的越多，就表明你的韧性越强。如果相符的情况太少的话，就赶紧锻炼自己的韧性吧。

第17课

仅仅因为习惯，一切都将不同

“习惯能成就一个人也能摧毁一个人。”能成就一个人的自然是好习惯。成功者之所以成功，是因为他们身上具有一些常人所没有的习惯，正是这些习惯助他们打开了成功的大门。许多人之所以终生碌碌无为，与成功无缘，是因为他们养成了很多不良的习惯。这些不良习惯就像是一堵墙，把成功与他们无情地隔离开，让他们能看到成功近在眼前，却总是无法获得。

习惯决定你的未来

习惯具有无穷的力量，它无时无刻不在影响着我们。可以说，几乎在每一天，我们所做的每一件事，都是出自习惯的支配。因此，一个人具有什么样的习惯，就会有什么样的未来。

习惯具有无穷的力量，好习惯可以培育出乐观向上的“果子”，而坏习惯则会酿出难以下咽的“苦果”。

有一天，一位老师带着他的学生在树林里散步。老师突然停了下来，并认真地看着身边的四株橡树。第一株是刚刚出土的幼苗，第二株是算得上挺拔的小树苗，第三株已经枝叶茂盛，差不多和年轻的学生一样高大了，第四株的枝干已经相当粗壮了。

老师指着第一株橡树对学生说："把它拔出来。"学生很轻易地就拔出了树苗。

"现在，拔出第二株。"

学生遵从老师的吩咐，稍一用力，便将小树连根拔起。

"好了，现在请你拔出第三株。"

学生先用一只手，感到无能为力，接着又用两只手，费尽全身力气终于把橡树拔了出来。

"很好"，老师说，"去试一试最大的那一棵吧。"

学生看着这么一颗粗壮的橡树，感到无能为力，最终没有做任何尝试。

"孩子"，老师停顿了一下说道，"你的举动恰恰说明，习惯对生活的影响是非常巨大的。"

其实，我们的习惯就如同故事中的橡树，幼苗非常容易就被拔除，而随着时间的推移，树的根会向下伸展，会逐渐变得根深蒂固，到那时，就像第四株橡树那样很难根除了。但是，若形成一种好习惯，意义就不同了。好习惯一旦养成了，它们也会像故事中的橡树那样，牢不可拔。

有这样一则故事，亚历山大城的图书馆发生大火时，只有一本看上去非常普通的书被救出来。有一个穷人，一时兴起，就花了几个铜板把那本书买了下来。那本书并不精致，但是，这个穷人却从书中发现了一个秘密，那就是有关"点金石"的秘密。

书中记载，在黑海岸边，有一块神奇的石头，它和成千上万块一模一样的石头混杂在一起，这块石头看似普通，但它具有一种神奇的力量，能把普通的金属变成黄金。它和其他石头的唯一区别，就是这块石头是温暖的，其他石头都是冰冷的。于是这个穷人卖掉了所有家当，辛辛苦苦来到黑海岸边寻找那块神奇的石头。

到了那里之后，穷人就开始寻找神奇的石头。饿了，就去附近的人家讨点吃的，晚上就睡在海岸上，醒来就一块又一块石头地找，他拿起一块石头，感觉是冷的，就扔到了海里。就这样，他日复一日地重复这个动作。转眼间，五年过去了，但他还是没有找到"点金石"。但是，他确信有一天自己会找到那块神奇的石头的。于是，他仍旧继续着自己的工作，拿起一块石头就扔到海里，接着再拿，再扔……

过了很久以后，一天早上，他拿起了一块石头，是“温暖的”，可是他连想都没想就把石头扔进了海里！

后来的日子里，这个可怜的人继续寻找心目中的那块“点金石”。而且由于他已经形成了把石头扔进海里的“习惯”，他甚至已经忘记自己扔石头是为了什么。

也许我们每个人都有这样的经历：常去一家饭馆吃饭，由于某些原因，这家饭馆搬走了，但是你还会不自觉地走到这家饭店前；经常坐同一班车去上班，后来这班车被取消了，可你还是会不由自主地走到等这班车的地方来，等等。

显然，“走老路”已经是我们形成的一种根深蒂固的习惯，这对于我们来说，是一件自然而然的事情。除非我们可以不断去暗示自己的潜意识，让自己努力去适应一种新习惯，否则总会不假思索地重复做以前习惯了的事情。

由此可知，习惯对我们的影响是多么的强大。习惯对人的一生很重要，甚至可以决定人的未来。有什么样的习惯，就会带来什么样的结果，一旦坏行为在自己身上积习成性，那么，由它所酿造的这杯苦酒只能你一个人去慢慢品尝了。

与成功者为伍

好习惯是成功的保证，好习惯是成功的源泉。可以说，获得成功的程度取决于好习惯的多少。所以，每一位渴望成功者都应积极培养自己良好的习惯，为自己的成功增添动力。

生活环境，对一个人的人生理想和成就有着非常重要的影响。周围的环境是愉快的还是令人感觉沉闷的，身边的朋友是经常激励支持你还是对你漠不关心，都关系到你的前途和命运。

每个人的体内都有一股巨大的潜能，能够激发一个人潜能的事情也常常是微不足道的，可能是一句格言，可能是一次讲演，可能是一则故事，也可能是一本书，或者是朋友的一句鼓励……

贝尔28岁时去拜访著名物理学家约瑟夫·亨利，与其谈论有关“多路电报”的试验，亨利对此并不感兴趣。贝尔又说到他在试验中发现的一个现象：把包着绝缘材料的铜线缠成螺旋状，有间隔地通电，就能听到线圈上的嚓嚓声。这时，亨利有精神了，他感悟到，这个年轻人在做一件有价值的事情。他要亲眼看贝尔做这个试验。那天，外面寒风凛冽，老亨利打算乘坐马车到贝尔的住所去。贝尔怕老人受不了，便把仪器带到了老亨利家里。

他们听到了电流通过铜线圈发出的声音。贝尔认为，可以利用这一原理让电报线传递人的声音，但是想到自己缺乏足够的电学知识，不知道是否该把这一设想公之于众，让电学专家参与进来做进一步的研究。亨利听后鼓励他说：“如果你觉得自己缺乏电学知识，那就去掌握它。你有发明的天分，好好干吧！”后来，贝尔在写给父母的信中说：“我简直无法向你们描述这两句话是怎样地鼓舞了我……要知道在当时，对大多数人来说通过电报线传递声音无异于天方夜谭，根本不值得费时间去考虑。”几年后，贝尔又说：“如果当初没有遇上约瑟夫·亨利，我可能发明不了电话。”

别人的成功很可能会激发一个人的潜能。在报纸上、新闻上或其他地方遇到成功人士，听到别人成功的事迹，在心里问一下自己：“为什么我不能做到？我也要有这一天！”于是，你就会带着明确的目标、崭新的想法、百倍的信心投入到自己的事业中。

据调查发现，很多年轻的乡村企业家开始创业时并不是很成功，但当他们有机会拜访或参观一些大企业后，感触很深，获得了巨大的动力，最终取得成功。比如，一位年轻的乡村医生参观了大城市的医院后，更加坚定了在医学界出人头地的信念。学生听完教授的演讲，心中可能会燃起万丈豪情。一位默默无闻的年轻运动员与他心目中的偶像、一位世界级明星的一次会面，也许是他一生的转折点。可以说，是那些成功的大企业家刺激了他们的进取心。

“物以类聚，人以群分。”成功者的身边总是围绕着同样成功的人士，他们可以交流经验，共同勉励，共同进步；失败者的圈子里也都是失败的人，因为他们的不幸使得他们互相吸引，共同哀叹。正所谓成功者与成功者为伍，失败者与失败者为伍。

印第安人生活的部落中，大部分的部落是些乐天知命的安逸人群，他们的文化程度非常低，所以，从部落中出来的印第安人小孩个个憨态可掬、害羞腼腆。可是当他们中的一些人大学毕业后，他们的神情与刚刚离开家乡时迥然不同，显得器宇轩昂、才华横溢，看起来能做一番大事业的样子。而一旦他们回到部落中后，大部分人又变成了原来的样子。这是因为他们失去了能够激励自己的环境，将刚刚激发的潜能再度催眠。可见身边的环境对一个人的影响是多么大。

因此，在你的一生中，无论身处何种环境，你都要不惜一切代价进入能够激发自己潜能的氛围中，努力接近那些了解你、信任你、鼓励你的人。多接触成功人士，多阅读他们的成功传记，这对你日后的成功具有莫大的影响。

竭尽全力赢得机遇

脚踏实地工作，竭尽全力地做事，你就有可能赢得机遇，并且在机遇到来的时候勇敢冲刺，迎接挑战，你就能够获得惊人的成功。

要成就大事，便要走一条踏踏实实的奋斗之路，这是许多渴望成功者都明白的。但是，令人苦恼的是，成功还需要机遇，机遇却不是常常降临，它像凤毛麟角，稀罕至极。翻开人类奋斗的史册，我们可以看到，有的人因为抓住了机遇而“柳暗花明又一村”，摘取了成功的桂冠；有的人因为与机遇擦肩而过，以致“山重水复疑无路”，甚至为错过机遇抱憾终生。机遇对于成功者来说是多么宝贵啊！

麦克·兰顿出生在一个不幸的家庭里。父亲是个犹太人，非常排斥天主教徒，而母亲却恰恰是一个天主教徒，她也非常排斥犹太人。

在麦克很小的时候，母亲就经常吵着要自杀，每当她心情不好的时候，就用挂衣架狠狠地打他。长期生活在这样的环境中，使他变得畏缩且身体瘦弱。后来他在一部叫做《草原上的小屋》的电影中却扮演了一个殷格索家庭的一家之主，坚毅而充满自信的性格给大家留下了深刻的印象。麦克的人生为何会有如此大的变化呢？

在麦克上高一时，有一天，体育老师带着他们到操场去教他们如何掷标枪，而就是这一节课改变了麦克后来的人生。要知道在此之前，不管他做任何事都是畏首畏尾的，对自己没有任何信心。可是那天却出现了奇迹，他奋力一掷，标枪竟然超过了其他同学的记录，多出了足足有30英尺。就在众人欢呼的那一刻，麦克意识到自己的前途大有可为。

在他后来接受《生活》杂志的采访时，他回答道："就在那一天，我才突然发现，原来我也可以比别人做得更好，下课后就向体育老师借来那只标枪，在那一年的整个夏天，我都在运动场上不停地掷。"

麦克发现了自己辉煌的未来，他竭尽全力，结果获得了惊人的成绩。

那年暑假结束，他再次返回学校后，他的身体已经比以前强壮多了，加之又进行了一年的重量训练，他的体能有了很大程度的提升。

在高三时参加的一次比赛中，麦克掷出了全美中学生最好的成绩，并且这一次，他获得了南加大的体育奖学金。

后来，他因锻炼而不慎受伤，经医院确诊需要永久退出田径场，这使他因此而没有了体育奖学金。迫于生计，他只好到一家工厂里卸货，他的梦就此破灭，永远当不成受国际瞩目的田径明星了。

也许是命运之神的眷恋，有一天他竟然被好莱坞的星探发现，邀请他参与拍摄一部电影——《鸿运当头》，他在里面演个配角。这部电影是美国电影史上所拍的第一部彩色西部片，麦克从加入这场演出后就没有再停下来，先是当演员，然后做导演，最后担任制片人，他的人生事业就此宏图大展。

一个美梦的破碎常常是另一个未来的开始，因为上帝在对你关闭了一扇门的同时，也在为你打开了另一扇门，所谓东方不亮西方亮。

很多时候，机遇会乔装打扮成失望而出现在我们的面前。机遇之神出现时，从不显露出财富、成功和荣誉。因此，在你做每一件事的时候，都要竭尽全力，否则，你绝对意识不到那是上天赐予你的一次机遇。

也许你的一生机遇只会降临一次，也许它会无数次地光顾你。机遇是属于每一个人的。但是，你若不能及时地抓住它，它就会瞬间即逝。所以，抓住机遇也是一种能力，它会帮助你在苦苦跋涉中来一次飞跃，让你看到成功女神的微笑。

因此，天下所有想成功的人们，竭尽全力地做好每一件事吧，一旦机遇到来，千万不要错过了它，它将给你带来成功的累累硕果。

成功习惯训练

气度影响格局，习惯造就命运。作为一个将来的成功者，就要养成一些高效工作生活的良好习惯。下面是35条建议，你可以以此来训练自己。

1. 不说“不可能”。
2. 凡事第一反应：找方法，不找借口。
3. 遇到挫折对自己说声：太好了，机会来了！
4. 不说消极的话，不落入消极的情绪，一旦发生立即正面处理。
5. 凡事先订立目标。
6. 行动前，预先做计划。
7. 工作时间，每一分、每一秒都做有利于生产的事情。
8. 随时用零碎的时间做零碎的事情。
9. 守时。
10. 写点日记，不要太依靠记忆。
11. 随时记录想到的灵感。
12. 把重要的观念、方法写下来，随时提示自己。
13. 走路比平时快30%，肢体语言健康有力，不懒散、萎靡。
14. 每天出门照镜子，给自己一个自信的微笑。
15. 每天自我反省一次。
16. 每天坚持一次运动。
17. 听心跳一分钟，再做重要的事情，疲劳时，紧张时，烦躁时……
18. 开会坐前排。
19. 微笑。
20. 用心倾听，不打断对方的话。
21. 说话有力，感觉自己的声音能产生感染力的磁场。

22．说话之前，先考虑一下对方的感觉。

23．每天有意识赞美别人三次以上。

24．及时表示感谢，如果别人帮助了你的话。

25．控制住不要让自己做出为自己辩护的第一反应。

26．不用训斥、指责的口吻与别人说话。

27．每天做一件“份外事”。

28．不管任何方面，每天必须至少做一次“进步一点点”，并且有意识地提高。

29．每天提前15分钟上班，推迟30分钟下班。

30．每天下班前5分钟做一下今天的整理工作。

31．定期存钱。

32．节俭。

33．时常运用“头脑风暴”，利用脑力激荡提升自己创新能力。

34．恪守诚信。

35．学会原谅。

第18课

完美人生的伟大信念——心理定向

你认为自己是什么样的人，最终你就能成为什么样的人，只要你肯坚持不懈地行动。因为雄鹰能够在摔落地上的一百零一次一飞冲天，而成功者也不过是站起来的次数比跌倒的次数多一次而已

角色假定的惊人力量

把你假定为你想成为的人，你就会在随后的日子里处处学着这个人的待人处世风格，那么时间久了，你也会像他一样成功。

榜样的力量是无穷的。榜样能够在我们生活的关键时刻指引航向，那么不妨为自己找一个值得学习的榜样——你最想成为的一个名人或成功人士。

如果没有现成的可崇拜的对象，也可以“组合”一个。然后，做角色假定。就是每时每刻都把自己想象成你所希望成为的那个人。

不仅要学习他的言谈举止，更重要的是要学习他的思想行为，他的精神内涵。在面对难以决断的事情时，要经常反省自己：“如果是他，会这样想、这样做吗?如果不是这样，他又会怎样想、怎样做呢?”

要知道，心态和行为是相辅相成的：积极的心态带来积极的思维和行为，而积极的思维和行为必然培养出积极的心态。

有一个法国人，虽然42岁了但仍然一事无成。他认为自己是世界上最倒霉的人：离婚、破产、失业……他都不知道自己活着的意义和生存的价值了。他变得越来越古怪、易怒了，同时非常自卑、脆弱。

一天，他在巴黎街头碰见一个吉普赛人在算命，他心不在焉地坐到了算命的对面。吉普赛人看了他的手相后，坚定地说："您是个很了不起的伟人！"

"什么？"他大吃一惊，"你没有搞错吧，我是个伟人？"

吉普赛人神秘地说："你知道你是谁吗？"

"我是谁？"他暗想，"是个倒霉透顶、被生活抛弃的人！"但他仍然故作漫不经心地问："你说我是谁呢？"

"你是伟人"，吉普赛人接着说，"你知道吗，你是拿破仑的转世！你身上流的血，你的勇气和智慧，都是拿破仑的啊！先生，难道你周围的人真的没有告诉你，你的相貌体格也很像拿破仑吗？"

"不会吧……"他迟疑地说，"我离婚了……我破产了……我失业了……我连家都快没有了……"

"呵，那只是你的过去"，吉普赛人又坚定地说，"你的未来是不可限量的！如果你不相信我说的话，就不用给钱了。不过，请记住：五年后，你将是法国最成功的人！因为你是拿破仑的化身！"

他满腹狐疑地离开了，但心里却膨胀起了一种前所未有的伟大感觉。他对拿破仑产生了浓厚的兴趣。回家后，就千方百计搜集一切与拿破仑有关的书籍来读。

渐渐地，他发现有某种迹象显示，他的生活开始向着好的方向转变，朋友、家人、同事、老板，都好像对他刮目相看了。事情也开始出奇的顺利起来。后来他才顿悟到，其实一切都没有变，变了的只是他自己：他的待人处世、思维模式都在模仿拿破仑，就连走路说话也是。

13年后，也就是他55岁那年，他成为一名亿万富翁，法国赫赫有名的成功人士。

这就是角色假定的惊人力量，换言之，也是心理定向的巨大推动作用。这个人从一个失魂落魄的倒霉鬼、穷光蛋逐渐变成了一位亿万富翁，就是源于他心态的改变，才有了最后的成功。也许那个吉卜赛人只是为了骗他几个钱，才故意那样恭维他。他虽然当时不信，但他后来的表现证明他是信的，而且他也确实照着拿破仑的思维模式、待人处世风格在做。最后他成功了。

人的特质就像智力和技能一样，是可以通过努力而不断被提升的。当你一旦确定自己具有某种特质后，就具有了某种心理定向。那么，随之而来的就是一种紧迫感，你会不断地努力证明自己，你是一个有才能、可以成功的人。

心理定向与学有所成

通过40年来对美国国内外学生学习情况的研究，我得到了一个重要的结论——世界上任何一个有学习能力的人，如果得到合适的机会与条件，都可以取得成功。

——本杰明·布卢姆

你知道吗？

达尔文和托尔斯泰曾被认为是极为普通的孩子；历史上最伟大的高尔夫运动员本·哈根，在幼年时是个与同伴格格不入而又粗俗的孩子；被列入20世纪重要艺术家名单的摄影师辛迪·舍曼的第一门摄影课的考试成绩没有及格；最著名女影星之一的杰拉尔丁·佩奇曾被认为缺少表演天赋而被学校劝退。

这些名人之所以后来能功成名就，相信与他们后天的学习是分不开的。拥有“特质可以提高”的信念能激励人产生很高的学习热情，并让他们最终成为他们想要成为的人。

世界著名作家约翰·克里希是英国人，他一生共写了564本书，计4000多万字。可有谁会想到就是这样一位富有才华的作家，在成名前却是一个收到退稿信最多的人。他出生于一个普通的工人家庭，从小喜爱文学，仰慕文学家，也希望自己能成为一名文学家。但他由于条件不好，从35岁才开始创作，没有人指导，完全是自己一边写，一边总结经验。他四处投稿，几乎全英国所有的出版社和文学刊物都收到过他的稿子，而他每次得到的回复都是退稿信，共有743封。但他没有灰心丧气，仍然坚持写作。后来，他的才华终于得到了认可。于是他的书越出越多，享有了世界声誉。

有时候，一个人在某一方面取得巨大的成就并不是因为他就有这方面的天赋，而是他不断学习、不懈努力的结果。

美国的心理学家曾对一个小学的学生做过长期的跟踪实验：在小学时，由于不是太苛求分数，所以他们的考试成绩没有多大差距。只是在升入初中后，由于充满了挑战，他们的学习成绩开始分化了。那些具有消极心理定向的学生在面对自己的糟糕成绩时，只会瞧不起自己的能力："我太笨了""我缺乏学习数学的天分"。这种消极的心理定向常常妨碍了他们通向成功之路。

而那些具有积极心理定向的学生在面对失败时，会动用所有的学习资源。虽然在面临失败的风险时，他们也会感到紧张不安，但还是坚持了下去。其中有一个学生在上大学时，常常很晚才匆匆忙忙地去上数学课。那天进了教室后他便迅速抄下黑板上的两道数学题。后来他才感到这两道题很难，他苦苦思索、解答了好几天才把这两道数学题解答了出来。事后他才知道这两道题并不是老师布置的作业，而是两道从来没有被人解出来的著名数学难题。

美国著名教育研究人士本杰明·布卢姆在研究了包括钢琴家、雕塑家、奥运会游泳冠军、世界级网球选手、机械学家以及神经学者在内的120个成功者的案例后，他得出了这样的结论："世界上任何一个有学习能力的人，如果得到合适的机会与条件，都可以取得成功。"这些成功者在童年时期大部分不是很优秀，在得到专门教育之前也没有显示出出类拔萃的才能。

这时，我们并不能根据他们的表现来推断他们以后会有什么成就。只是后来，他们保持着对学习的持续的动力及专注，并得到了别人给予的支持，才使得他们成为各行各业的佼佼者。

童年的爱迪生只是一个普通的男孩子。到了青年时期，爱迪生则比其他同龄人表现得更加醉心于试验和摆弄机械。

爱迪生后来的非凡表现正是来自于他积极进取的心理定向。他既有着强烈的好奇心，又善于思考、坚持不懈、勇于迎接挑战。当其他年轻人都在循规蹈矩、按部就班地生活着的时候，爱迪生却四处奔波，珍惜各种学习电报机方面知识的机会。他通过不断的学习与试验，终于登上了其他报务员都无法企及的高峰。

在随后的许多年里，爱迪生不断地进行发明创造，最终成为“世界发明大王”。

许多人的卓越才能并不是天生的，而是后天不断努力的结果。

莫扎特在成名之前，练琴练得手指都变形了。他发奋十多年，才创作出了脍炙人口的音乐佳作，才成为了人人景仰的音乐名家。而这之前，他的音乐作品却毫无创造性与趣味性，甚至很多作品都是大段大段摘抄其他作曲家得来的。

达尔文的《物种起源》在引起轰动之前，他曾与同行花费二十多年时间考察、研究，与助手上百次地反复讨论，几易其稿。可以说，他把大半生时间都花费在了这部稿子上，才取得了巨大的成就。

当你明白你可以变得更优秀的时候，不要再浪费时间去一遍遍地证明你很卓越；不要再隐藏自己的缺点而不去克服它们；不要只交那些只能给你自尊心的朋友，而应该多交一些能够促使你进步的朋友；不要过多地关注那些已经被证明了是正确的事，而应该尝试那些可以发展自我的事情。

有了发展自我并全力以赴的激情，即使遇到挫折也不会沮丧。也正是这种心理定向，才使你不断挑战自我，突破现有的局面，而变得生生不息，枝繁叶茂。

掌控成功

对我而言，运动的乐趣从来不在于获胜。我从过程当中获得同结果一样多的快乐。只要我看到了进步或我觉得自己已经尽最大努力了，我并不介意失败。如果我输了，我就回到跑道，更加刻苦地训练。

——杰西·乔伊娜

成功可以掌控吗？能的。只是掌控的不是成功本身，而是我们具有积极的心态，稳定的情绪，坚定的信念，必胜的信心，以及百折不挠、不怕失败、不言放弃的精神。有了这些的支撑，即使你遭遇了很多挫折和失败，但成功肯定还是你的。

米娅·哈姆被称为世界上最优秀的女足运动员。经常有人问她："哈姆，一名优秀的足球运动员应该具备的优秀品质是什么？"哈姆总是毫不犹豫地回答说："意志坚韧。"当对方的11名球员都想把你绊倒时，当你疲惫不堪或身体受伤时，当裁判处处跟你过不去时，你不能让这些分散你的注意力。怎么才能保持注意力高度集中呢？答案是必须自己在每场比赛、练习中努力做到。哈姆说："这是足球场上最难做到的方面之一，每场比赛、每次练习，我都在为之努力。"

哈姆并不认为自己是世界上最优秀的足球运动员。她说："因为我不是。但我总有一天会是一名最优秀的足球运动员！""每一次比赛或训练后，你走出场地时如果觉得自己已经全力以赴了，那么你就是个胜利者。"

为什么整个美国都喜欢她带领的球队？"人们看到的我们真正热爱自己从事的运动，而且队友之间相互支持，每一场比赛我们都全力以赴。"

我们也许都还记得2006年的世界杯决赛中，齐达内因不能忍受意大利球员的侮辱愤而用头把对方顶倒，被判罚下场，最终使法国队痛失冠军。齐达内是法国队的支柱，个人技术超群，但因为他没有良好的心态，没能掌控住情绪，而犯下了不可弥补的错误。由此说明，成功也是可以掌控的，关键是你首先要掌控好自己的心态和情绪。

还以体育活动中的现象为例。在体育活动中，总有"一秒定成败"的时刻，这时作为一名运动员必须挺过去，否则就会功亏一篑。著名的高尔夫球员杰克·尼克鲁斯在漫长的职业生涯中，曾有很多次都处于这种情况中，一场比赛的胜负就在于他击出的关系全局的一球。而他这样的击球的失误只有过一次。这是良好的心态在起着积极的作用，在自己的实力没有对手强时，人们往往就是靠它获得最后的胜利的。

著名篮球教练约翰·伍顿早年在执教一支中学校队的时候，一名叫埃迪的球员反复要求教练给他一次参加大型比赛机会。伍顿经不住央求，终于答应了，他说："我可以给你一次机会，明天晚上你上场迎战韦恩堡中心校队吧！"

但伍顿许诺完后，突然后悔了。因为这场比赛很重要，是为了争夺印第安纳州的第一名。共有三个队来争夺。他带领的球队是其中一支，韦恩堡中心校队也是其中一支。

第二天晚上，伍顿如约让埃迪上场了。他原以为埃迪只能在场上坚持一两分钟，他会很快把埃迪换下来的。因为埃迪要盯防的是韦恩堡队最强硬的球员阿姆斯特朗。

然而，事实出人意料。埃迪在场上表现优秀，逐渐把阿姆斯特朗拖垮了，使他得了有史以来的最低分。埃迪得了12分，而且他们队也取得了整个赛季最好的成绩。除了得分，埃迪无论是运球、防守还是篮板都表现优秀。从此埃迪结束了替补球员的身份，并且在后来的两年中一直被评为最有价值球员。

埃迪显然不是那种天才型的球员，以前是替补球员，甚至连大型比赛都没有参加过。他显然也不会认为自己是与众不同、生来就获胜的球员。但他是个勤奋训练的人，并且懂得在压力下集中自己的注意力，从而在必要时超常发挥了自己的能力。

体育运动如此，其他各方面也莫不如此，都是具备了良好的心态的情况下才逐步取得了成功。想一想你心目中崇拜的人，你曾经认为他们都是天生具有非凡才能，而不需付出艰苦的努力就获得成功吗？不是的，他们并不是拥有天才才获得卓越成就，而是不断的努力才成就了他们的辉煌和荣耀。

当你做事不顺利的时候，你是否怀疑自己的能力倒退了呢？不是，也不要有这样的困惑。努力使自己变成具有积极心理定向的人，认真思考、不懈努力、提高自己，而不只是简单评价自己，那么你的处境会渐渐出现转机，最终走向成功。也许某一天你也成了别人的偶像。

心理定向训练

我们每个人都有心理定向。心理定向在我们童年的时候就开始显现出来了，并影响着我们生活的方方面面，包括家庭、工作、人际交往、体育竞技等。研究表明，如果一个人具有成长型心理定向，他将认为他能够不断地开发自己的智力，他的很多能力将随着时间的推移而不断发展。因此，只要我们能够具有成长型心理定向，就会在一切领域取得成功。那么如何发展自己的心理定向呢？

1. 不断努力

想一想你心目中的英雄，你曾经认为他们是因为具有超凡的能力，不需付出努力就能获得卓越的成就吗？现在，你就会明白其中的真相，他们并不是因为拥有特殊的能力获取成功的，而是永无止境的努力造就了他们的辉煌，明白了这些，你会不会更崇拜他们呢！

2. 勇于超越障碍

想象一下，如果有人超越了你，你仅仅是认为他们比你更聪明或更有天赋吗？现在，你应该不会这样想了吧，或许你会考虑运用更好的策略，花更多的时间去学习，按照他们的方式去超越障碍，如果你愿意这么做的话，你同样也可以做得很好。

3. 勤于思考

当你不动脑筋的时候，你是否怀疑自己变笨了呢？假如你有这样的困惑，请努力使自己变成一个具有成长型心理定向的人——认真思考、学习并完善自己的能力，不要只是简单地评判自己，这样，你的情形就会出现转机。

4. 不要乱贴标签

你给自己的孩子贴标签了吗？赞扬这个是艺术家，那个是科学家。请切记以后不要这么做。虽然你能通过这种方式表扬他们。但是只是一味表扬儿童的能力会降低他们的智商，你应当以一些成长型的方式去赞赏他们。

第19课 给自己注入“积极基因”

积极是一个人向上的表现，积极也是任何企业都提倡的一种工作作风。唯有积极的行动才能带来积极的成果，这就要求我们在工作中必须具有热情和活力，表现出自己乐观向上和勇于进取的一面，如此才能获得你想要的成功。

解放你的积极心理学

我们一定要做一个具有积极心理的人，这样，我们才可以勇敢地面对困难和挑战，而所谓的诸多难题也会因为我们的积极态度而迎刃而解。

幸福的奥秘是什么？很多人为什么总是不快乐？怎样保持生命的最佳状态？怎样走进一个激情四溢、充满希望和散发着青春活力的心灵世界？美国著名心理学家塞利格曼为我们阐述了与传统心理学完全不同的心灵世界——积极心理学。

相信你在了解了他的理论后，一定会超越自身的不快乐、狭隘、愤怒、嫉妒、恐惧等消极心理，以更积极的、建设性的情绪来面对生活中的挑战。现代人的一个心理问题就是喜欢消极，但是他们与反社会型人格不同，他们的攻击能量指向自身，他们不去杀人而是去自杀。

当面临挫折和挑战时，面对人生的低谷时，一些弱者就认为是自己的能力不足而导致失败，从而陷入深深的自责中，他们觉得如果某一件重要的事情失败了，那么，人的一生也就失败了，生命会因此变得没有任何意义。就这样，他们可能会苦闷终生，也可能终生郁郁不得志。

积极心理学告诉我们，谁笑到最后谁就笑得最好。

现代竞争社会，虽然比较的是一个人的能力和动机，但同时也是一个人积极心理的较量。谁笑到最后谁笑得最好。

即使是将动物和人置于绝望的环境中，人为地让他们无法逃脱失败或惩罚，仍然有四分之一个体永不放弃。这就是说，群体中天生地存在积极差异，少数个体的心理是最为积极的。

美国的总统选举中，最后的成功者九成都具有积极心理。

有关调查表明，如果父母消极，孩子通常也具有消极的心理。积极可以通过教育而形成，一个消极的人可以通过训练而转化成积极的人。

我们的学校和社会，倾向于认为一个人的成功取决于能力和动机欲望。如果一个人很有天分并且非常努力地投入到学习和工作中，他就一定会成功。但塞利格曼的积极心理学研究表明，当一个人天分和意愿都很充足时，失败也很可能会发生，而原因仅仅因为这个人是一个消极的人。

消极的人的特征是相信一切坏事都是自己的错，发生的坏事一定会持续很久，并且会毁掉人的一生。而积极的人遇到厄运时，会认为现在的失败是暂时的，每个失败者都有他的原因，不全是自己的错，还可能是环境、坏运气或其他因素带来的结果。这其中的区别往往可以决定人一生中的成功、身体与心理健康，甚至是寿命。

塞利格曼的一个博士研究生给老鼠注射了癌细胞，然后将老鼠放在不同的环境中。第一组老鼠可以通过抓碰开关而成功地摆脱电击（积极组）；第二组老鼠则在抓碰开关的时候被电击，因为在他们抓碰开关时接通了电击线路。第三组老鼠被放在没有任何危险的环境中。结果第一组老鼠中患癌症的只有四分之一，第二组为四分之三，而最后一组竟有二分之一患有癌症。这个实验说明积极有效地应对危险可以提升免疫力。

心理积极的人总是有些主观，他们习惯于“歪曲”现实世界。当现实世界不利于他们发展或存在危险时，他们倾向于人为地忽视危险，缩小危险。他们总是积极地认为，天塌不下来，睡醒再说。

因此，我们一定要做一个具有积极心理的人，这样，我们才可以勇敢地面对困难和挑战，而所谓的诸多难题也会因为我们的积极态度迎刃而解。

积极就是好好生活

命运不是有没有机会的问题，而是要不要选择的问题；对于命运，不应消极等待，而应积极争取。

——威廉·詹宁斯·布莱恩

积极这个词很容易让人产生误解，而实际上积极的意义是相对的，它不是一个固定的结果和最后的结局。积极是一个行为过程，包括对整个过程的体验。

积极与一个人所处的环境有关，它是指一个人能够自主选择一个最能适应的环境和能充分发挥其最佳潜能的行为，是一个人把所有力量都尽全力运用到极限的一种态度。

一个身患绝症却坚持与病魔做斗争的人和一位整天奋笔疾书的作家，尽管他们面临的人生状态截然不同，但在积极状态上却是一样的，因为他们都是积极的。只不过患病的人是与病魔做生死搏斗而感受到生命的勇气，而作家则是陷入创作高峰体验而感受到生命的激情。两者相比，表现形式不同，但所蕴含的实质性意义却是相同的。

积极，作为一种心理，它只能与消极相比，或者与心理不健康相比，而不能与其他的积极性评价相比。积极是指主观上的一种感受，包括一个人的情绪、认知和行为，积极只能与自己过去的行为表现相比，而不能去和别人比谁积极谁不积极，企业家和拾荒者都有自己的积极，前者是奋斗中对事业的献身，而后者可能体现在多拾些破烂，多卖些钱。由此看来，积极是一个带有价值导向的概念，而不是一个科学的概念。当然，由于社会的发展，每一个阶段对积极的品质也具有不同的看法。在过去，大多数人可能认可勤俭、节约、谦卑、沉默是积极的品质，而现代社会则更认可自主、创新、主动和外向是积极的品质。

但是，在我们的日常生活中，很多人对积极的理解还是普遍存在一定的偏差的。人们大多倾向于认为，积极是指一个人通过不懈的努力逐步获得了成功，有了自己的一番事业，并赢得了显赫的社会地位。所以，每当谈到积极，人们最先想到的就是社会精英、世界首富、体育明星等。其实，这些人所体现出的积极并非是人的内在的积极，而是外在的积极，我们所说的积极是人的一种出色的心理素质和生活态度。

在安徒生的作品中有一对清贫的老夫妇，有一天，他们想把家中一匹唯一值点儿钱的马拉到集市上去换点更有用的东西。于是，老头牵着马去赶集了。在集市上，他先和别人换了一头母牛，又用母牛换了一只羊，再用羊换来一只肥鹅，又把肥鹅换了母鸡，最后用母鸡换了别人的一袋烂苹果。因为每一次，他都想给老伴一个惊喜。

当他扛着一袋烂苹果到一家小酒店吃饭时，遇上两个英国人。闲聊中他讲述了自己赶集的经过，两个英国人听后哈哈大笑，说他回去准得挨老婆子一顿打。老头子坚称绝对不会，英国人就用一袋金币打赌，并且他们二人随同老头一起回到家中。

老太婆见老头子回来了，非常高兴，他兴奋地听着老头子讲述赶集的经过，当老头子讲到用马换来母牛时，老太婆兴奋地叫道：“太好了，我们有牛奶了！”

当老头子说到又用母牛换来一只羊时，老太婆说道：“羊奶其实也很好喝。”

“哦，鹅毛多漂亮！”

“哦，我们有鸡蛋吃了！”

最后听到老头子背回一袋已经腐烂的苹果时，她同样不愠不恼，大声说：“我们今晚有苹果馅饼吃了！”

结果英国人输掉了一袋金币。

从这个故事中我们可以领悟到：既然我们不是什么伟人，也没有什么惊天动地的事业，那就积极地生活，做一个快乐的人吧！不要为失去的一匹马儿惋惜或埋怨，既然有一袋苹果，就做苹果馅饼好了。这样的生活才能妙趣横生、和美幸福。而且，你还有可能获得意外的收获。

积极状态虽然不排除外在的指标，一个处于积极状态的人可以拥有外在的高业绩和高成就，一个高的社会地位和经济地位。但这不过是一些外在的东西，是个人奋斗的机遇的结果，是一些与人性没有任何关系的数字。而积极状态是指一个人所具有的出色的综合心理素质，是积极的人生态度。这种心理素质促使一个人热爱自己，热爱他人，更热爱这个世界，并最终获得快乐和幸福。

用积极的态度面对每一天

我们每个人都要有一种积极向上的感情和信念，保持积极工作态度，创造积极的辉煌事业。

法国科学家巴斯德曾说：“辞典里最重要的三个词，就是意志、工作、等待。我将要在这三块基石上，建立我成功的金字塔。”

无论是谁，要想成功，都必须像巴斯德一样，怀有一种积极进取的态度。在人的身上潜藏着一股自然的活力，那是生命的隐性元素，更是我们无法估计的生命潜能。要想开启它，只有一个办法，那便是用一种积极的态度来面对生活。

美国联合保险公司业务部有一个志向高远的人，他的名字叫贝尔·艾伦，而他的志向就是要成为公司的王牌推销员。

有一天，他在下班的路上买了一本杂志回家去读，突然读到一篇令他非常振奋的文章，名字叫《化不满为灵感》。作者教导广大读者，如何利用积极的态度，做出自己的一番事业来。艾伦认真地反复回味，并暗自在心中思考着，也许有一天这个观念会对工作有很大的帮助。

那一年的冬天，艾伦在工作上屡屡遭遇不顺，正好为他提供了试验这个观念的机会。在寒风凛冽的冬天里，艾伦正在威斯康星市区里挨家挨户地拜访。然而，非常不走运的是，他总是被拒之门外。艾伦的心情糟糕透了。这天晚上回到家里，晚饭一点也吃不下，他烦躁地翻看着手上的报纸。忽然间，脑际中闪出了一个念头，他记起了曾经读过的那篇《化不满为灵感》的文章，于是兴冲冲地将那本杂志找了出来，认真仔细地又读了一遍，然后他鼓励自己说：“明天我一定要再去试一试！”

第二天，他到公司向上级报告昨天推销保险的情况。当他走向上级办公室时，遇到了其他与他遭遇相同的同事，他们个个都表现出垂头丧气的模样。然而艾伦却没有表现出任何沮丧，他精神饱满地向上级说明昨日进度。最后艾伦还做了这么一个结语：“放心好了，今天我还要再去拜访昨天那些客户，今天的工作一定会有进展的！”

不知道是幸运之神看出了他的积极态度，还是那篇文章真的奏效，艾伦真的说到做到。他再次来到昨天到过的那个地方，然后再度拜访了每一位客户，结果很令人吃惊，他一共签下了66份新的意外保险单。

积极的态度，让贝尔·艾伦取得了令人瞩目的成功，更让他重新燃起必胜的信心。这是许多成功者在受挫中扭转时局的重要方法，因为他们都知道：只有采取积极的行动，才能化危机为转机。只有抱着积极的心态，才能看到身边暗藏的机遇。如果一个人生活态度非常积极，那么他的内心必然活力四射。即使是遇到再大的挫折，他也认为是上天对他的恩宠；哪怕遇到再大的困难他都不以为然，因为事情再糟糕，他也会微笑着说“没关系，小事一件”。

还在为生活的挫折和事业的不如意而难过吗？抬头看一看明媚的艳阳天！如果今天过得很郁闷，想一想，至少还有明天，把一切的不如意化为一股向上的动力，并积极面对生活中的每一天。那么，我们便能跨过每一个坎儿，最终巍然屹立在生活的最高峰。

积极心理训练

你必须培养积极心理，以使你的生命按照你的意思提供报酬，没有了积极心理就无法成就什么大事。

记住，你的心理，是你而且只有你才能完全掌握的东西，练习控制你的心理，并且利用积极心理来导引它。

1. 切断和你过去失败经验的所有关系，消除你脑海中和积极心态背道而驰的所有不良因素。

2．找出你一生中最希望得到的东西，并立即着手去得到它，借着帮助他人得到同样好处的方法，去追寻你的目标，如此一来，你便可将多付出一点点的原则，应用到实际行动之中。

3．确定你需要的资源之后，便制订得到这些资源的计划，所订的计划既不要太过度，也不要太不足，别认为自己要求得太少，记住：贪婪是使野心家失败的最主要因素。

4．培养每天说或做一些使他人感到舒服的话或事，你可以利用电话、明信片，或一些简单的善意动作达到此目的。比如给他人一本励志的书，就是为他带一些可使他的生命充满奇迹的东西。日行一善，可永远保持无忧无虑的心情。

5．使你自己明白打倒你的不是挫折，而是你面对挫折时所抱的态度，训练自己在每一次不如意中，都能发现和挫折等值的积极面。务必使自己养成精益求精的习惯，并以你的爱心和热情发挥你的这项习惯，如果能使这种习惯变成一种嗜好那是最好不过的了。如果不能的话，至少你应该记住：懒散的态度，很快就会变成消极心理。

6．当你找不到解决问题的答案时，不妨帮助他人解决他的问题，并从中找寻你所需要的答案。在你帮助他人解决问题的同时，你也正在洞察解决自己问题的方法。每周阅读一次爱默生的“报酬随笔”，直到你能领悟其中的道理为止。这本著作可使你确信，能从积极心理获得好处。

7．彻底地“盘点”一次你的财产，你会发现你所拥有的最有价值的财产就是健全的思想，有了它你就可以自己决定自己的命运。和你曾经以不合理态度冒犯过的人联络，并向他致以最诚挚的歉意，这项任务愈困难，你就愈能在完成道歉时，摆脱掉自己的消极心理。

8．我们在这个世界上到底能占有多少空间，是和我们为他人利益所提供之服务的质与量，以及提供服务时所产生出的心态成正比例的关系。改掉你的坏习惯，连续一个月每天禁绝一项恶习，并在一周结束时反省一下成果。如果你需要顾问或帮助时，切勿让你的自尊心使你却步。

第20课

罗马不是一日建成的

成功之路是一步一步走出来的，在前进的道路上，并不是一日千里，有时候，甚至是一寸一寸地迁移。因此，成功基本上没有什么捷径，如果非要说有的话，那么它唯一的捷径就是一点一滴的“坚持”。

坚持就会成功

人生在世，贵在坚持。谁能坚持到底，谁便能取胜。许多伟大的成就都是坚持和等待的结晶。只要你能坚持一天，胜利的希望就会增多一分。

每个人都有一个伟大的梦想，每个人都有一个明确的目标，并且每个人都愿意为此付出行动。当其准备好一切，下定决心要去实现自己的理想与目标时，就意味着他要承受更多的困难和险阻。但不管路途多么艰难，都不要轻易放弃，一定要坚持，只要坚持下去就一定会成功。

放弃就意味着失败。在这样一个竞争激烈的社会里，没有人在意你付出多少，没有人关注你是多么艰难。人们看到的只有结果，也只有结果才能证明一切。你的志向，你的承诺，你的能力，只能通过结果来展示给大家。

当你想做一件事时，仅仅需要一个理由；而当你决定放弃做一件事时，会找出一百个借口。要知道成功是没有任何借口的，选择了借口就意味着选择失败。

抓捕凶犯也许算不上什么惊天动地的伟大壮举。因为这种事每天都在发生。但是，如果为了抓捕一个杀人犯，花去一个人52年的宝贵时光，而且这期间为了查找线索，他行程两万里，翻阅了累积起来有十几米高的档案资料，打了近30万个电话……如此一来，情况就大不一样了。他在创造一个普通人所不能的奇迹。当耐心成为时间的主宰时，时间就会在你的思考中自动消失，而成功也会自动向你靠拢。

数十年前，在法国马赛曾发生一起残忍的强奸杀人案，被害者是一个6岁女童。多梅尔警官在现场看到被害人埃梅的惨状时，痛心不已，发誓一定要亲手捉拿到这个禽兽不如的凶犯。

为了缉捕罪犯，多梅尔查了十几米高的文件和档案，走遍了四大洲，打了30多万个电话，行程几万公里。几十年来他将所有心思都放在了追捕凶犯上，结果两任妻子都离他而去。但他仍始终如一，经过52年漫长的追捕，终于将罪犯捉拿归案。当他用手铐铐住罪犯时，已经是73岁了。他满足地说："小埃梅终于可以瞑目了，我也可以退休了。"

在接受采访时，记者问他："你觉得这样值得吗？52年漫长岁月所付出的代价？"

多梅尔回答说："当然，我随时都可以放弃。但这样就会给罪犯提供更多犯罪的机会，也会有更多的惨案发生。我坚持到底的目的，就是让那些歹徒们明白：法网恢恢，疏而不漏，即使你躲藏到100年，最终仍逃不脱法律的制裁。"他笑了笑说，"这也是我的个人信念。"

多梅尔的信念是："时间创造成功"。而且，在他的思想里，绝不认为52年破一个案子是一种浪费。正好相反，这种锲而不舍、永不放弃的精神，反而会让更多的歹徒感到十分恐惧。

"52年破获一起凶杀案"具有不估量的威慑力。其实，命运掌握在自己手里，你想成为什么样的人就可以成为什么样的人。我们经常说："没有做不到，只有想不到，想到就能做到。"人的潜力是无穷的，只要你愿意去开发，你会发现自己就是一座宝藏！

不要总是怨天尤人，抱怨老天的不公平，抱怨英雄无用武之地。上天给了每个人生命，同时给了每个人一天24小时。难道时间在富人手里可以变成金钱与成功，在你手里就毫无价值吗？当你坐等机会上门的时候，富人已经在创造机会；当你灰心丧气时，富人却在做不懈的努力；当你在挥霍时间、金钱时，富人却在创造价值。当你在抱怨怀才不遇时，先扪心自问你怀的是什么才！

成功者并非比你更聪明，只要你不是傻子，那么你和比尔·盖茨的智商也不相上下。他成功是因为他对自己充满信心，他相信自己能，而你却还在犹豫“我可以”吗？他想到了并敢于付诸行动，而你想不到，就算想到了，也不敢去做；他哪怕受到再大的打击与挫折都能坚持，而你却未必能坚持。当然能力也是不可小觑的，谁也不能忽视知识的力量，但知识与能力不是生来就有的。要想成为人上人，就必须吃得苦中苦。

人生就是一张单程的车票，走过去的光阴就不可能再回来，所以时间真的很宝贵，你真的甘心一辈子平庸吗？如果你不甘平庸，那你还在犹豫什么？不要害怕失败，失败了也没有什么，大不了从头再来。失败不过是走向成功的大门，只要坚持不懈，终有一天会成功。哪怕每次只进步一点点，也不要气馁，只要还在跑道上就一定可以到达终点，就算栽倒也要倒在成功的路上。

每失败一次就意味着离成功更近一步，所以应该抛开所有的消极与悲观。只要目标还在，梦想还在，就要去拼搏，在这个人生的大舞台上一展你的雄姿。没有人会阻止你成功，也没有谁能够阻止得了。只要坚持就会成功！去实现你的价值，让生命更加绚烂吧！

坚持下去，就是永恒

生活不仅仅是速度竞赛，只要脚踏实地、一步一个脚印前进，没有哪条路是走不到头的。很多成功者和失败者唯一的区别往往是多坚持了一会儿。这一会儿，有时是一年，有时是一天，有时仅仅是一句话。

世界上每天都有一些物种在消失，而这种不幸似乎永远不会降临在那些生命力极其顽强的动植物身上。它们不需要任何人的保护，也不在意周围的环境怎样恶劣。它们的生命力代表永恒，而永恒就是以坚持为基础的。

很多生活在农村或小河边的人都知道，在旱季干涸的泥塘下面或河岸边的泥土里，仍有大量的生命存在。它们就是生命力顽强的泥鳅，这些小生命可以在泥土中坚持几个月或整整一个冬季，直到春季雨水的到来。

WOC电台的著名体育节目主持人罗纳德·皮尔在讲述自己的亲身经历时说：

每当我不如意时，母亲就会说："最好的总会到来，如果你坚持下去，总有一天你会交上好运。"

母亲是对的，当我大学毕业后，我体会到这点。我当时想先在电台找份工作，然后，再设法去做一名体育播音员。于是我去了芝加哥，走访了几家电台，但每次都吃了闭门羹。在一家电台里，一位好心人告诉我，大电台是不会冒险用一名没经验的新手的。"你可以找家小电台，那里也许会有机会。"我又搭车回到了伊利诺伊州的迪克逊。那里并没有电台，但父亲说，蒙哥马利·沃德公司开了一家商店，需要一名运动员去经营体育专柜。由于我曾经打过橄榄球，于是我试着报了名。那工作听起来非常适合我，但结果令我很失望。

"最好的总会到来。"母亲提醒我说。于是我又来到爱荷华州达文波特的WOC电台。但节目部主任彼特·麦克阿瑟告诉我说他们已经雇用了一名播音员。当我离开时，终于受不住打击，大叫道："无法在电台工作，我怎么能当上一名体育播音员呢？"突然我听到了麦克阿瑟的叫声："你刚才说体育什么来着？你懂橄榄球吗？"

然后他让我站在话筒前，让我即兴播一场比赛。回想起前一年秋天橄榄球比赛的情形，我激动地描述着每一个场景。之后，我被告知将主播星期六的一场比赛。

在回家的路上，我又想到了母亲的话："如果你坚持下去，总有一天你会交上好运。"

过去可以决定现在，但现在并不意味着未来。如果一种信念，从过去坚持到现在，尽管它已千疮百孔，但只要继续坚持下去，未来就会取得成功。

杰克·伦敦小学毕业后便开始四处流浪，打工。直到19岁，才有机会进中学，40岁时离开人世，可是他却给人们留下了51部巨著。

杰克·伦敦的童年生活非常窘困，但是他非常喜欢读书，除了做工之外，他一天中的其余时间几乎都在读书。19岁时，他停止靠体力吃饭的生涯，决定用脑力谋生，他不想再过流浪的日子。

于是，他进入了加州的奥克兰德中学。他夜以继日地努力学习，从来没有睡过一个好觉。天道酬勤，他进步很快，仅仅3个月就把4年的课程学完了，并顺利考入加州大学。

他很想成为一名作家。在这一梦想的驱使下，他拼命地写作。他每天要写5000字，也就是说，他可以用20天的时间完成一部长篇小说。他甚至会一口气给编辑们寄出30篇小说，但它们全部被退了回来。他为此感到绝望，觉得自己可能真的不适合当作家。于是，他不得不放弃了写作。

1896年有人在加拿大西北柯劳代克发现了金矿。

像很多淘金人一样，杰克·伦敦也踏上了柯劳代克寻金之路。他在那儿待了一年，拼命地挖金子。他忍受着无法想象的痛苦，而最终空手回到美国。

只要能糊口，什么工作他都干。他曾在饭店中洗过盘子、擦过地板；他也在码头、工厂里卖过苦力。

后来，有一天，他饥饿难耐，身上只有两块钱，他决定放弃卖苦力的工作，重新回到文学创作上来，从零开始。在后来的几年内，他写出了6部长篇以及125篇短篇小说，一跃成了美国文艺界的最为知名的人物之一。

这个故事告诉我们，失败了，只要有勇气回到起跑线上来，第二次向成功发起冲击，那么你便成功一半了，而剩下的仅仅是一个努力过程而已。

我们常说“罗马不是一日建成的”。这一砖一瓦地砌，是需要工夫的。长城是古人留下的一座伟大的作品，它的意义不仅仅是它成为了世人瞩目的历史遗产，更是中华民族生生不息的生命力的延续。因为它跨越了几十个朝代，花费了整整两千年时间才完成的。

只有坚定不移的持久性才是成功的保证。也就是说，跌倒了不再爬起，你永远与成功无缘。要知道成功的路上很少有“只跌一次跟头”的神仙。只有越跌越顽强的人，才会在以后的道路中越来越少跌倒。而那些跌倒第99次后没有爬起来的人是最令人惋惜的。因为他距离成功只有一步之遥。

看准目标，认清前进的路线，只要踏上征程，就要在心中告诉自己：好汉不回头。

成功也许就差那么一小步

不管做什么事，如果不坚持到底，半途而废，那么再简单的事情也会功亏一篑；相反，只要抱着坚持不懈的精神，再难办的事情也会显得很容易。

成功是没有捷径的，如果非要说有捷径的话，那么它唯一的捷径就是坚持不懈。坚持不懈是获得成功最简单、最有效的捷径。只要认准一个方向，你就收起所有的心思，一直往前走，不要回头，也不要左顾右盼，大胆地相信你自己，你一定会走到目的地。

唐代大诗人李白小时候不好好读书，常常逃课。有一次，他在课堂上备受煎熬，便跑到学堂外面玩耍。当他走到一条小溪边，发现一位白发老婆婆在霍霍地磨着铁杵。他便停了下来，目不转睛地看着老婆婆一下一下磨个不停，感到很奇怪，就问道：“婆婆，你磨这个做什么？”老婆婆微微一笑：“做针啊。”“那么粗的铁杵能磨得成？”“成，一定能成，只要工夫深。”

“哦！”老婆婆坚定的话语强烈地震撼了李白！于是他转身回到学堂，从此发奋学习，终于取得了令世人瞩目的成就。

这就是“铁杵磨成针”的故事，它千百年来作为人们坚定不移的信念，激励着人们一步一步地走向成功。很多时候，我们并非不能成功，而是离成功只差那么小小的一步，但就是因为这一小步我们没有坚持到底，所以就失败了。

古时候，有两个人去挖井。

第一个人非常聪明，他在选址的时候，挑了一个比较容易挖出水来的地方；相比之下，第二个人就比较愚笨，不知道根据地质来判定，随便选了一个地方，而这个地方是很难挖出水来的。

第一个人看到第二个人所选的地方，心里暗自嘲笑，便冒出一个想法，想占第二个人的便宜，于是虚情假意地说：“我们来打个赌吧。比比看，谁先挖出水来谁就是赢家。输家要请赢家到附近最好的酒馆去喝酒。怎么样，敢不敢试一试？”

第二个人想了想，觉得打个赌挖起来更有动力，于是就答应了。

第一个人自以为必胜无疑，于是边干边玩，挖一天的井，要休息两天。第二个人则很沉着，他一锹接一锹地挖，一天也不停歇。

第一个人看到第二个人挖到那么深还没出水，就嘲笑他说：“我看你还是别费力气了。你永远也挖不出水来的。”

第二个人没有理他，继续挖自己的井。

这时，第一个人开始对自己选的地方产生了怀疑：“怎么挖了这么久，还没有水呢？我看还是再选个更浅的地方吧！”于是他重新选了一个更容易挖出水来的地方，并洋洋得意地说：“这下保准能挖出水来。”可是没挖几天，他又开始怀疑了，怎么还不见水？是不是选错了地址？于是，他又换了一个地方挖。就这样，换来换去的，始终没有挖出水来，每次都是挖到距离水只有一尺的地方他就放弃了。

再看第二个人，他挖的深度比第一个人所有的深度加起来还要深。最终，功夫不负有心人，他还是挖出水来了。

冰冻三尺，非一日之寒。挖井也是同样的道理。第一个人的确很聪明，每次选的地方都比上一次更容易挖出水来，而关键就是他没有坚持，如果他再努力地挖几下，肯定能挖出水来。

荀子说："骐骥一跃，不能十步，驽马十驾，功在不舍。"骏马虽然跑得很快，但是它跳一下，最多也不过在十步之内；相反，一匹劣质的马虽然不如骏马跑得快，但是如果它能坚持不懈地拉车走十天，同样可以走很远。它的成功在于不停地走，也就是坚持不懈。"水滴石穿，绳锯木断"，为什么轻柔的水滴能把石头滴穿？柔软的绳子能把粗硬的木头锯断？说透了，就是坚持。一滴水的力量是很微小的，然而只要一滴一滴坚持不断地撞击石头，那么最微小的力量也是最巨大的力量，最终会把石头滴穿的。成功之前难免有失败，然而只要能克服困难，坚持不懈地努力，那么成功就在眼前。

商纣王时期，昏君当道，很多有识之士冤死在狱中。

有一天，又有两个囚犯被关进了地牢里，他们是一对父子，据说是周武王的臣下。

儿子和很多囚犯一样，一进牢房就完全绝望了。进了这里，就等于下了地狱，以往被关进来的犯人是没有哪个能活着走出去的。

父亲安慰儿子不要灰心，总会有办法的，一定还有希望的。

有一天，父亲半夜被冻醒，隐隐约约听到有水流的声音。仔细一听，确实是水流的声音。白天之所以听不见是因为白天过于吵闹。这个重大的发现让父亲暗自窃喜，更让他震惊的是，水就是在他们这间牢房下发出的声音。所以，如果从牢房的泥墙一直往外面打洞，就有机会逃出地牢。父亲按捺不住心中的喜悦，就把儿子叫醒，告诉了儿子这个惊人的发现。

儿子摇头道："这怎么可能呢！现在我们什么都没有，到处都有狱卒在查房，成功的几率差不多等于零。"

父亲鼓励儿子说："没有什么不可能的！与其坐在这里等死，还不如为自己争取一线生机。我们每天挖开一点，总有一天会挖出一个暗道出来。"

见父亲如此坚决，儿子就依了父亲。

于是父子俩就在放风的时刻寻找一切可以用来挖土的工具。他们找来锋利的石头和木棍，更幸运的是还找到一根半截的长矛，从而增添了他们逃出去的信心和勇气。父亲还谎称有画画的习惯，向狱卒要来了笔和纸，画了一幅画，贴在洞口上以作掩饰。

白天，父子俩和其他的囚犯一样规规矩矩待在囚房里。晚上，他们就开始了秘密行动。这个计划太危险了，父子俩轮流行动，其中一个人作掩护，在一个人挖墙的时候，另一个人故意弄出很响的呼噜声。就这样，过了好几年，有时候，儿子都要坚持不住了，父亲总会鼓励他，为他描绘外面的美好生活。

十年后，父子俩终于打通了暗道，在一个风雨交加的夜晚，父子俩成功地逃出了监狱。

之后，武王特地大摆宴席接待了这对父子。一年后，武王伐纣，父子俩立下了汗马功劳。

数十年如一日，这的确不是常人所能忍受的，但是“世上无难事，只怕有心人”，这句话在这对顽强的父子身上得到了最好的验证。

IBM中华首席执行总裁周伟焜说：“坚持很重要，每一个时期都会有一些困难，早期你不坚持就有可能放弃。你的职位越高，你的坚持、执著就越为重要。”56岁的周伟焜曾被业界誉为“预测大师”，但很少有人能够准确地预测出IBM及周伟焜下一步究竟要做什么。如今，IBM大中华区董事长兼首席执行官周伟焜，已经成为其他执行总裁们效仿的楷模，他的重服务型经营模式成了计算机行业重点学习的对象。

愚公移山、精卫填海的故事我们读过不止一遍，许许多多的故事告诉我们：不管做什么事，如果不坚持到底，半途而废，那么再简单的事情也会功亏一篑；相反，只要抱着坚持不懈的精神，再难办的事情也会显得很容易。

当然，并不是所有的坚持都会取得好结果。也有很多时候，我们做一件事，虽然尽了最大的努力，没有一丝一毫的松懈，但迎来的却仍是失败。这时，千万不要懊悔。因为只要努力去做好应做的事，只要尽了自己最大的努力，那么即使失败，我们也是强者。

意志力训练

如果一个人能在行动中坚定不移、坚持不懈地克服一切困难和障碍，坚决完成既定的目标和任务，那么这个人的意志力就很顽强。如果一个人具有顽强的意志力，那么他不想成功也难。

该如何培养意志力呢？

1．坚定地执行计划

培养意志力，必须始终不渝地坚持完成既定的计划安排。当然，为保证计划的可行性，在做出决定时要三思而后行。但一旦在深思熟虑的基础上做出计划，就要坚定不移地付诸实施，不能轻易改变和放弃。如果半途而废，就会严重地削弱意志力。

自我心理训练语：我的计划已经制订。
执行计划靠行动。
决不动摇。
一步一步向前走。
我一定能成功。

2．从小事做起

人的意志力是在学习、工作、生活中千千万万件小事中培养和锻炼出来的。对做任何小事，注意训练意志力，会使人变得更加坚强。不要以为培养意志力一定要有特殊的条件和不平常的际遇。许多微不足道的小事，都会影响到一个人意志能力的形成。比如，早上按时起床，还是再睡一会，就是对意志力的考验。如果我们能在诸如此类的小事上也能有意识地对自己进行培养和锻炼，一旦遇到大事，我们就能表现出坚强的意志力来。

自我心理训练语：不会做小事的人，也做不出大事来。
冰冻三尺，非一日之寒。
从小事开始。
点点滴滴地干。

3．经常反省

所谓反省，就是自我检查和审视，甚至是自我惩罚。比如，当你在困难面前想退缩时，不妨马上责备自己的懦弱和没勇气。这样往往能够唤起被屈辱了的自尊心，从而战胜怯懦，勇往直前。

自我心理训练语：我就这样被打败了？
问题究竟出在哪里？
就这样输了，我心甘吗？

4．坦然面对失败

失败一次或多次并不可怕，关键是要有坦然面对失败的心理素质。要把失败看做发展创新的一个环节、一个阶段，把困难和失败当做走向成功的新起点，认真找出失败的原因，思考成功的方法，笑对失败。

自我心理训练语：不经风雨怎能见彩虹？
顽强的毅力，可以征服世界上任何一座高峰。
笑对失败，才能拥有美好的人生。

第21课

积极思考的神奇力量

伟大的成功，始于伟大的思考。成功的关键是在于能够积极思考眼前所发生的一切事情，用具有独创性的眼光去审视，从而产生成功的创意，缔造伟大的成功。

命运因灵机一动而改变

我们想成为生活中的佼佼者，就应该挖掘我们的潜力，多动脑，勤思考，这样就能够发现新思路，能够克服生活中的一切困难。

现实生活中，我们常常会面临来自各方面的压力，求学，找工作，还要处理复杂的人际关系，等等。面对看似复杂的压力，我们必须找到一条适合自己生存的路，改变自己的生活方式与生命状态。虽然很多有志之士早已认识到这一点，并在工作生活中不断地提高自己，锻炼自己，为自己的人生与事业积累财富。尽管如此，真正有所成就的毕竟是少数，因为不是每一个人都会有灵活、辩证的思路。

我们正需要一种比较清晰的思路从众生的各种劳碌方式中，找到那条最短最简单的成功之路，做到“山重水复疑无路，柳暗花明又一村”。

古时候，有位北方的商人到南方去贩卖茶叶，当他历尽艰难困苦到达目的地时，却发现当地的茶叶早已被其他商人抢购一空。情急之中，他突然心中冒出了个想法，将当地用来盛茶叶的蔑箩筐全部买下，当其他商人准备将所购买的茶叶运回各地时，才发现买不到箩筐！无奈之下只得花高价钱向这位商人购买。结果这位北方商人轻而易举地在想赚钱的人身上赚了一大笔，还省下了往北方运茶叶的运费和麻烦，直接将钱带回了家。

人们常说：当上帝在为你关闭一扇门的同时，也在为你打开另一扇门。古今中外，世界首富比尔·盖茨、股神巴菲特、科学奇才霍金、阿里巴巴总裁马运、美容大师郑明明、不向命运低头的海伦·凯勒……这些人留给我们的都是他们生命中最璀璨的部分，但是在他们辉煌的背后更值得我们思考的是：同样的条件，为什么只有他们能创造奇迹。那是因为他们善于思考，他们有着与别人不一样的思路，他们有着失意的时候还能保持清晰思维的能力，所以他们改变了命运，改变了一切。

欧洲某地一家书店有三种书积压非常多，就在老板决定低价出售之时，有位员工提出了一个意想不到的建议，将此书赠给总统一本。几天之后，书店便派人访问总统"看了有何感受？"总统因忙于公务根本没有时间看书，只得礼节性地回答了一句"此书不错"。书店如获至宝，立刻打出"总统最喜欢看的书"的牌子，很快这本书就被抢购一空。不久，这家书店又如法炮制，把第二本书赠给总统，总统听说上次被人利用，这次非常气愤地说："此书糟透啦！"没想到这比上次更称奇，人们蜂拥抢购，都想看看"总统最讨厌的书"究竟有多糟糕；当书店将第三本卖不出去的书拿到总统面前时，这次总统一句话都不想说。谁知这又成了最成功的广告——"总统都说不出评语的书！"就这样，多年积压的书全部都顺利兑换成了钞票。

这个故事是否真实并不重要，把它看成是一则寓言也没有什么不可。重要的是它能让我们从中得到一些启示："山重水复疑无路"与"柳暗花明又一村"在多数时候总是形影不离。

由买茶叶转为买装茶叶的箩筐，由低价售书变成售畅销书，四两拨千斤，灵机一动其实也是一种思路的转变。在很多时候，成功与失败之间只隔一步之遥，甚至是一纸之隔。只是这"一步"或"一纸"不一定在你的正前方，它可能在你的左边，也可能在你的右边，还有可能在你的身后——这时不妨蓦然左顾、蓦然右盼、蓦然回首一下，说不定转机就在这一刹那。

只是多了一个想法

很多时候，一些伟人富豪、名流企业的成功并不是幸运女神的眷顾，也非他们真的很聪明，而仅仅是他们比常人多了一个想法而已。

从前一个年轻的英国人在他的农场里度假休息，他仰卧在一棵苹果树下思考问题。这时，一只苹果落到了地上。

“苹果为什么是落到地上，而不是落到空中去呢？”他感到很疑惑。地球会吸引苹果吗？苹果会吸引地球吗？它们会相互吸引吗？这里面隐藏着哪些奥秘呢？

这位年轻人就是牛顿。他用思考的力量，获得了一项非常重要的发现——万有引力定律。

人生是一个不断求新、求变的过程。如果你想有所突破，如果你想创造奇迹，那么积极的思考是你行动的第一步。很多时候，一些伟人富豪、社会名流的成功并不是幸运女神的眷顾，也非他们真的很聪明，而仅仅是他们比常人多了一个想法而已。

台湾省有家饮料公司生产的一种饮料最初的销售情况并不好，后来他们想尽各种办法，最后采纳了一位专家的建议，在每包饮料的包装上印上一个别具特色的、感人至深的、富有诗意的爱情小故事，并将此饮料命名为“爱情饮料”。品种没有变，但包装一换，立刻就吸引了无数青年男女，他们边喝饮料边欣赏浪漫的爱情故事。接着该公司又出其不意搞了个征文比赛，声明要将来稿中选出的最好爱情故事印在包装上。这样一来，反响非常强烈，参赛者十分踊跃。有些参赛者还做了公司的义务推销员，使爱情饮料的销量顿时猛增。

同样，无独有偶。

日本有个叫吉田正夫的人，他有一次去外地探望久未见面的亲人，在市集上见到一个卖鱼的商贩在摆弄一种小虾，这种虾不是用来吃的，而是用来观赏的。原来这种虾产于日本的南部地区，从小就习惯于成双成对地生活在石缝中，当它们真正长大后由于体积过大已经无法从石缝中游出来，于是它们不得不选择在石缝中度过一生。渔民根据这种虾的特性，进行了大量捕捞，然后把它们一对对放在稍作加工的石缝中，放入清水、贝壳和水草略加装饰，作为观赏性的小动物拿到集市去出售。

但吉田正夫更进一步地想，这些小虾要在石缝中生活一辈子，并且总是喜欢成双成对，那不是可以作为爱情专一的象征吗?想到这里，吉田正夫甚至顾不得继续前往亲戚家，他立刻打道回府，匆忙赶回东京，经过一番筹划后，很快就在东京开了一家结婚礼品商店，专售这种情侣小虾。

他经过精心设计与打造，发明了一种小巧别致的玻璃箱，然后将人工制作的假山石置于其中，作为情侣小虾的“房子”，再放入一些水生植物作装饰，注入清水，让情侣小虾在“石房子”里生活得十分幸福。纪念品上还附有简短的说明，把情侣小虾从一而终、白头偕老的故事描绘得生动感人。许多新婚夫妇见了后都会买一对情侣小虾带回家，甚至很多老夫老妻也纷纷买下一对带回去观赏和作纪念。

同样一种东西，换一种方式和角度去经营，就会收到完全不一样的效果。饮料还是原来的饮料，小虾依旧是原来的小虾，但附上一个感人的故事、一个深刻的寓意之后，产品就会变得趣味横生，立即吸引众多顾客的眼球，从而成了抢手货，并且身价倍增。

其实，世上本没有绝对无用的东西或一无是处的事物，只是我们开发利用的方式不同罢了。同一种事物，在不同的人眼里，或者在不同的际遇里，往往会表现出不同的价值，关键还是看你怎么去运作和经营。

反其道而思之

当我们遇到困难的时候，不妨换一种思路去思考，好的思路将引领我们走向成功；换种思维做选择，虽然面对的可能是狂风暴雨，但风雨过后的彩虹最美丽。

沿着事物发展的正方向去思考问题并寻找解决问题的办法，这是人们的常规思维。但这种常规思维往往造成很多钻牛角尖者，甚至还自诩为执著。殊不知，一条道跑到黑的人最后的结果往往是撞南墙。

而善于改变自己的习惯性思维，不按照常理去思考问题，就会取得非同一般的效果。

在美国有一家百货公司，门口立着一个广告牌，牌上写着：所有百货，一应俱全，如有缺货，愿罚10万。一个法国人既不相信门口的广告，又想得到那10万美元，于是便走进店里去见经理，一开口就说："潜水艇，在什么地方？"经理把他带到第18层楼，果然有一艘潜水艇摆放在那里。法国人又说："我还要看看飞船。"于是，经理又把他带到第10层楼，当真有一艘飞船。法国人还不甘心，又问道："请问，你这里可有肚脐眼长在脚下面的人？"他心里暗想：看你这次怎么回答。这时的经理着实犯难了，急得抓耳挠腮，无言以对。这时，旁边的一位店员说道："我可以做个倒立给这位客人看看！"

如今，很多人已经熟悉了逆向思维的方式。但遇到实际情况的时候，他们还是习惯于用常规的模式去思考。因此，很多换种方法就可以得到解决的事情，常常被他们认为是无法做到、难以解决的问题。

美国麦克公司董事长库里·恰克，以前就是一名普通的小商贩，每天靠做一些小生意来维持生计。有一天，他把家中所有的积蓄拿出来，从日本进了一大批货，准备在美国卖。谁知进货不到两天，还没有出售，便发生了日本偷袭珍珠港事件，美国人全力抵制日货，库里·恰克的货一件都卖不出去，就要面临破产。他有苦难言，辛辛苦苦积攒下来的本钱眼看就要打水漂了，他整天寝食难安，面对堆积如山的日货唉声叹气，他甚至想到要自杀。

就这样过了半个月，一个突如其来的想法闪现在他的脑海中，他决定大胆地试一试。于是，他就在广告牌上写下这么一段话：亲爱的美利坚同胞们，买日货也是一种爱国的表现。为什么这样说呢？如今我们正在和日本打仗，如果人人都买日货，就等于省下一批国内资源。而这部分资源就可以用作军需品，以增强美国的战斗力。没想到这几句话会发生如此大的效用，看到广告的人都来买日货，这样，他的日货很快就被卖完了。

面对人生道路上的各种难题，与其正面去想而得不到解决，倒不如打破常规，从另一方面或另一角度去思考，反而会使问题得到解决，甚至还会收到意外的惊喜。

一匹闲逛的野马，不小心闯进了沙漠腹地。当它发觉自己已经辨不清方向时，心里万分焦急。到底该怎么办呢？经过一番思考后，野马给自己三个选择：

一是继续往前走，尽快找到出路。但是沙漠遥遥无边，又缺少水和草，它的体力又有限，这种办法的生还希望只有1%。

二是及时调转方向，顺着来时的马蹄印再走回去，但如果来时的马蹄印有一部分已被风沙掩埋，可能还会迷路，但这种方法的生还希望能达到50%。

三是它暂时停下来稍作休整，找点能吃的沙漠植被补充能量，然后再向四周寻找过路的搭伴。这种方法的生还希望能达到90%。

后来，野马选择了第三种方法，终于，从不远处传来了骆驼的铃铛声。野马终于在一队骆驼的带领下走出了无边的沙漠。

野马能走出荒漠，走的不是马道，而是驼道。这就是突破了常规的思考方式，寻找新的同伴，走新的路线。

同样，人也如此，当你陷入困境的时候，一定要冷静下来思考一下，我突破自己的思维定式了吗？我可不可以换一种方式去思考？一旦你能够做到反其道而思之，那么你就可以创造出许多意想不到的人间奇迹。

积极思考训练

在工作与学习过程中，培养积极思考的能力是十分重要的。只有积极思考，学到的知识才能融会贯通，运用自如。提高积极思考能力的途径如下。

1. 对思考采取认真的态度

懒于思考，只会养成任何东西都不加思考地发表看法的习惯，这样得出的结论往往是不科学的或不成立的，因此要端正自己的态度。

2. 自我提问，启发思考

工作中遇到一些疑点，通过哪些知识才能解决？这就要通过自我启发，进行思考，进而找到疑点的答案。

3. 凡事多问“为什么”，善于思考

遇到问题时，不要灰心丧气或急得抓狂。要善于思考，多问几个“为什么”，通过反复推敲，分析综合，使问题得到解决。

4. 勤于思考，锻炼思考能力

工作中常会碰到难题，学会搜集和整理必要的材料，提出解决难题的关键方案。难题的解决，会使思考能力逐步提高。

5. 逆向思考

这种方法是从已知事物的相反方向进行思考，常常从事物的功能、结构、因果、状态关系等方面做反向思考。

第22课

专心，汇聚能量

现代社会，机会很多，诱惑很多，欲望也很多。如何在资源有限的今天，还能获得最大的成功？唯有把有限的能量投入到最重要的事情上，才能创造最大的价值，并少走弯路。

专注于心，专注于行

专心做一件事情，专注完成一个目标，能量就会在这里汇聚，就可以把事情做好，获得最佳的效果。

如果是一根还未被磁化过的针，它会指向各种方向，而如果一旦把它磁化而获得特殊的力量后，便会坚定不移地永远指向北方。人也应该有这样一种精神和信念，要想干好一件事情，做出一番事业，就必须心无旁骛、踏踏实实、全神贯注地为自己的既定目标而不断努力。

“世界上怕就怕认真二字。”专注能使我们集中精力，更加仔细，更加全力以赴，把事情一件一件地去解决，去办好。这就像放大镜一样，只有聚光才能使火柴燃烧，如果是散光，那永远也不可能使火柴燃烧。因此，只有专注地做事，不断地积累，才能铸就成功。

古时候有位地主，家有两个儿子，大儿子老实木讷，小心谨慎，但很爱读书，常常手不释卷；二儿子聪明灵活，且很会讨人喜欢，但不爱读书，游手好闲。地主很喜欢小儿子，就早早立好遗嘱，要把所有家产都给小儿子，只给老大一间草屋，几亩薄地。地主死后，老二就把老大赶出了家门。父亲死后，老二更加没有了约束，整天吃喝嫖赌，变卖田地，典当家产，没有几年便把雄厚的家业都糟蹋殆尽，还欠了一屁股的债，不敢回家，在外面四处游荡躲债，最后沦为乞丐。老大自从被弟弟赶出家门后，读书更加用功了。除了农忙时节白天要下地，晚上读书外，其他时间都是足不出户，昼夜读书。

光阴荏苒，10年过去了。这一年大考，老大终于金榜题名，衣锦还乡。老二闻讯后，回家与老大相见。见到后，老二抱着老大痛哭不已，后悔不该把哥哥赶出家门，也后悔从小没有好好读书，而沦落至此。

在这个故事中，老大始终刻苦读书，从没有因境况的艰苦而放弃，他最终成功了。反观老二，有着优越的条件，但不求上进，沾染了许多坏习惯，最后沦落为乞丐。这就告诉我们，人一定要踏踏实实地生活、做事，而且要专注地做好每一件事，不能心浮气躁，急于求成。

有人曾问狄更斯："你到底是怎么取得成功的？"狄更斯是这样回答的："对于那些应该全力以赴的事情，我从来不掉以轻心。我在写作上所取得的一点成就，与我所养成的良好工作习惯是完全分不开的。我对那些非常普通甚至最不起眼的事情能够进行全神贯注地思考，而且一天都不会间断，对于完成的书稿，我也会不厌其烦地进行修改，反复地进行斟酌推敲。"

同样，金庸在谈到他的成功秘诀时也说："人要善于有张有弛，要像《如歌的行板》韵律一样，有快有慢。使自己身心得到平衡。我的性子很慢，不着急，做什么都是徐徐缓缓，最后也都做好了。"

成功者与失败者的最大区别并不在于他们各自做了多少事情，而在于他是否专注于自己的人生目标，是否能沉下心来，一步一个脚印地为这个目标服务。假如一个人总是把精力分散到许多事情上，急于求成，幻想把所有的事都一下子办好，而对待眼下重要的事情却视而不见，不会静下心来将敏捷的判断力、准确的逻辑推理能力、丰富的专业知识和所做事情的具体细节联系起来，这样不仅做不成事，而且只会增加错误的概率，严重时还会因自己的粗枝大叶而带来无可挽回的损失。

细节是一种功夫

注意细节是一种功夫，这种功夫是靠日积月累培养出来的。成功者的共同特点，就是能做小事情，能够抓住生活中的一些细节。不论什么事，实际上都是由细节组成的。

专心做事情，你就会“钻入”事情中，研究每一个细节，思考怎样才能把事情做好。

人的一生，真正遇到的大事可能并不多，更多的都是小事，这些小事年复一年、日复一日地积累，组成了多彩的人生。想要实现目标，做事还是应该具体细致，大处着眼，小处着手。

平时养成注重细节的习惯，日积月累，就会练就一双洞若观火的眼睛，一种洞察人微的功夫。

某著名大公司招聘职业经理人，应者云集，其中不乏高学历、多证书、有相关工作经验的人。经过初试、笔试等四轮淘汰后，只剩下6个应聘者，但公司最终只选择一人作为经理。所以，第五轮将由老板亲自面试。看来，接下来的角逐将会更加激烈。

可是当面试开始时，主考官却发现考场上多出了一个人，出现7个考生，于是就问道：“有不是来参加面试的人吗？”这时，坐在最后面的一个男子站起身说：“先生，我第一轮就被淘汰了，但我想参加一下面试。”

人们听到他这么讲，都笑了，就连站在门口为人们倒水的那个老头子也忍俊不禁。主考官也不以为然地问：“你连考试第一关都过不了，又有什么必要来参加这次面试呢？”这位男子说：“因为我掌握了别人没有的财富，我自己本人即是一大财富。”大家又一次哈哈大笑了，都认为这个人不是头脑有毛病，就是狂妄自大。

这个男子说：“我虽然只是本科毕业，只有中级职称，可是我却有着10年的工作经验，曾在12家公司任过职……”这时主考官马上插话说：“虽然你的学历和职称都不高，但是工作10年倒是很不错，不过你却先后跳槽12家公司，这可不是一种令人欣赏的行为。”

男子说：“先生，我没有跳槽，而是那12家公司先后倒闭了。”在场的人第三次笑了。一个考生说：“你真是一个地地道道的失败者！”男子也笑了：“不，这不是我的失败，而是那些公司的失败。这些失败积累成我自己的财富。”

这时，站在门口的老头子走上前，给主考官倒茶。男子继续说：“我很了解那12家公司，我曾与同事努力挽救它们，虽然不成功，但我知道错误与失败的每一个细节，并从中学到了许多东西，这是其他人所学不到的。很多人只是追求成功，而我，更有经验避免错误与失败！”

男子停顿了一会儿，接着说：“我深知，成功的经验大抵相似，容易模仿；而失败的原因各有不同。用10年学习成功经验，不如用同样的时间经历错误与失败，所学的东西更多、更深刻；别人的成功经历很难成为我们的财富，但别人的失败过程却是！”

男子离开座位，做出转身出门的样子，又忽然回过头：“这10年经历的12家公司，培养、锻炼了我对人、对事、对未来的敏锐洞察力，举个小例子吧——真正的考官，不是您，而是这位倒茶的老人……”

在场所有人都感到惊愕，目光转而注视着倒茶的老头。那老头诧异之际，很快恢复了镇静，随后笑了：“很好！你被录取了，因为我想知道——你是如何知道这一切的？”

老头的言语表明他确实是这家大公司的老板。这次轮到这位考生笑了。

只有在平时养成注意细节的习惯，那么就会积累起深厚的洞察入微的功夫，有了这种功夫，所有的细节问题当然也就一目了然了。

著名的管理培训大师汪中求先生曾说过：“一个人的能力是一种不能用编程来表现的东西，因而是学不到的。”

世事洞明皆学问，人情练达即文章。这个考生能够从倒茶水的老头的眼神、气度、举止等，看出他是这个企业的老板，说明他是一个观察力很强的人。这种洞察入微的功夫不是一朝一夕能够练就的，而需要长期的积累，在注重对一个细节的观察中不断地训练和提高。

细节隐藏机遇

“细节决定成败，这是经验之谈，也是英雄之识……”生活总是在用不同的方式，演绎着不同的故事，但却证明着同样一个道理：细节决定事情的成败。

细节因为小，所以不引人注目，而且重视细节所带来的效果，也常常不会立竿见影，往往大家不重视他。但是，我们却不知道在现实生活中，机会无处不在，无时不有，很多时候，它就藏在细节之中。而且在机会面前，人人平等，只要我们用心去注重细节，就都能够发现机会。

多年以前有一个大学毕业生来到广州打工，刚下火车，他的钱包和身份证全被偷去了，他挨饿受冻了两天之后，决定捡拾垃圾渡过眼前的危机。

捡垃圾虽然遭人白眼，但可以解决吃饭问题。有一天，他正在垃圾箱里低头捡垃圾，突然感觉有人在不远处看着他，他回头一看，是一个中年男子，中年男子递给他一张名片若有所思地说：“这家公司正在招聘，你可以去试一试。”

他拿着名片，真的去了。这是一个年薪和待遇都不错的跨国公司。在人头攒动的招聘会上，有几百人在竞聘仅有的几个岗位，很多人都西装革履，他有点自惭形秽，想退下去但最终还是等在那里，当他递过手中的名片时，服务小姐接过来，看了一眼手中的名片，立刻微笑着说：“先生恭喜你，你已经被我们公司录取了，这是我们总经理的名片，他曾吩咐过，有个年轻人会拿着这个名片来应试，只要他来了，就成为我们公司的一员！”

就这样他被这个公司录取了。再后来，他成为这个公司的副总经理。想起当年的情景，他总是情不自禁地问总经理：“当时您为什么选中我，给了我这样一个机会。”总经理总是笑而不答，直到有一天总经理要升迁了，而他也理所当然地坐上了公司总经理位置的时候，总经理才向他道出了事情原委：“你肯定想知道当初我为什么会选择你。那次我偶然看见你在捡垃圾，我观察了很久，发现你每次把有用的东西捡出来之后，都会把剩下的垃圾清理好，再放回垃圾箱里。当时我想一个在这样不利的环境下还能注意这些细节问题的人，那么无论他是什么学历、什么背景，社会都应该给他一个机会。而且这种小事，都能做得一丝不苟的人，不可能不成功。”

仅仅一个拾垃圾的细节，就使那位年轻人走上成功之路。显然，机会意想不到地隐藏在细节之中。诚然，做到细节未必就能令人获得机会，但是，不关注细节，注定不会获得如此机会。

其实，每个人的一生都是一样的，当初上帝都给了我们一副好牌，可惜很多人把它浪费掉了。很多时候，我们的心灵沾满了消极的灰尘和急功近利的想法，做事心浮气躁，往往忽略了通向成功的细节因素。

注重细节反映出一种务实认真的态度，它会让你赢得信任。因此，如果你能专注细节，善于发现细节，重视细节，并形成良好的习惯。久而久之，你就会收获它为你带来的累累硕果。

专注自我训练

约瑟夫·格鲁尼在写给儿子的信中说：“无论做什么事，不管是学习、工作还是游戏，你都要全身心地投入。你一定要记住，做事情不能三心二意，更不要见异思迁。”一个人不管做什么，只有专注才能善于抓住事物的细节，把握其中的重点，从而比他人更容易找到通往成功的突破口。那么，该如何做到专注呢？

1. 一次只专心做一件事

每次只做一件事，并全身心地投入，积极地希望它成功，这样你的心里就不会感到筋疲力尽。专心于你已经决定去做的事情，放弃其他所有的事。把你需要做的事情想象成是一大排抽屉中的一个小抽屉，你所要做的只是一次拉开一个抽屉，令人满意地完成抽屉内的事情，然后将抽屉推回去。在做事的过程中，选择最重要的先做，做得少一点，做得好一点，才能从中得到更多的快乐。在激烈的竞争中，如果你能向一个目标集中注意力，成大事的机会也将大大增加。

2. 训练自己集中注意力的能力

想成就大事的人就不能把精力同时集中于几件事上，只能关注其中之一。也就是说，我们不能因为从事并不迫切的事情而分散了我们的精力。中国古代的铸剑师为了铸成一把好剑，必须在深山中潜心打造十几年。有道是："十年磨一剑"，专注能够保证做事效率的极大发挥，为了专心做好一件事，必须远离那些使你分散注意力的事情，集中精力选准主攻目标，专心致志地向你的目标努力，这样才可能取得成功。

3. 培养自我控制的能力

每个人都兼具理性与感性，对大小琐事都想用理智来衡量是不可能的，而且大部分行为，都是以感情为出发点，这是人性真实的一面。往往因为旁人的一句话，便耿耿于怀，动辄勃然大怒，根本无法控制自己。等到情绪过后，才懊悔当初，这是人的通病。所以，这样的人要培养自我控制的能力，克服浮躁的情绪。要经常想到自己的弱点、自己的不足，既要自我崇尚、有信心，也要自我检查、随时修正，不断地自我完善自我提高。只有能自我克制的人，才能不为外界环境所左右，才能真正做到专心致志，专注于目标。

第23课

让创造力突破思维的束缚

我们不但要善于学习，更要善于创新。不论大小事情，只要善于创新，运用多元层次思考，不因小事而怠忽它，不因常规而束缚它，那么你做任何事情都会取得巨大的成功。

创新其实并不难

儿童敢想敢说，敢说敢做，发明创新就变得很简单；成人不敢想，不敢说，不敢试，发明创新就由简单变得困难了。

创新就是换种方法做事情。有些时候，一件事情做久了，就会形成一种固定的思维模式，并且在以后的生活和工作中，很难突破这种定式，这时候就需要新事物或新观念、新想法的出现，以帮助你去进行新的突破和新的发展。

创新其实并不难，只要多一分好奇心，多一分丰富的想象，并结合你的经验，不断地去尝试别人来看很可笑的做法。那么，你就会做出别人做不到，甚至想不到的事情。

世界著名建筑大师格罗培斯设计的迪斯尼乐园，经过了3年的施工，马上就要竣工了。然而各景点之间的道路该怎样设计还没有具体的方案。施工部打电话给正在法国参加庆典的格罗培斯大师，请他赶快设计好具体铺设方案，以便按计划竣工和对外开放。

格罗培斯大师从事建筑研究40余年，攻克过无数个建筑方面的难题，在世界各地留下了他精美的杰作70多处。然而施工就要收尾时，最微不足道的一点小事——路径设计却让他伤透脑筋。对于各景点间的道路安排，他已经修改了50多次，但他对这些设计都不满意。

接到催促电话，他心里更加着急。庆典一结束，他就让司机开车把他拉到了地中海海滨。他想吹吹海风，清醒一下头脑，争取在回国前定好方案。汽车在法国南部的乡间公路上飞驰，这里是法国著名的葡萄产区，一望无际全部是当地农民的葡萄园。一路上他看到很多人在向他们兜售葡萄，但是，很少有人停下来。

当他们的车子进入一个小山谷时，那儿停着许多车子。原来这儿是一个无人看管的葡萄园，你只要花费5法郎就可以摘一篮葡萄上路。据说这座葡萄园主是一位老太太，她因年岁已高，无法料理葡萄而想出这个办法。起初她还担心葡萄会卖不出去。出乎预料的是，在这绵延几百里的葡萄产区，她的葡萄总是最先卖完。她这种给人自由选择的做法使大师格罗培斯深受启发。他下车摘了一篮葡萄，就让司机开车返回了巴黎。

回到住地，他对施工部发布了命令：撒上草种提前开放。施工部按要求在乐园撒了草种，没多久，小草出来了，整个乐园的空地都被绿草覆盖。在迪斯尼乐园提前开放的半年里，草地被踩出许多小径，这些被踩出的小径有宽有窄，优雅自然。

第二年，格罗培斯让人按这些踩出的痕迹铺设了人行道。1971年在伦敦国际园林建筑艺术研讨会上，迪斯尼乐园的路径设计被评为世界最佳设计。

人们大都喜欢把创新想象得过于高尖端，认为那时某些专家或发明家才会做的事情，其实，正是这种想法本身阻碍了他们的创造力发展。创新不过是一时的灵感或偶然间的一个想法，而这些，我们每个人似乎都可以做到，那么，为什么大多数人总感觉脑子里空空，一点创新之意都没有呢？心理学家的调查也许能为我们揭开谜底。

心理学家进行了一场分4个年龄段的创造性测验。他们首先对45岁年龄层的人群进行测试，发现只有5%的人被认定有创造性，接下来他们又在年龄25岁到45岁之间的人群进行测试，结果也只有5%的人合格。然后，心理学家们又对年龄在17岁左右的人群进行测试，结果是10%的人被认为具有创造性，接着出现了令人惊讶的结果，5岁的儿童中，具有创造性的人竟然高达90%。

这一测验结果告诉我们，每一个人生来都是具有创造性的，只是随着年龄的增长，由于所受的教育，所接触的文化、社会以及环境的影响，人的创造性遭到了某种程度的压制。为什么儿童更具有创造性呢？因为儿童对周围的一切事物都怀有强烈的好奇心，他们有着极为丰富的想象力，敢想敢说，敢闯敢做，因而发明创新也就变得非常简单，而成人整天都在为生计奔波，很少会对什么东西产生好奇心，即使产生好奇心，也不敢想，不敢说，不敢做，发明创新就由简单变得困难了。

到创造的前沿去淘金

我们必须超越自己，自觉地把自己放到创新的大环境中去比较，到创造的最前沿去淘金。这样，才能产生最理想的创新效益。

差不多每一天，都有新的企业在我们身边建立，差不多每一天，都有旧的企业在倒闭。每一家公司的领导者和员工都希望自己的企业能够绿树常青，越发展越好。为此，他们千方百计来维持，然而社会的竞争太残酷了，残酷得有些让他们感到无能为力。

其实，到创造的前沿去“淘金”是最可行，也是最出成效的方法。我们都知道，前沿地带应该是无人涉足，甚至无人关注的地带，不仅是一个完全空白的市场，更是未来的导向。

在创造的前沿地带，你会发现一些重要的但被人们忽略或研究不透的问题，并把解决这些问题作为突破口，往往能够收到事半功倍的效果。

雅虎创始人杨致远就是领先一步走到前沿的代表人物。他看到了搜索网站的重要作用，因此，在他30岁时个人资产就已经超过了30亿美元。

杨致远在美国斯坦福尼亚大学毕业后，留校与大卫·费罗合作，一起进行项目的研究，就这样他们开始了两个人的博士课程。

他们的博士课程本来研究的是自动控制软件，不过没过多久，他们就发现这个目标已经被几家公司垄断了，发展的空间很小。而就在这时，第一个Web网浏览器问世了，就因为这，他们的命运发生了新的转变。

浏览器的出现，让杨致远很快意识到这才是主导潮流的方向，于是，他决定到最前沿去淘属于自己的“那桶金”了。

他和费罗把所有的时间几乎都花在了网上，他们分别将自己喜欢的信息链接起来，上面有各种东西，如科研项目、网球比赛信息等，雅虎就是从这里发展壮大起来的。

当时网上已经存在一些搜索引擎，而雅虎的优势就在于它比同类搜索引擎更灵活，它是建立在“手工”分类编辑信息的基础之上，相对而言更具智能性和实用性。

到1994年年底，雅虎一跃而成为业界领袖。

时至今日，雅虎的发展也是我们大家有目共睹的。

当然，到前沿去淘金也不是件容易的事，它需要我们付出比别人更多的努力，而且其中可能还要面对种种困难与挫折。

日本著名的科学家汤川秀树是第一个获得诺贝尔奖的日本人，也是继印度的拉曼之后，第二个获得诺贝尔奖的亚洲科学家。

日本向来非常重视理论物理学。所以汤川秀树从一开始就有远大的目标，他立志要在理论物理学，尤其是量子理论方面大展宏图。

当时，由于量子学刚刚起步，日本对这方面的了解不是很多，就连老师对新的量子学也知之甚少，更没有开设这方面的讲座。

于是，汤川秀树开始了自学，他直接从原始论文中学习这门新兴学科的知识。

由于量子力学的发源地在德国，当时根本没有相关的日文翻译著作。为了能学好这门学科，汤川秀树开始自学德语。

通过不懈的努力，他终于获得了成功，他因此而成为日本第一个拿到诺贝尔物理学奖的科学家。

在这之后，以汤川秀树为头领的日本物理学界登上了国际大舞台，成为一支不可忽视的力量。而汤川秀树则成了日本量子力学的领头羊。

汤川秀树不但为日本争得了荣誉，也激励了日本国民对科学的进取心。

如果每一个领导者或员工都能像这位科学家一样，不但有超前的眼光，更有在创造前沿拼搏的精神与毅力，那我们的企业没有理由不发展壮大。

我们知道，在激烈的社会竞争中，只有不断创新，不断发展，才能使自己在社会洪流中立于不败之地。然而很多人在工作上，仅仅是跟自己比，没有把自己放到大环境中去比较，结果当然看不到处境的危险。

所以，我们必须要超越自己，自觉地把自己放到创新的大环境中去，到创造的前沿去淘金。这样，才能产生最佳的创新效益，也才能干出自己的一番事业来。

小岗位也会有大创新

只要自己用心思考，只要充分发挥自己的想象力，同样可以在平凡的岗位上做出不平凡的业绩来。

在美国有一个人人皆知的人物，他就是邮差弗雷德，各行各业的人们纷纷从邮差弗雷德那里得到启示。无论是在全球顶尖的大公司，还是在一些正在成长的中小企业，邮差弗雷德已经成为创新服务和增值服务的代名词。《邮差弗雷德》一书也因此而成为许多企业员工必备的手册。这本书讲述的是：

一位每天穿梭于大街小巷的邮差从来都没有被人们注意过，他的默默无闻与简单劳作根本无法让人联想到杰出与伟大这样的词。然而就是这个名叫弗雷德的邮差，用自己的实际行动改变了人们对这项工作的看法，也让很多从事这类工作的人对自己有了新的认识。

弗雷德对每一位客户都表现得非常热情。一次，在他管辖的小区里搬来了一户新人家，这家的主人叫桑布恩。由于桑布恩是一位职业演说家，经常出差旅行，所以很少在家里。这引起了弗雷德的注意，于是他来到桑布恩家里，对主人说："我知道您是位职业演说家，要经常出差旅行，那么，如果您能给我一份您的日程表，您不在家的时候我可以把您的信件暂时代为保管，打包放好，等您在家的时候再送过来。"

这真让人惊讶。桑布恩收了一辈子的邮件，还从来没见过邮递员这样热心的，不过他还是对弗雷德说："没必要这么麻烦，把信放进房前的信桶里就好了，我回家的时候再取也一样的。"

弗雷德解释说："桑布恩先生，窃贼经常会窥探住户的邮箱，如果发现是满的，就表明主人不在家，那你就可能要身受其害了。"稍作停顿，他继续道："我看不如这样，只要邮箱的盖子还能盖上，我就把信放到里面，别人不会看出你不在家。塞不进邮箱的邮件，我搁在房门和屏栅门之间，从外面看不见。如果那里也放满了，我就把其他的信留着，等你回来。"

桑布恩非常感动，于是接受了他的建议。两周后，他出差回来，刚把钥匙插进锁眼，突然发现门口的擦鞋垫不见了。转头一看，擦鞋垫跑到门廊的角落里了，下面还遮着什么东西。原来是美国联合递送公司把桑布恩的包裹送错了地方，而被弗雷德发现了，于是弗雷德就把它捡起来，送到桑布恩的住处藏好，还在上面留了张纸条，解释事情的来龙去脉，又费心用擦鞋垫把它遮住，以避人耳目。

多么热情周到的邮递员，多么与众不同的邮递员，弗雷德和他的工作方式，对于21世纪任何想有所成就、脱颖而出的人来说，都是一个最佳榜样。

可以说，每个人都能有所作为，不管你从事的职业有多伟大，或者多渺小，只要你能热爱自己的工作，并真心想把工作做好，那么你就能在这一行业上有所突破，有所作为。上司可能对员工的出色表现置之不理，或没有给予充分的赏识和鼓励。但不管环境有多糟糕，最终，超凡卓越的工作表现，还是员工自己抉择的结果。

我们经常听到一些人在抱怨自己因缺少资源而失去前进的动力，其实你缺少的并不是这些，而是缺少一分自信，一分想象力，还有一分创造力。只要你能比身边的人用心多一点，创造性多一点，那么，你就会走出平庸。虽然你从事的工作很平凡，但你可以让工作成为你的快乐，不是想着如何改换工作，而是思考如何改变自己对工作的态度。如果你能用快乐观给每一天注入崭新的内容，那么你确实每一天都在改变着世界。很多时候，只需举手之劳，一切都将变得不同。

因此，只要用心去思考，只要充分发挥自己的想象力，同样可以在平凡的岗位上做出不平凡的业绩来。

创造性思维训练

创新是一个民族的灵魂，只有创新才能永葆不竭的动力，才能屹立于世界民族之林。那么，如何才能拥有这些神奇的创新思维技巧与方法呢?

心理学家认为，以下15条方法有助于创新意识的培养。

1．多了解一些名家发明创造的过程，从中学到如何灵活地运用知识以进行创新。

2．破除对名人的神秘感和对权威的敬畏，克服自卑感。

3．不要强制人们只接受一种模式，这不利于发散性思维。

4．要能容忍不同观念的存在，容忍新旧观念之间的差异。相互之间有比较，才会有鉴别、有取舍、有发展。

5．应具有广泛的兴趣、爱好，这是创新的基础。

6．增强对周围事物的敏感，训练挑毛病、找缺陷的能力。

7．消除埋怨情绪，鼓励积极进取的批判性和建设性的意见。

8．表扬为追求科学真理不避险阻，不怕挫折的冒险求索精神。

9．奖励各种新颖、独特的创造性行为和成果。

10．经常做分析、演绎、综合、归纳、放大、缩小、联结、分类、颠倒、重组和反比等练习，把知识融会贯通。

11．培养对创造性成果和创造性思维的识别能力。

12．培养以事实为根据的客观性思维方法。

13．培养开朗态度，敢于表明见解，乐于接受真理，勇于摈弃错误。

14．不要讥笑看起来似乎荒谬怪诞的观点。这种观点往往是创造性思考的导火线。

15．鼓励大胆尝试，勇于实践，不怕失败，认真总结经验。

第24课 自我反省，离成功更近一些

古人多以“三”为大，大在何处？大在刘备“三顾茅庐”的虔诚，大在孔子“三人行，必有我师”的谦虚，更重要的则是大在“三省吾身”的谦恭和谨慎。古人如此，今人又何尝不应如此？到了今天，我们同样需要“三省吾身”。

有自省才有提高

自省是强者的特征之一。强者在自省中认识自我，在自省中超越自我。自省是促使强者形成和塑造良好的心理品质的内在动力。

自省是对自我动机与行为的审视与反思，用以清理和克服自身缺陷，从而实现心理上的健康与完善。它是自我净化心灵的一种手段，成功者最善于通过自省来不断提高自己。

自省是一种现实的、积极有为的心理，是人格上的自我认识、调整和完善。自省与自傲、自满、自负相对应，也是与自悔、自卑等消极病态情绪根本不同的。

从心理学上来讲，自省所追求的是积极健康的情感、坚强的意志和成熟的个性。它要求排除自毁、自卑、自满、自负、自私、自弃、愤怒等消极病态的情绪，增强和培养自尊、自信、自强、自立等良好的心理品质。

自省是强者的特征之一，强者在自省中认识自我，在自省中超越自我，自省是促使强者形成和塑造良好的心理品质的内在动力。

哲学家亚里士多德认为，认识自我不仅仅是最困难的事情，更是最残酷的事情，能够自省自察的人，都是大勇大智之人。

心平气和地对他人、对外界事物进行客观地分析评判并不难做到，但这把“手术刀”伸向自己的时候，就未必让人心平气和、不偏不倚了。

然而，自我省察是自我超越的基本前提。要超越现实水平上的自我，首先必须坦然诚实地面对自己，能够对自己的优缺点有个正确的认识与评价。

爱因斯坦小时候是个很贪玩的孩子，他的母亲常为他担心，再三的告诫对爱因斯坦来说就像耳旁风。

爱因斯坦6岁时的一个下午，父亲将正要去玩的爱因斯坦拦住，并给他讲了一个故事，正是这个故事改变了爱因斯坦的一生。

“昨天，”父亲说，“我和你杰克伯伯清扫南边工厂的一个大烟囱，要上到那个烟囱上必须登踏梯。你杰克伯伯走在前边，我跟在他后边扶着扶手，一阶一阶地往上爬。下来时，你杰克伯伯仍然走在前边，我还是跟在他后边。出了烟囱后，人们发现了一件奇怪的事情，你杰克伯伯浑身上下都被烟囱里的烟灰蹭黑了，而我身上却一点灰也没有。”

父亲继续微笑着说：“当看见你杰克伯伯的模样时，认为我肯定和他一样，脸脏得像个小丑，于是就到后面的小河里洗了又洗，而你杰克伯伯看见我干干净净的，就以为他和我一样干净，于是就随便洗了洗手，大模大样地上街去了。结果，街上的人都笑破了肚皮，还以为你杰克伯伯疯了呢！”爱因斯坦听完，不禁和父亲一起笑了起来。父亲笑完后，语重心长地对爱因斯坦说：“你要明白，没有人可以做你的镜子，只有自己才是自己的镜子。拿别人做镜子，天才也会把自己变成白痴的。”

爱因斯坦听了，顿时满脸羞愧之色。从那之后，爱因斯坦逐渐疏离了那群调皮捣蛋的小伙伴，他常常用自己做镜子来审视和映照自己，终于映照出他生命的独特光辉。

自己的那面镜子，也就是“反省”。当然，自省不仅仅是勇于正视自己的缺点，它还包括对自己的优点和潜力的发现与开掘。

20世纪80年代初，艾柯卡励精图治，把克莱斯勒公司从倒闭危机中拯救了出来，创造了“反败为胜”的神话。其中关键因素，据分析家揭示，就是整个管理阶层痛定思痛，及时调整发展策略，坚韧不拔，共同努力所致。

林肯曾说过：“我相信自己绝不至于老到不能说话时，仍能大言不惭。”他随时愿意承认自己的错误，使他赢得了共事者的尊敬和爱戴。美国内战时，有一次他对葛兰脱将军的挺进方向判断错误了。一经发现，他立刻写信给葛兰脱将军：“我现在想私下向你承认，你对了，我错了。”

一个教授曾经说：“如果我对一件事情的处理方法不奏效，那么我相信我必定还有许多东西没学会。可能我需要求助于别人，或者是事情的后续发展会告诉我如何解决。不管如何，我首先得肯承认自己的错误，然后才能找到答案。”

由此可知，只有进行自省，才能了解自己，对自己进行正确的认识与评价。也只有这样才能扬长避短，让自己的人生道路少些坎坷，多些收获。

圣人也好，伟人也罢，他们都会自省，我们为什么不用这种方法来提高自己呢？

经常自我反省

勇士这一称号，不仅属于手执长矛、面对困难所向无敌的人，还属于敢于剖析自己、改造自己，使自己得到升华和超越的人。

俗话说：“知人者智，自知者明”，每个人都需要认识自己，反省自己。就如同做事一样，必须弄清原理，才知道怎么做。

一般情况来讲，人的性格、意志、能力是比较稳定的隐私，自我认知也只要认知这些内容。但事情是不断发展变化的，你自己也会因时间、经历、周围环境的变化而变化，有时候还可能偏离正常的生活轨道。因此，你需要不断地进行自我反省，以免发生错误。

我们每天都在忙忙碌碌，为了生计而奔波劳碌，奋斗不息。也许从没有想过要停下来几分钟稍做思考。我们每天都在和同事、朋友、家人打交道，也许从来没有想过要和自己进行一次交谈。我们总是借口没有时间，我们总是吝啬那一点微不足道的时间。事实上，留一点儿时间反省自己益处多多。

有句话说得好：批评别人易，反省自身难。人们大都喜欢挑别人的毛病，这也不好，那也不对。出现问题，总是在别人身上找原因，而自己好像一点错误都没有。殊不知，反省自我，以自身的言行作为突破点，所产生的结果会让自己进步更快，离成功也更近一些。

善于自我反省的人往往更容易成功。

微软总裁比尔·盖茨是一个喜欢自我反省的人。作为公司总裁，他的事务总是很繁忙。但不管多忙，他每周总要抽出一天的时间找一个安静的地方独自反省一下。时间对于他来说是多么宝贵，竞争对他来讲是多么激烈。但是这一天的时间却能为他创造更大的财富。因为比尔·盖茨是在用这一天的时间专门思考和反省，反省决策有没有失误，思考下一步的计划。

晚清大臣曾国藩也是一个善于自我反省的人。他年轻的时候，他就为自己取号为“涤生”。他说：“涤者取涤其旧染之污也；生者，取明袁了凡之言：‘从前种种，譬如昨日死；从后种种，譬如今日生。’”不断自我反省、除旧迎新，从而达到自我完善。这就是曾国藩的人生信条。

我国著名的教育家陶行知也有“每日四问”：“自己的身体有没有进步？学问有无长进？工作有无发展？道行有无长进？”

自我反省不仅有助于你发现自己的缺点和错误，还有助于你正确认识自身的价值。认识了自己，你就是一座金矿，你就能够在自己的人生中展现出应有的风采。认识了自我，你就成功了一半。

你可以全方面地进行自我反省，也可以就生活中的某一方面进行反省。你可以随时随地反省，每做完一件事后，要及时问自己做得怎么样，有什么样的收获与进步，自己有没有做得不对或不完善的地方。也可以在一周或一个月中特地为自己留出一天的时间以便自我反省所做的事情或经历。

但是，需要注意的是，不管在任何时候，自我反省都要及时。如果等到错误无法挽救的时候，后悔已经来不及了。

在反省中奋起

与其低着头埋怨错误，不如昂起头纠正错误；与其在反省中衰颓，不如在反省中奋起。经过反省，我们的心灵可以得到净化，我们的人性得以真正流露，这时无论你做什么，都会拥有前所未有的热情。

从前有一个人，每当接见宾客，或者出去办很多事情，晚上回到家中后，他总是关上门，吹灭灯火，独自一人坐在书屋中反省自己：“今天都有哪些人在品行上对我产生了重大影响？今天有哪些人使我学到了做人的智慧？今天有哪些人让我浪费了光阴？今天有哪些人在贪图享受？今天给我闯祸惹麻烦的人是谁？”这个人的真正旨意是：做人也要像做生意那样，每天把账目弄得清清楚楚。如果赚了，继续努力；如果亏了，赶快改弦更张，免得一败涂地。

我们在日常生活中也一样，要记得及时检查自己的行为，及时观照自己的品端。王阳明曾说过：“除山中贼易，除心中贼难。”心为贼王。若想除去这个作为心中“贼念”的一切悬念、杂念，也许最好的办法就是日省三身了。

孔子的弟子曾子说过：“吾日三省吾身，为人谋而不忠乎？与朋友交而不信乎？传布习乎？”意思是说，我一天中多次反省自己：为别人办事不够尽心吗？与朋友交往不够诚实吗？老师传授的学业不够熟练吗？“吾日三省吾身”说得具体一点就是一个人要随时随地，尤其是在关键环节上注意检点自身，这样更容易修正自己的行为，以免在一些事情上酿成大错。

如果遇到高兴的事情时，要反省自己是否有些得意忘形，更要告诫自己懂得居安思危。或许事情已经在悄悄发生变化，岂知下次是否还那么顺利？生意火暴之时，说不定同行的嫉妒、小人的使坏就要到来！当你要发怒的时候，要反省自己是否会伤害到别人，要考虑怒气将带来的后果，从而尽量控制自己的情绪。懒散怠慢、放纵恣意这些都是发展进步的敌人，更需要及时检查改正，绝不能等到产生了恶果后再去自省。

需要注意的是，反省并不仅仅限于工作或事业的检查和言行举止的检讨，还包括内在情感与思想的修正与更新。一个人起码要懂得反省过去，策励将来，这样他才可能有所成就。但是反省过去的错误，未必就能奋发图强，因为把反省付诸行动的是一个人的心理和态度。

根据观察发现，反省如果仅仅是局限于表面现象，那么反省的结论即使明确之至，也只是静态的、毫无意义的。这样的反省的效果不仅不明显，有时反而不会导致颓废的懊恼或另一种逃避心态。只有从内做一次反思和洗涤，把成见和得失放在一边，从而建立明确的目标，才能培养坚强的意志，去实现新的目标和理想。

自我反省是思想的回放，是心理活动的反刍与回馈。它把当局者变成一个旁观者，让他自己站在另外一个立场、角度来观察自己，审视自己，从而纠正和弥补自己行为上的失误与欠缺。

要勇于正视自己的缺点与不足，“丑媳妇不怕见公婆”。有时只要对自己稍微有一点儿放松，那么反省的作用就会减小。反省需要学识、需要胆量，只有敢于从本质上认识自身的错误，才能抵制以后的诱惑。

只要我们还活着，我们就要反省自己。与其低着头埋怨错误，不如昂起头纠正错误；与其在反省中衰颓，不如在反省中奋起。经过反省，我们的心灵可以得到净化，我们的人性得以真正流露，这时无论你做什么，都会拥有前所未有的热情。

自我反省训练

在一些人的意识里，反省，似乎只是老年人的事情。其实反省对于任何年龄的人都是必要的，而想要干出一番事业的人更要善于反省：走过的路短，很容易出现失误和差错，所以需要反省；而后面的路还很长，反省就更有必要、更有价值。那么，如何自我反省呢？

1. 对自身所作所为进行思考和总结

反省不理智之思、不和谐之音、不练达之举、不完美之事，往往能够得到真切、深刻而细致的收获。曾子曰："吾日三省吾身。"反省不但要勇于面对自己、正视自己，而且要及时进行、反复进行。疏忽了、怠惰了，就有可能放过一些本该及时反省的事情，进而导致自己犯错。

2. 对别人的经验教训进行思考和总结

个人的经验教训虽然来得更直接更真切，但其广度和深度毕竟是有限的。要获得更加广博而深刻的经验，还要在反省自身的基础上，善于从别人的经验教训中学习。成本最低的财富是把别人的教训当做自己的教训。取得同样的成功、避免同样的失误。

3. 对挫折和失败进行思考和总结

邓小平指出："过去的成功是我们的财富，过去的错误也是我们的财富。"正确的东西会使你变得更加聪慧，错误的东西会使你变得更加清醒；成功的经验大多相似，失败的原因却千差万别，从失败的教训中学到的东西，往往要比从成功的经验中学到的多，而且更为深刻。

4. 要善于将反省后的认识付诸实践

要使自己"碧绿的青春"得到"金黄的收获"，很重要的一点就是辛勤耕耘。善于反省，并将反省后的认识付诸新的耕耘，这样才有可能使过去的失误变成今后的成功，使过去的成功变成今后更大的成功，真正品尝到金秋的琼浆玉液，享受到大地赐予的丰收喜悦。

第 25 课

保持永远不会冷下来的热情

热情是一种难能可贵的品质。成功学大师拿破仑·希尔说过："要想获得这个世界上最大的奖赏，你必须像最伟大的开拓者一样，将所拥有的梦想转化为为实现梦想而献身的热情，以此来发展和销售自己的才能。"历史上发生的许多巨变和创造的奇迹，不论是社会、经济、哲学或是艺术，正是因为参与者投入了百分之百的热情才得以进行的。

对你的追求投入百分之百的热情

拿破仑发动一场战役只需要两周的准备时间，换成别人则需要一年。之所以会有这么大的差别，正是因为他对在战场取胜拥有无与伦比的热情。

当一个人对自己的工作充满激情的时候，他便会全身心地投入到自己的工作之中。这时候，他的自发性、创造性、专注精神等便会在工作的过程中表现出来。

弗兰克·帕克是美国著名人寿保险推销员，而且凭着满腔的热情取得了辉煌的成就。

最初，帕克是一名职业棒球运动员，但由于动作无力，没有激情，他被球队开除了，这无疑对他是个很大的打击。球队经理对帕克说："你对职业没有热情，不配做一名职业棒球运动员。不管你走到哪里，做什么事，如果没有激情，你永远不会有出路。"

帕克在朋友的帮助下又找到了一个球队。到达球队的第一天，帕克就决定改变自己，他要成为美国最有热情的职业棒球运动员。在球场上，帕克加足马力，强力击出高球，震麻了接球人的手臂。

有一次，帕克像坦克一样高速冲入三垒，对方的三垒手被帕克的强烈气势给镇住了，居然忘了去接球，帕克赢得了胜利。热情给帕克带来了意想不到的结果，他没有想到他的球技如此之好。更为重要的是，帕克的热情感染了整个球队，大家也都激情四溢。最终，球队取得了前所未有的成绩。

当地报纸、新闻媒体都对此进行大肆报道："那位信赖的球员，简直就是一个霹雳球手，全场因受他的激励而充满活力。他们赢了，这是本赛季最精彩的一场比赛。"

他的薪水由刚入队的500美元提高到约4000美元，后来薪水又增加了70倍，这都是由于他对工作和球队的满腔热情。

后来帕克由于腿部受伤，离开了球队，在一家知名的人寿保险公司当保险助理，但整整一年都没有做出任何成绩。帕克想起了当年球队经理辞退他时说的话，于是再一次迸发出对工作巨大的热情。很快他就成为人寿保险界的销售明星。后来他就一直从事这个行业，做得很不错。

帕克在回顾他的职业生涯时颇有感触地说："我从事推销30年了，见过许多人，由于对工作始终保持高度的热情，他们的收入成倍地上升，当然也有一些人，他们对工作毫无热情，在工作中处处碰壁，走投无路。因此，我更加坚信成功推销的最重要因素就是热情。"

每个人都想取得卓越的成就，但有些人却对自己的梦想毫无热情或付诸行动后却发现热情减半，因此便很难有所突破。热情是来自于人内心的一股力量，它促使你不断前进。

圣女贞德是法国人心目中的英雄，凭着一柄圣剑和一面圣旗，还有她对自己使命坚定不移的信念，为法国的军队，注入了国王和大臣都无法提供的热情。正是她的热情，为前进的道路扫清了一切障碍。

一个人受到邀请，给观众作一次演讲，原本计划讲40分钟，后来却足足讲了两个小时还欲罢不能。演讲结束时，在场1万多名观众起立鼓掌，掌声经久不息。

到底是什么内容，如此之精彩，会得到这么强烈的掌声？

其实，感染群众的不是他演说的内容，而是他的热情。

如果没有热情，军队不会取胜，也不会有流传后世的艺术品，不会有震撼人心的音乐，不会有雄伟的宫殿，不会有打动人心的诗歌，不会有感动这个世界的无私奉献……

伽利略举起了他的望远镜，最终使整个世界都拜倒在他的脚下；哥伦布克服重重艰难险阻，才领略到巴哈马群岛清新的晨风。

用你的心去发掘你的热情吧，热情是追求卓越人生的不竭动力，而且拥有极大热情的人还会创造出极大的影响力。

让热情创造奇迹

岁月只在你的额头上留下皱纹，但你在生活中如果缺少热情，你的心灵就将布满皱纹了。

——S.乌尔曼

对于一个人来说，热情就如同生命。凭借热情，我们就可以释放出潜在的巨大能量，发展出一种坚强的个性；凭借热情，我们可以把枯燥乏味的工作变得生动有趣，使自己充满活力，培养自己对事业的狂热追求；凭借热情，我们可以感染周围的同事，让他们理解你、支持你，拥有良好的人际关系；凭借热情，我们更可以获得老板的提拔和重用，赢得珍贵的成长和发展的机会。

如果你有一颗热情的心，那它将会给你带来奇迹。

一次在一个大雾弥漫的夜晚，拿破仑·希尔和他母亲从新泽西坐船到纽约的时候，母亲高兴地说道："这是多么令人惊心动魄的景象啊！"

"有什么奇怪的？"拿破仑·希尔问道。

母亲依旧充满热情："你看那大雾，那四周若隐若现的光，还有消失在雾中的船带走了令人迷惑的灯光，多么令人不可思议。"

或许是被母亲的热情所感染，拿破仑·希尔也感受到浓浓的白雾中那种隐藏着的神秘。拿破仑·希尔那颗迟钝的心得到了一些新鲜血液的滋润，不再毫无知觉了。

母亲注视着拿破仑·希尔说："我从没有放弃过给你忠告。无论以前的忠告你接受不接受，但这一刻的忠告你一定得听，而且要永远地记住。那就是：世界从来就有美丽和兴奋存在，它本身就是如此动人、令人神往，所以你自己必须对他敏感，永远不要让自己感觉迟钝、嗅觉不灵，永远不要让自己失去那份应有的热情。"

拿破仑·希尔一直没有忘记母亲的话，而且也试着去做，就是一直让自己保持那颗热忱的心。

人的一生，做得最多、最好的人，也就是那些成功人士，他们必定都具有这种能力和特点。即使两人具有完全相同的能力，也一定是更具热情的那个人会取得更大的成功。

热情不但是一种自发的力量，还是帮助你集中全身力量投身于某一件事情的能源。有热情就意味着受到了鼓舞，鼓舞为热情提供了能量。赋予你所做的工作以重要性，热情也就随之产生了。即使你所做的事不那么充满魅力，但只要善于从中寻找意义和目的，也就有了热情。

麦当劳汉堡店内的员工，他们的工作很简单，并且有一套非常有效的生产作业在背后支援。他们也很少遇到不寻常的要求，跟客户打交道也不会面临很多困难。但是就是这么简单的工作，员工们对此倾注了百分之百的热情。他们永远面带微笑，非常有礼貌地向客人请示，热情让他们做事机敏——工作速度既快，质量又好。

著名大提琴家P.卡萨尔斯90高龄的时候，还每天坚持练琴4～5小时，当乐声不断地从他的指尖流淌时，他的弯曲的双肩又变得挺直了，他的疲乏的双眼又充满了欢乐。

美国堪萨斯州威尔斯维尔的E.莱顿直到68岁才开始学习绘画。他对绘画表现出极大热情，并在这方面获得了惊人的成就，同时也结束了折磨过他至少30余年的苦难历程。

由热爱做一件事，到对一件事产生热情，是一个熟悉并逐渐深入的过程。随着工作的深入，热情可以转化为激情。

人们有了热情，就能把额外的工作视作机遇；就能把陌生人变成朋友；就能真诚地宽容别人；就能爱上自己的工作，不论他是什么头衔，或有多大权力和报酬。

拿出百分之百的热情来对待百分之一的事情，而不去计较它是多么的“微不足道”，你就会发现，原来每天平凡的生活竟是如此的充实、美好。所以，从现在开始，对你所做的事倾注全部热情吧！

激情是工作最好的朋友，是否具备这种古老的狂热精神，决定了你是否能够得到工作，是否能拿到订单，更为重要的是，你是否能保住你的工作。

一个没有热情的员工是不可能始终如一且高质量地完成自己的工作的，更不可能做出创造性的业绩。如果你失去了热情，那么你永远也不可能在职场中立足和成长，永远不会拥有成功的事业与充实的人生。

培养对工作的兴趣和热情

一个人，当他全身心地投入到自己的工作之中，并取得成绩时，他将是快乐而放松的。但是，如果情况相反的话，他的生活则平凡无奇，且有可能不得安宁。

——爱默生

激情而投入地工作与机械而呆滞地工作是完全不同的两个天地。用充满激情的心态去面对自己所从事的工作，就能够准确掌控自己的时间，为公司创造出非同一般的效益。机械而呆滞地工作会降低自己的工作效率，逐渐地会让人感到厌烦，最后只有离开公司。

一个人如果对自己所从事的工作感到厌倦，对工作失去了热情与兴趣，无法从工作中得到快乐，认为工作是一种苦差事，那么他很难在工作领域取得成就。

曾有一个故事，讲的是3位砌砖工人的工作态度。

有人问："你们在做什么？"第一个砌砖工人回答："砌砖。"第二个砌砖工人回答："我在做每天10美元的工作，干完后我就可以回家了。"第三个砌砖工人回答："你问我？我在建造世界上最伟大的教堂！"

虽然这个故事没有讲明这3位砌砖工人的最终结局，但是我们完全能够想象得出在以后的岁月里，他们是怎样度过的。很可能，前两位工人依旧是砌砖工，他们缺乏远见和想象力，他们缺乏对工作的热情。没有什么能激发他们去取得更大的成功。

而那位认为自己是在建造世界上最伟大的教堂的工人，也许已经成为一个工头或承包人，或是一位建筑师。他会不断地前进和得到升迁。因为他把工作看得很伟大，对工作投入了满腔热情，显示出他发展的巨大潜力。

通用电气公司的最高主管韦尔奇连续数年被美国一份杂志评为最受推崇的企业家，这是因为他把通用电气公司由一家僵化、没有生气的企业变成了"最具竞争力的企业。"

一次，韦尔奇找来一个部门的主管谈话，在韦尔奇看来，这个部门虽然有盈利，但是还有更大的发展前途。韦尔奇对那位主管提出了自己的看法，但那位主管没有听懂他的意思，只是不停地说："请看看我的收益，看看我的投资回报率，我们部门的人员，我的决策……"韦尔奇只是想让那位主管明白如果他能对工作再多一点激情，再投入一点心思，也许收益会更好，但这位主管仍一头雾水。

最后，韦尔奇干脆对那位主管说："我要你做的，就是休假一个月，放下一切手下的工作，等你再回来时，变得就像刚接下这个职位，而不是已经做了4年。"

事情的发展果然如此，那位主管休完假回到公司后，精神焕发、信心百倍，把时间和工作安排得井井有条，部门效益也明显提高了。韦尔奇通过这一方法，不但使各部门员工增强了工作积极性，用饱满的精力去投入到工作中，不但节约了时间，而且取得了丰厚的效益。

不管在什么情况下，你都要保持对工作的热情。哪怕你为生计所迫，只能做些无趣的工作，你也要努力从这乏味的工作中找到乐趣和意义。要知道没有任何工作是毫无意义的，是徒劳的。只要你的热情还在，那么一切工作对你来说都是有意义和充满乐趣的。

人可以通过工作来学习，可以通过工作来获取经验、知识和信心。你对工作投入的热情越多，信心越大，取得的效益也会越大。当你能够做到这一点时，上班就不再是一件苦差事，而且还会感觉工作是一件快乐的事情。

卡耐基说："如果一个人不能从工作中找出乐趣，那不是工作本身枯燥的缘故，而是他自己不懂工作的艺术。"

在这个充满竞争的社会中，你的对手到处都是，没有一件事不是竞争的项目。应该学会把生活、事业看做一种持久战，每天都要充满斗志、精神抖擞，那么你就会取得战争的胜利，只要你不放弃竞争的权利。

生活是快乐还是枯燥，完全掌控在你的手里。把愉快的心情投入到繁重的工作中，能使你的工作产生惊人的效果。从现在起，紧紧抓住升职的机会，去"热情"一下，看你是否具有取胜的能力。

提升工作热情训练

对于一名员工来说，热情如同生命。凭借着热情，我们可以释放出潜在的巨大能量，展示出一种坚强的个性；凭借热情，我们可以把枯燥乏味的工作变得生动有趣，使自己充满活力，培养自己对事业，对工作的狂热追求；凭借热情，我们可以感染周围的同事，让他们理解、支持你，从而使你拥有良好的人际关系；凭借热情，我们更可以获得管理层的提拔和重用，赢得珍贵的成长和发展的机会。但当我们被职场通病侵袭，对工作年久失去兴趣，如何唤起工作热情呢？

1.激发自我的工作信念

所谓的失去工作热情的职场通病，其实是工作信念不到位惹的祸。我们若总是本位主义去思考问题，常想"我在付出，应该有回报"，当回报不如所愿时，便灰心失望，失去工作激情，殊不知，再烂的工作都有很多我们可以学习的地方，工作即学习，要是把埋怨的时间拿来寻找学习机会将更有建设性！

我们要知道感恩，牢记4个工作信念：工作主要是自己做的；工作做不好，不是“能力”有问题，而是“态度”有问题；在这个公司做不好，到了别的公司一样做不好；学会创造自己的工作价值。

2.理清对公司的使命、前景或核心价值的认识

我们要找出自己的价值观与公司价值观之间的联系，使我们扮演的角色和公司的目标相关联。

首先，要有远大的抱负，它可能是一个目标、一个理想或是一个梦想。它是我们前进的动力，它可以让不可能的事情变可能，这可能是一种不满足于现状的心态，并且是对未来的一种期望；它是一种不完成任务誓不罢休的念头，保有这种梦想无疑是前进道路上的发动机，给前进的道路提供源源不断的动力。

其次，要对公司的目标深入了解，促使不断充实自己，以适应公司的发展需要。

再次，要将组织前景和个人前景有机结合，公司前景是通过描述公司的发展蓝图，实现公司员工意识形态的一致。个人前景是对自身职业发展的规划，我们要努力找到个人前景与公司前景的契合点，从而获得真正的心理归属感。

3.在工作中追求成就感

对于追求成功和获得成就感，实际上是这样两个层次：一是做事情能够成功；二是能够不断上阶梯把事情做成功。工作本身是最好的激励，如果工作本身不能激发我们的激情与热情，其他再好的激励形式也是无济于事的。工作本身的激励可以通过增加工作的多样性、完整性、重要性、自主性、反馈性以丰富工作的内容来实现。进行工作任务的合并，可以降低工作的疲劳感，工作任务扩展了，也能丰富自己的工作技能，从而将单调的工作变成了有意义的工作，而且还强化了工作责任。增强工作的自主性，能提高了工作的责任，工作技能也能得到开发。

第26课

借力，为成功加速

竞争的社会，只靠自己的力量去取得成功是很难的。幸好，我们还可以借力。借力可以让你借助于身边的各种资源，突破现有条件的限制与束缚，做你想做的事情，做你敢做的事情，最终让你更快地获得成功。

参与的威力

借力就是借用自己以外的各种资源，以帮助自己达成仅仅依靠自己完成不了或很难完成的目标。

我们每个人的思维和能力都存在局限，如果想干出自己的一番事业来，就不能满足于现有的能力。所以你需要开阔思路，融汇各种思想，收揽四面八方的资源。在这些资源中，有些是你自身所拥有的，而有些则是你所欠缺的。正是因为欠缺，所以你要借。

但是，很多时候，并不是每一个人都能想到去借力。因为有些人很自以为是，认为所有的事情自己都能做完，想到的总是“自己怎么去做”，想不到的是“如何教他人去做”，很少会主动思考如何发挥和利用好他人的强项，结果自己累得要死，还感动不了别人，效果自然不明显，成效也无法长期增长下去。

俗话说，观念决定行动。思想上充分意识到借力是必须的事情，这是让生命有意义必须做的事情，你就会有着强烈的意识，随时随地都想着如何借力。渐渐地，你就会从不会借力到熟练地借好力。

有一种借力方法威力很强，叫参与。也就是说，仅仅是让别人加入到有关的事情中来，就可以借到力了。

比尔·盖茨在25年前创业的时候，他就认识到这一点。所以才取得了巨大的成功。让我们一起来领略一下比尔·盖茨的借力法则吧。

第一，让亲人参与进来。比尔·盖茨20岁时签到了第一份合约，这份合约是与当时全世界第一强电脑公司——IBM签的。当时，他还是位在大学读书的学生，没有太多的关系资源。他怎能钓到一条这么大的“鱼”？可能很多人不知道。原来，比尔·盖茨之所以可以签到这份合约，中间有一个中介人—比尔·盖茨的母亲。比尔·盖茨的母亲是IBM的董事会董事，比尔·盖茨让妈妈介绍他认识董事长，这不是理所当然的事情吗？如果当初比尔·盖茨没有签到IBM这个单子，那么今天的他可能不会拥有几百亿美元的个人资产。

第二，让合作伙伴参与进来。也许大家都知道比尔·盖茨有几位最重要的合伙人——保罗·艾伦及史蒂芬。他们不仅为微软贡献他们的聪明才智，同时也贡献出他们的关系资源。

第三，让国外朋友参与进来，让他们去调查并开拓国外市场。比尔·盖茨一位非常要好的日本朋友彦西为他讲解了很多日本市场的特点，并找到了第一个日本个人电脑项目，从此开辟了日本市场。

第四，雇用聪明、能独立工作且有潜力的人。比尔·盖茨这样讲：“在我的事业中，不得不说我最好的经营决策是必须挑选人才，拥有一个完全信任的人，一个可以委以重任的人，一个为你分担忧愁的人。”由此不难看出他对此的重视程度。

有个道理是这样说的：人们愿意支持他们曾经参与过的事情。这是20世纪70年代中期，两位社会科学家约翰·蒂姆和劳伦斯·沃克经过多年的研究，得出来的关于参与的理论。越来越多的人意识到，要想取得人们对某件事的支持，只要简单地给人们一个参与的机会就好了。这会让所有参与其中的人都感觉这件事情与其相关，仅仅是他们参与了这件事情，自然而然地会把这当做是自己的事情。

为什么会这样呢？因为在每个人的内心深处，都希望自己的所作所为得到别人的认可，希望自己的能力得到别人的肯定，尤其和自己有关的事情更是如此。

因此，当你和别人谈起一件他参与过的事情时，他常常会感到自己也是其中的一分子，于是就会更加愿意为此贡献自己的力量、智慧和资源，并给予更多的理解和支持。从而，你也更容易获得人生的成就。

良好互动才有力

一个人际关系非常好的人，无论在工作还是生活中办起事来都会事半功倍。要知道成功者都善于借力、借势去为自己营造成功的氛围，从而攻克了一道道难关，为他们的成功扬帆开道。

我们都听说过诸葛亮“草船借箭”的故事。生活中有很多事情不是我们单凭自己的力量就可以解决的。因此，只有懂得借用别人的力量才有可能获得成功。然而在现实生活中，能够像诸葛亮一样神机妙算的智者实在是太少了，要想成功借用别人的力量，更多的需要靠人际关系。

一个人际关系非常好的人，无论在工作还是生活中办起事来都会事半功倍。要知道成功者都善于借力、借势去为自己营造成功的氛围，从而攻克了一道道难关，为他们的成功扬帆开道。

更为重要的是，成功者还善于运用各种关系的良好互动。这是借力最关键的一步。比如，很多人都吵着创业难。难道创业真的那么难么？那是因为以往人们强调的是自主创业，一个人单打独斗当然不容易。但是现在不同了，很多人的观念开始改变，人际关系在创业中的作用也在逐渐加大，并日益成为创业信息、资金、经验的“蓄水池”，有时甚至在商业活动中发挥出四两拨千斤的神奇效用。

现在“朋友经济”在招商中的作用也日益彰显出来。比如，北京大学中国金融投资家俱乐部的成员就包括投资公司老板、证券商、银行家以及政府部门金融方面的官员，他们手中掌握着上千亿元的资本和无限商机。

在如今这个提倡双赢的时代，单枪匹马、单打独斗的创业方式已经明显不适应时代的需求。扩大社交圈，通过人际关系网掌握更多信息、寻求更大发展，已经成为成功创业必走的捷径。当你在创业过程中遭遇困难的时候，人际关系是你最大的资源！多结交一些朋友，多去帮助别人，这其实是在为自己积累资源。到了你需要用的时候，就可以轻松借取他们的力量来帮助你创业。到那时，创业也许一点都不难，而且还可能很轻松！

马思宇在索尼做人力资源主管的时候遇到了一个不大不小的麻烦。公司里的一位员工在出差的时候不小心受了伤，住进了医院。这样的事情在索尼公司还是第一次发生，公司应该如何处理这件事，是否该赔付伤者，又该赔付多少，没有先例。由于这件事关系到员工的切身利益，老板要求马思宇尽快把事情处理好，不要因拖沓而影响了公司的名誉。可是，要妥善处理这件事，必须兼顾到公司和员工双方的利益，不论对哪一方都不能留下任何隐患。

马思宇一时感到束手无策，而且就剩下半天时间了。情急之下，他想到了向朋友求援。他给做人力资源的朋友们打电话，这些朋友给他提供了至少10条有用的信息。根据这些信息，他马上做出了这个事件的处理方案，还写了部门处理类似事情的流程上报。老板看后非常满意，并给予了很高的评价。

马思宇成功地处理这件事，得力于在大型跨国公司任职的同行朋友给了其莫大的帮助。“那时我也常常参加人力资源各方面的活动，也认识了许多的同行，虽然大家没有固定在哪个时间见面，但却经常通过电话沟通一些信息，一个无形的关系网就这样地形成了。如果说谁有什么不懂的地方，只要打一个电话大家都会积极地并热心地帮助。另外在专业方面，通过关系网里的人帮助也不会出问题。”

得到老板的赏识，并能够把工作做得很圆满，这就是人力资源关系网带给马思宇的好处。良好的人际关系网络对于工作在任何领域的员工都是极为有用的，好的关系能让他们以最少的精力达到最佳的工作绩效。

在现今这个高度重视人际关系的社会，如果没有了人际关系，整个世界就会变得冷漠、疏离而且空洞，一切的工商活动都将被迫停止。每一个人都在一个无形的人际网络中工作与生活着，只是有些人的网络要大些，紧密些，而有些人的网络则很小，很松散。

可以说，人际关系网络已成为成功的指标。关系网越大就越密集，进而表示个人在社会上活跃的程度就越高。所以，纵观所有成功人士，往往都能够达到这一指标。

常言说得好：一人事，一人知，一人行，可谓独断专行；二人事，二人知，二人行，可谓合作无间；大家事，大家知，大家行，可谓众志成城。进一步延伸其含义，人际关系就是同甘共苦，彼此相互砥砺，相互扶持；人际关系可视为二人间的交互行为，是一种动态的沟通。

1+1＞2

合作，是人们为了实现共同目标，通过彼此联合来实现互补互助互惠的过程。大家共同出力，共享资源，共享利益，这是一种不错的借力方法。

乍一看到这个标题，你也许会觉得没有道理。但在生活中，如果你懂得如何去借力，你就能让这个等式变得有道理。

生活中如果注意观察，我们会见到如下一种现象。

每年冬天即将到来的时候，大雁总会成群结队地往南迁徙。

在飞往南方的途中，雁群会排成V字队形，这样一方面可以克服来自气流的阻力，一方面借助彼此间的上升气流，让飞行更加省力。雁群在飞行的过程中还会不断调整各自的位置。每当这时，大雁之间就会相互配合调整速度，以便保持队形，飞得更快更轻松。雁群就是通过相互间的默契配合，从而顺利完成万里迁徙的过程。

在这个真实的自然界故事中，也存在一种借力原理。那么，大雁是靠什么借到彼此间的力呢？

是合作。

合作，是人们为了实现共同目标，通过彼此联合来实现互补互助互惠的过程。大家共同出力，共享资源，共享利益，这是一种不错的借力方法。

俗话说："众人拾柴火焰高"，也是合作的体现。

实际上，在我们的生活中，合作的现象是处处存在的，比如足球比赛。

在赛场上，队中的所有球员都有一个共同目标，就是赢得比赛。在共同目标之下，彼此分工合作，大家各司其职，发挥各自的特长与优点，相互配合。前锋负责攻城拔寨；中场球员调度前后，进可攻，退可守；后卫队员严密防守，适时上前助攻；守门员则作为最后一道防线，守卫"龙门"。

虽然分工不同，但在比赛中合作是非常重要的。足球场上的比赛靠的不是个人技术表演，更重要的是相互之间默契的配合和支援。球员彼此间也需要互相协助，互相借力，发挥团队精神，形成更强大的整体战斗力，赢得心目中的共同目标。

因为有了合作，集大家所有的长处，协同增效，把各自不同的优点集中起来朝一个方向发力，这样发挥出来的作用往往是最大的，更容易产生奇迹。这时，我们就不难明白合作让1+1不仅可以等于2，甚至还可能大于2。

其实，只要我们认真地想一想就会发现，生活中的每一件事都可能需要别人的帮助与合作。合作越多，借力越多，做事也就更加容易，共同获得的利益和成就也会越多。如果不与人合作，你取得的成就往往不会很大。

大凡明智的人都懂得联合起来，借助别人的力量改变自己的命运。因为个人的力量总是有限的，与人联合起来就可以使自己的能力得到膨胀。在这个快速发展的时代，合作可以给自己赢得更大的发展空间。

此外，在合作的过程中，我们处理事情的时候还要注意把共赢贯彻在合作的始终。这样的合作才能长久，也更能长久地借力。

改变世界是一个持续不断的过程，它需要我们找到保证使命达成的有效方法。而借力就能让我们集合身边所有人的力量，协同共赢，争取更多成功的机会。

借力能力训练

既然有些事情仅凭一个人的力量无法完成，那么我们就要学会借力。要如何借力呢？

1. 应用参与的办法借力

多个人考虑一件事情，比只有一个人想问题会更周到，也就是人们常说的“群策群力”。很多时候，即使再聪明、再博学、再有能力的人也不可能知道所有的事情，不可能解决所有的问题。而且一个脑袋常常是不够用的，让更多的人参与进来一起想，把大家的意见加在一起，马上就可以多几个角度，多一些观点，多一些经验，效果就不一样了。

所以，借助大家的参与，集思广益，可以让你在处理问题的时候更加全面、更加周到、更加有效。这也是参与可以借到力的一个途径。而且，这个途径对大多数人都很适用。

2. 应用共同目标借力

共同目标是团队的黏合剂，拥有共同目标，才能帮助团队做到心一致，只有心一致才能真正做到行动一致，最终发挥团队协同增效的作用。

当你明确目标时，因为很清楚自己要做的事，就会显得信心十足，容易排除干扰，克服困难去完成它。共同目标让所有团队成员形成相同的理念和追求，意味着所有人都清楚要做的事，使大家拥有一个共同的努力方向。这样，它就成为团队成员心中一股令人深受鼓舞的力量。

3. 应用合作借力

合作是大家为了共同的目标而一起努力，共享资源，共享利益。但是这种合作必须是共赢的合作。只有共赢的合作才能更好地促进相互理解、相互支持、相互沟通、相互配合、相互支援，从而增进良好的关系，更好地为实现共同目标创造有利条件，然后享受到彼此所期望的更大利益。这些更大的利益，往往会让参与合作的成员更容易获得成就感，而这些成就感也会激励着成员不断地投身到合作中去，借到越来越多的力，干起事来也更加轻松。

第27课

平静的心灵会产生力量

在快速运转的生活节奏中，如果过多地留恋世间的各种诱惑，执著于对功名利禄的追求，失去了内心的平静和淡泊，变得浮躁和贪婪，进而对生活失去了耐性，在急不可耐的忙碌中使生活变得杂乱无章。要想使生活有规律，必须使心中的杂念沉淀下来。生活需要把心沉下来认真体会，平静的心灵更能产生力量。

平静是一种智慧

人的心灵往往在过去和未来之间摆荡，不是对已发生的事耿耿于怀，就是对尚未发生的事忧心忡忡，浑然不识"当下"的滋味；结果是，对过去的包袱无法丢弃，而未来的重担又把自己弄得喘不过气来，永远在过去和未来之间徘徊。

作家孟东篱说："我只想每天管好吃饭、睡觉，并专心生活就够了"。初听这些话，我们可能会想他的日子是否太过于平凡了，但深究其中，不难发现他是真正懂得如何生活的人。

如今快节奏的生活，连吃个饭都是草草结束。无休止的物欲追求使人们整天左手钱来右手钱去，每天和钞票玩捉迷藏，非常不快乐。无节制的对环境的污染和破坏，以及令人难以承受的噪声，等等，让人很难把心平静下来。环境的搅拌机随时都在把人们心中的平静撕个粉碎，让人遭受浮躁、烦恼之苦。然而，生命的本身是宁静的，只有内心不为外物所惑，不为环境所扰，才能做到像陶渊明那样身在闹市而无车马之喧，正所谓“心远地自偏”。

有一个小和尚，每次坐禅时都幻觉有一只大蜘蛛在他眼前织网，无论怎么都赶不走，他只好求助于师傅。师傅就让他坐禅时拿一支笔，等蜘蛛来了就在它身上画个记号，看它来自何方。小和尚按照师傅交代的去做，当蜘蛛来时，他就在它身上画了个圆圈。蜘蛛走后，他便安然入定了。当小和尚做完禅一看，却发现那个圆圈在自己的肚子上。原来困扰小和尚的不是蜘蛛，而是他自己。蜘蛛就在他心里，因为他心不静，所以才感到难以入定。正是“心地不空，不空所以不灵。”

平静是一种心态，是生命盛开的鲜花，是灵魂成熟的果实。平静在心，在于修身养性。平静无处不在。只要有一颗平静之心，追求平静者便能心胸开阔，不被诱惑，坦荡自然。

“人只有在极度的安静中，才可能产生大智慧。”当你面临困境的时候，当你遭遇失意的时候，什么都不要做，什么都不要想，尽可能把心置入一无所有的境地。在极度的沉静中，可产生意想不到的大智慧。睡觉是因为我们的身体需要休息，而静心则是因为我们的心灵需要休息。只有在身体和心理都获得更新及舒适的情况下，才能产生伟大的力量。

平静，是人与心的交流。只有当你在独处时，才能和自己的心灵对话，并获得身心的释放。把身外的一切烦嚣和嘈杂都抛之脑后，如此才可获得真正的安静。

能够做到心灵平静的人一般都是具有大智慧的人。所谓“宁静以致远”，现代人应学习如何放松心情，在最小的压力下，获得最大的成就。有句话是这样说的：“静坐片刻还真我”，也就是说在忙碌的工作中偶尔静坐一下，不但可以缓和紧张的情绪，还可以让工作更有效率。

苏格兰历史学家克莱尔曾说过：“寂静是形成一切伟大事业的基本要素”。所以，我们要常常给自己留出一段独处及沉思的时间。“身动心静”也可谓是一种养生之道。

要如何在混乱中摸索出一条清晰之路，考验着每个人的智慧，而唯有懂得何时该动、何时该静的智慧才是真智慧。所谓："动如脱兔，静如处子"，动静之间好比一个人的心灵拔河。可以每天给予自己几分钟独处时间，把心灵好好地予以熨平与抚慰。因为，静能使人洞彻世事，忙碌只会使人更加混乱。

没有心灵之平静，就谈不上幸福

也许，你没有辉煌的业绩可以炫耀，没有大把的钞票可以挥霍，但你拥有平静，便是人生求之难得的幸福了。

美国一位颇负盛名的医生曾说过如下一段话。

我年轻时，有一次我制订了一个众人的美好生活一览表，我在说明中写上了现世生活中令人向往的事物：健康、爱情、天才、力量、财富、名望。然后，我很自信地将这份一览表交给一位明智的老人，以求其指导。这位老人看了后说道："美妙的一览表啊！按秩序排列主题，无可非议。但是，在我看来，你似乎已经忽视了人生中一个重要因素。你的这份表缺乏这一因素，那将是一纸空文，毫无用处！"

说完，他拿起笔来，把表上的字都一一涂去，然后仅仅写了"心灵平静"四个字，并说道："聪明和健康是每个人都可以努力得到的；至于财富，始终是会被花费掉的；名望也不一定稀罕；唯有心灵之平静，才是生活中真正最为理想的目的。"这位老人又进一步说明："这不是我个人的独特见解，我只不过是做个传话人而已，因为希腊著名悲剧作家尤里披蒂和兰德尼斯等这些古代著名哲学家们都早已异口同声地呼求道：'主啊！求你把现世生活中的一切幸福的愿望，从那些蠢人和傻子们的脚步下移开吧！求你赏赐我们一个不致紊乱的心境。'"

这些观点，在当时要我接受或赞同都是困难的。但是，经过半个多世纪的亲身经历和仔细的观察之后，我才知道心灵上的平静，的确是生活中真正最为理想的目的。现在我才认识到人们要得益于心灵上之平静，物质生活中的一切优点不一定是必要的。因为我确切地看到心灵上之平静，它无需金钱之资助和健康之支持而产生、发光；有了心灵上之平静这种能量，那么茅舍也会转化成宫殿一样宽阔。至于缺乏心灵平静的话，那么这种薄福和贫困，也能使帝王之宫殿变成鸟笼和监狱一样令其主人难受不堪。

生活的海洋里因为有金钱、名誉和房子等在兴风作浪而难以宁静。许多人整日被这些东西诱惑得蠢蠢欲动，仿佛胸中燃烧着熊熊烈火一样。一旦遭遇挫折，一旦得不到满足，便如同掉进冰窟窿一般。生命如此大喜大悲，哪里有平静可言？人们因为毫无节制的狂热而躁动不安，因为不加控制欲望而浮沉波动。只有明智之人，才能够控制和引导自己的思想与行为，才能够控制心灵所经历的风风雨雨。

其实，平静是福，只有真正生活在喧嚣吵闹的都市中的人们，才会知道平静的弥足珍贵。平静的生活是在真理的海洋中，在急流波涛之下，不受风暴的侵扰，保持永恒的安宁。

一个人，如果能够抛开一切杂念，那么他即使身在喧闹的环境中也能感受到内心的平静。

这个世界诱惑太多，欲望也太多。一个人需要以清醒的心志和从容的步伐走过岁月，他的心中必定不能缺少平静。虽然我们渴望成功，可望生命能在有生之年画出优美的轨迹，但我们真正需要的是一颗平静的心灵，一份实实在在的成功。这种成功，不必努力苛求轰轰烈烈，不一定要有那种揭天地之奥秘，救万民于水火的豪情。只是一种平平淡淡的追求，但这已经足够了。

生活，并不是只有功和利，尽管我们知道每个人必须去奔波，去赚钱才可以生存下去，尽管我们知道生活中有许多的挫折和烦恼。然而，只要我们拥有一颗平静之心，量力而行、从容沉稳、坦然自若地去追求属于自己的真实。能够做到宠亦泰然，辱亦淡然，有也自然，无也自在，如淡月清风一样来去不觉，生活不是要轻松得多吗？

控制自己，拥有平静的心灵

控制自己，让自己拥有一个平静的心灵。拥有了平静的心灵，也就拥有了快乐的人生。

心灵的平静是智慧美丽的珍宝，它来自于长期、耐心的自我控制。心灵的安宁意味着一种成熟的经历以及对于事物规律的不同寻常的了解。

一个人是否能保持镇静的态度与其对自身的了解有关。人的思想是在不断发展变化的。了解自己，首先必须通过思考了解他人。当他对别人和自己都有了正确的理解，并看清了事物内部存在的相互间的因果关系时，那么在任何情况下，他都不会再表现出大惊小怪、勃然大怒、忐忑不安或是悲伤忧愁，反而更加镇定自若、处变不惊。

镇静的人懂得如何控制自己，在与他人相处时能够适应他人，从而使人反过来更加尊重他的精神力量，并且会把他作为楷模，对他敬佩不已。一个人越是处变不惊，他的成就、影响力和号召力就越是巨大。即使是一个普通的商人，如果能够提高自我控制和保持沉着的能力，那他的生意无疑会蒸蒸日上。因为人们一般都更喜欢和一个沉着冷静的人打交道。

有这样一个故事：有一天，一位茶匠遇上了一位武士浪人，他要和茶匠比武，决一死战。茶匠说："我虽穿的是武士的衣服，但我是个茶匠。"那人不信，茶匠本想交出财物一走了之，可一想这样会破坏了自己的名声。茶匠想了想说：既然你不信我是茶匠，最终也是一死，那我就给你表演一次茶道吧，这也许是我一生中最后一次泡茶，茶匠自言自语道。瞬间，茶匠忘记了赴死之事，全神贯注地泡茶，就好像泡茶是世界上唯一要做的事。他泡茶时那种清朗、无念、庄重、绝俗的表情，好像在为朋友泡茶，一点儿恐惧感也没有。茶匠说："人能鉴泉品水，茶能相面识人，茶是人性的直率，关怀天下苍生的人，才能与茶成友交心。此刻，茶依然是茶，但品茶之人，却不一定都是君子。茶仍是茶，但不同的人却能走出不同的人生。茶道即人道，讲茶和品茶其实是想做一回真正的人。”听完茶匠的一番话，旁边举刀而立的浪人仿佛看到了一个完全不同的人格：无畏、无我、无念，浪人连喝声都叫不出来，对立了许久，扔去武士的长刀，请求茶匠原谅他，羞愧地低着高贵的头走了。

沉着、冷静的人总是受到人们的爱戴和尊敬。他像是烈日下一棵供人乘凉的大树，或是暴风雨中抵挡风雨的岩石。“谁会不爱一个安静的心灵，一个温柔敦厚、不愠不火的生命？”

不管是狂风暴雨还是阳光明媚，无论是沧桑巨变还是斗转星移，这都没有关系，因为这样的人永远会保持一颗平静的心，永远会安静、沉着、待人友善。

我们每天都要接触很多人，那些脾气火暴的人的生活往往呈现出一团糟。他们毁灭了一切美好的事物，同时也葬送了自己原本平稳安宁的心灵，并将坏影响四处传播。很多人都因缺少自我控制而破坏了自己的生活，失去了原有的幸福。在现实生活中，我们所见到的真正能够沉着、冷静、保持平稳安宁的人其实并不多。

是的，现在的人们身处纷扰繁杂的社会中，需要面对的东西太多太多，欲望也越来越多，很难让自己的心灵平静下来。职务的变化、薪水的升降、孩子入托、工作环境、感情困扰……数都数不过来，随便一件事情不顺利，便会让人烦躁不安。更何况，人们在生活中总是自觉不自觉地与他人比较，患得患失，庸人自扰。

其实，静下心来，认真思考，便容易获得平静的心态，我的处境不如别人，那又怎样？我努力了，我没有虚度时光，没有无所事事，别人有成功的事业，可我有幸福的家庭。虽然是别人骑马我骑驴，可是也别太失落，回头看看吧，人生路上还有很多挑脚的人在艰难地行走。行至艰难处，放下担子，松口气，擦擦汗，看看四周的风景。休息过后，继续人生的路程。跟他们比起来，那些骑驴的人，还有什么不满足？

所以，静下心来，学会控制自己，让自己拥有一个平静的心灵。拥有了平静的心灵，也就拥有了快乐的人生。

自我静心训练

“不雨花犹落，无风絮自飞。”不下雨，花一样会凋谢；没有风，絮也会飞下枝头。生命的进程没人能阻挡，也无法改变。拥有一颗平静的心，笑对一切，保持最佳心态，才能让幸福的火花时时在我们周围闪现。那么，如何才能拥有一颗平静的心呢？

1．学会自我调整

自我调整就是要保持心态平衡，平淡地对待名利和得失。比如，不要因为这次加薪没有自己的份就陷入痛苦与烦恼，而应淡然看待加薪，积极查找不足，把工作做得更好。心态平衡了，身心就会处于愉悦、健康的状态，进而感受到生命的美好，生活的幸福。

2．学会自我解嘲

在遇到尴尬和难堪时，如果采取风趣生动的自嘲，就可能扭转尴尬和难堪局面。比如，别人在公共场合指出了你的缺点，让你大失面子，此时不要面红耳赤，也不要吹胡子瞪眼，不妨自我解嘲一下，给自己一个台阶下，自己就不会太愤懑，别人也会刮目相看。自我解嘲，既能使不满的情绪得到缓解，也能使我们更加清醒地认识到自己的不足，从而以更加平静的心灵去为人处世。

3．学会自我安慰

在人生的旅途上，不可能到处都是鲜花坦途，总要遭遇一些不如意的事，比如下岗待业了、官职被免了、疾病缠身了、情场失意了……这些事常常令我们愤愤不平，叹息不止，甚至怨天尤人。如果一旦失去了平和的心态，就容易导致心理扭曲和变态。这不仅会影响到自己的工作情绪和生活质量，还会对身心健康造成严重的伤害。学会自己安慰自己，才能使受伤的心灵逐渐愈合。

4. 淡泊以明志

古代养生家嵇康说过："清虚静泰，少私寡欲"。诸葛亮也说："非淡泊无以明志，非宁静无以致远"。这些名言都告诫我们，不要贪图功名利禄，要心胸开朗、无忧无虑和无怨无悔，保持愉快的情绪，自然身心健康、生活幸福。

5. 学会忘记

如果人们一直背负着个人的恩怨、坎坷的经历、烦心和遗憾的事，那么他很快就会不堪重负。忘记对我们来说是放弃羁绊的人和事，这样心中便会无牵无挂，无忧无虑，生活才能悠然自得。

第28课

初出茅庐者的“蘑菇定律”

蘑菇定律是指初入世者常常会被置于阴暗的角落，不受重视或打杂跑腿，就像蘑菇培育一样还要被浇上大粪，接受各种无端的批评、指责、代人受过，得不到必要的指导和提携，处于自生自灭过程中。蘑菇生长必须经历这样一个过程，人的成长也肯定会经历这样一个过程。所以，如何高效率地走完生命中的这一历程，尽可能地从中吸取经验教训，是每个刚踏入社会的年轻人必须面对的问题。

程序员编写的蘑菇定律

初出茅庐者往往被置于不起眼的角落（不受重视的部门，或打杂跑腿的工作），淋上一身大粪（接受无端的批评、指责，代人受过），任其自生自灭（得不到指导和重用）。

湖边有两棵树，一棵一人抱不过来，一棵如小手臂粗细。当给湖底清理淤泥时，它们都被锯掉了。工人离去后，湖边就多了两根树桩。

一天，来了一个园林工人，要挖掉两根树桩重新植树。这时一个散步的老人走过来说：“大的可能不会再长成树，但小的一定会的。”园林工人查看了一下树桩，没有挖，收拾起工具走了。

又一年的春天来了，小树桩上的嫩芽逐渐长成了手指粗的枝条，峻拔挺立；而大树桩上的嫩芽却长成了一丛灌木，乱糟糟的像一头乱发。园林工人很希望大树桩上也能长出比较粗壮的枝条来。于是，他砍去多余的枝条，留下比较有希望的一枝。但是，一点儿用都没有。几年后，这根抽过很多次嫩芽的大树桩终于在最后一根枝条枯萎后，彻底干枯了。

有一天，那位老人又来这儿散步了。园林工人见了他后，很想解开心中的疑问。老人说："树和人一样，凡是早年受过挫折、失败的人都很幸运。他们还有从头做起的时间，还可以再学一门有用的技术，最后成为有用的人。而到了四五十岁再接受失败打击，就很可怜了，因为他已没有多余的时间和精力了。"

这个故事对于许多刚参加工作的新人有借鉴意义，因为他们往往正处在"蘑菇定律"的困境中。

蘑菇定律，就是指许多单位对待初出茅庐者的一种管理方法。刚参加工作的人往往会遭遇到这样一种境况：被置于不起眼的角落（不受重视的部门，或打杂跑腿的工作），淋上一身大粪（接受无端的批评、指责，代人受过），任其自生自灭（得不到指导和重用）。

"蘑菇"经历对于正在成长中的年轻人来说，就像蛾茧，是蛾子破茧而出，变成蝴蝶前必须经历的一步。这种经历有如下三种作用。

首先，消除不切实际的幻想。很多年轻人往往自负自傲，认为自己是"天之骄子"，工作了便应该受到重用。但是，他们普遍缺乏工作经验，而且也缺乏挑重担的能力。只有经过一段时间的磨炼，消除不切实际的幻想，才能逐步成长起来。

其次，消除对成绩的沾沾自喜。对于职场新人来说，在完成一些工作、取得一点成绩后，就希望上司和同事会对自己刮目相看，最好还能赞赏不绝；如果遇到失败或做错某事，总以为别人在盯着自己、准备随时责备自己。但是，每个人都有自己繁忙的事务、个人的烦恼，没有谁有闲暇去刻意注意别人的。

最后，加快适应社会的步伐。要想在职场游刃有余，不仅要具备丰富的专业知识和技能，还要有良好的社交能力。那些办事能力强、工作积极的人，都有着良好的适应行为。人们是否能够很好适应社会和职场，取决于最初一段时间的成长过程。

刚开始的时候，有段“蘑菇”经历不是什么坏事。其实，很多机会都是在单调的工作实践中碰到的。如果你一开始就不想从事最简单、单调的工作，那么你永远也得不到提升的机会！每个年轻人都应该高效率地走过生命的这一段，从中汲取更多的经验，逐步成熟起来，并树立起良好的可信赖的个人形象。

那么，“蘑菇”怎样才能尽快成长呢？关键在于能融入一个团队，并从团队中获得尽可能多的营养和支持，以尽可能快地钻出地面。

当前的社会，离不开人际关系。人与人之间如果没有信赖关系，工作是一步也没法展开的。我们需要借助别人的力量，而这种互相信任的关系是可以在单位内部的，也可以在社会中的。

在单位内，最重要的是先把自己办公室的人际关系搞好。办公室是讲究团体主义的。每个人不但要做好自己的本职工作，更要相互合作，取长补短。如果办公室的向心力很强，大家就会互助互爱。如果团体有着深厚的凝聚力，那么和谐的人际关系就形成了。

人类是社会动物，有一种群体归属感。如果和群体相似时，我们本能上就会感到放心，而一旦和群体不同，就会产生一种不安的感觉。有时，有的单位用穿制服来强调“团体性”，因为外在的融合可能会影响到内心而产生共鸣。因此，即使你还不能适应单位内的穿着风格，也请把自己喜欢的服饰留到假日里穿。上班时，还是穿着适合单位环境的服饰好。

礼貌也同样必不可少。无论哪个单位都会对新进人员进行礼貌的培训课程。新人要注意学习对待客户的方式、交换名片、自我介绍的方法，接电话、打电话和交谈的方式等礼貌。这些都是基本的规范，应该遵守并切实践行。

在我们被看成“蘑菇”时，一味说自己是“灵芝”没有多大用处，利用环境尽快成长起来才是当务之急。当你从“蘑菇堆”里脱颖而出、出类拔萃时，人们自然就会认可你的价值，对你刮目相看。

消除不切实际的幻想

初入世的人为了获得上司和同事的注意，为了使自己得到重用，总是急于表现，发表轻率的言论。这不但不能引起人们的注意，相反还会引起老员工的反感，留下自以为是、不知轻重的印象。

很多年轻人，当他们走出校园、踏入社会时，总是对自己抱有非常高的期望，觉得自己已开始工作就应该得到重用，就应该得到一笔可观的报酬。他们喜欢在薪水上相互攀比，薪水似乎成了他们衡量自身价值的唯一标准。可实际上，刚刚踏入社会的年轻人往往缺乏工作经验，是无法担负重任的，工资当然不可能太高，于是许多年轻人便有了抱怨。

在公司里得不到重用，薪水也不理想，曾经在校园里编织的美好梦想正在一个接一个地破灭。于是，他们没有了信心，没有了热情。工作时总喜欢应付了事，能少干就少干，能逃避就逃避，当一天和尚撞一天钟。

因此，对他们来说，在参加第一份工作时就必须消除不切实际的幻想。他们应该明白，在这个世界上没有任何工作是卑微的、不足道的。

从斯坦福法学院毕业之后，卡莉·费奥利娜（惠普公司董事长）找的第一份工作是在一家房地产投资经济公司任职。她所担任的职务很普通，就是“接线生”。她接电话、打字、复印……尽管她的父母都非常关心她，体谅她，尽管这并不是他们所真正希望的，一个斯坦福毕业的学生竟然会干这种微不足道的事。

但费奥利娜发现，不管做什么事，你都能从中学到很多东西，关键在于你是否具有积极的学习态度。

终于有一天，她的勤奋与好学给她带来了机会。几个经纪人认为她不应该被那些繁琐的接线工作耽误前程，他们问她是否愿意做些其他什么工作。于是，费奥利娜得到了第一次撰写文稿的机会。就是那一刻，因为她相信自己可以做好，所以她得到了一次改变人生的机会。

事业中的很多机会都是在每一次单调的、平凡的工作中争取的。如果你一开始就心高气傲，不愿意从事单调的工作，那么你永远都得不到提升的机会！只有投身到纷繁复杂的社会生活中去，在生活中摔摔打打，你才能感受到在你的身边其实潜藏着数不尽的机会。

对于初出茅庐者来说，完成一项工作或取得一些成绩之后，总是希望得到上司的赏识和同事的关注，如果能因此而得到提升那就更好了；如果遭遇挫折或工作上出现差错时，又总以为别人在暗自叫好，或者在背后嘲讽自己。但事实上，每个人都有着自己繁重的工作、生活的烦恼，没有人会花费宝贵的时间去注意别人。

苏伦的个子并不高，但体重却是著名模特特威格的两倍。当她走进美容院决定做美容的时候，美容师说她的脸是最大的难题。

以前，苏伦总是试着去顺应世俗观念，总想表现得比别人更优越。但在阿斯科特跑马场看到的一幕，使苏伦明白以前的做法真是太愚蠢了。

有一个长得很矮却非常胖的女人，穿得很整齐，戴着高高的帽子，晚礼服上还佩戴着粉红色的蝴蝶结，白色的长筒手套，手里还拿着一根尖头手杖。由于她很胖，当她坐在手杖上时，手杖尖戳进了地里。由于手杖戳得太深，一下子拔不出来。她用力地拔呀拔，愤怒的泪水就要流下来了。最后她还是拔出来了，但却因为惯性而跌倒在地上。

这个胖女人太倒霉了，她在大庭广众之下出了丑。她没有给人们留下一个好印象；她充满悲哀的眼泪在向世界宣告她是一个失败者。苏伦记得非常清楚，她自己曾经也有过这样的经历。

但那时候的苏伦还没有认识到：没有人会注意你的所作所为。她总是担心别人会如何想她。

直到有一天，她坐在公园里读一段法国散文时，她读到了一个幻想未来的女人，这个女人没有多少时间在过自己的生活，因为她把大部分时间用在如何给别人留下好印象上了。

苏伦此刻才意识到，她二十几年的光阴都浪费在一个毫无意义的赛跑上了。她所付出的一切都没有意义，因为没有人会注意她。

那么，在组织中，为了能够得到上司和同事的注意，急于表现、发表轻率的意见都不是可取之策。这不但容易引起老员工的反感，也会给人留下自以为是、不知轻重的印象。

磨去棱角，适应社会

要知道，蘑菇出世没有人会刻意注意，相反在磨掉棱角适应社会，在最单调的工作中学习，认真对待每一件事情，多做事少抱怨，主动学习主动自发，在不被人注意的时候每天都激励自己，才能有所作为。

要想在社会大舞台上游刃有余，不仅要有专业的知识和技术，还要具备各种基本的能力。然而，光依靠这些能力做事还远远不够。成功的人士，都能把基本的能力融入到人际关系和周围的环境中。简单地说，就是这些能力必须配合社会上的需要。

其实，只要你仔细观察就会发现，那些工作积极，具有很强办事能力的人，往往都有着相似的行为标准和思考模式。有人把这种成功的模式，称为商界适应行为。如果年轻人能够快速掌握这种商界适应行为，就能够在短时间内适应自己的工作。如此一来，地位的提升也就指日可待了。

我们也许听过这样一句话：学校的高材生，未必能成为一代风云人物。这是因为，在学校里被认为是学富五车、才高八斗的才子，也可能无法适应社会的需要。相反，在业界适应能力强的人，即使不是重点大学的毕业生，也可以成为业界的顶尖人士、风云人物。

一个人能否适应业界中的行为模式和游戏规则，会受到其性格、意愿和价值观等方面的影响。因此，对于刚刚参加工作的人来说，如果想立足于社会，取得事业上的成功，适应社会才是最主要的。

那么该如何去适应社会呢？具体地说，就是多做事，少抱怨。在最单调的工作中寻找价值，在最枯燥的生活中寻找乐趣。

如果你只是为了薪水而工作，公司的确是一个无聊的地方。但是，如果你想到的只是这些，未免有些肤浅。工作的价值与乐趣是要靠自己一点一滴去体会的。当你历尽艰辛才完成一项工作时，那种感觉是多少钱都换不来的，这就是所谓的“成就感”。恰恰是这些成就感的累积，会使你的生活越来越充实，越来越充满活力。

曾经，最伟大的高尔夫球明星伍德干的第一份工作是赶牛犁地。他跟在牛的后面，用一根破旧的扫帚把赶牛。一天只能拿到1美元，每天都要连续工作8小时，连停下来吃饭的时间都没有，但伍德丝毫没有抱怨。

也许在任何人看来，赶牛犁地可谓世界上最单调、最乏味的工作，但它对伍德的一生都有好处，使他得到了很好的锻炼。

由于农场主总是监视着他们，他每天都必须准时开工。此后，不管伍德做什么工作都没有迟到过。此外，他还学会尊重雇主，一心一意地干活。在他的脑子里，从来没有出现过逃避劳作或说谎称病在家休息的念头。

那时，伍德才6岁，可是他已经像个大人一样干活了。家里需要他去挣钱，因为他的父亲每周最多只能挣18美元。他们住在一座简陋的房子里，地面是土铺成的，屋子里连洗澡的地方都没有。

能帮助父母减轻家庭负担，并用挣来的钱养活弟弟和妹妹，伍德感到非常自豪，这也使伍德有了自信心。而对于一个人来说，自信心是他最重要的东西之一。

伍德7岁的时候，在离家不远的一个高尔夫球场找了一份工作。他的工作是站在高尔夫球场平坦的球道上，看球具体落在什么地方，这样球手就能很快找到球了。如果有一个球找不到，就意味着伍德要被解雇，但伍德从来没有漏掉一个球。

每天，当伍德躺在床上的时候，总会梦想打高尔夫球能赚非常多的钱，然后他就可以用这些钱给自己买所需要的东西，此时他最需要的就是一辆新自行车。

越想欲望越强烈，他就越觉得自己应该去打高尔夫球。于是，他找来一根树枝和一根管子，做了自己的第一根高尔夫球棒，然后又找来一个空罐头盒做成了一个高尔夫球，最后在地上挖了两个小洞，他一有时间就练习打球，像在地里干活那样认真。

就是凭着用树枝做成的高尔夫球棒，伍德打出了自己的世界级明星的荣誉。

当然，我们所在的公司不可能每天都举行感人的“下水典礼”。但是，我们应该把它当成是“梦想起飞的地方”。所以，年轻人不但要潜心学习，更应该有献身于工作的精神。只有这样，你才能更快地和社会大舞台接轨。也只有这样，你才能尽早适应社会，立足于社会。

“蘑菇”心理训练

既然每一个初入职场的工作者都要先做一回“蘑菇”，那么，我们就要学会对当“蘑菇”时的心理进行调适。

1.认真对待每一件事情

刚进职场的年轻人，很少马上就被委以重任，往往是做些琐碎的工作。但是不要小看他们，更不要敷衍了事，因为人们是通过你的工作来评价你的。如果连小事都做得潦草，别人还怎么敢把大事交给你呢?

2.主动学习，自动自发

年轻人应该从头学起，担当最基层的职务，这是件好事。世界上有许多大企业家在创业之初都要做些琐碎而单调的事情。他们与扫帚结伴，以清扫办公室度过了企业生涯的最初时光。

3.一定要表现自己

虽然绝大多数的年轻人都有过一段“蘑菇”的经历，但是，如果你当“蘑菇”的时间过长，你就可能成为众人眼中的无能者。更糟的是，你自己也会渐渐认同这个角色。所以，在公司里，你一定要善于表现自己，那些默默无闻、埋头苦干的人往往得不到重用。一个精明的员工，不仅善于做事，而且还要会“表现”自己，才有机会脱颖而出。

4.找到自己的定位

如果一个人当了太长时间的“蘑菇”，就应该对自己和自己的工作进行重新定位了。因为我们都知道，必须把不同个性的人放在最合适的岗位，才能发挥出最大的潜能。比如一个喜新厌旧的人，对于一个保守的职业而言，可能是经常批评公司及主管的叛逆分子，令人头痛不已。但如果他去从事创意方面的工作，可能会大受欢迎，因为他总能提出新的想法。因此，如果确实发现现在的岗位不适合你，如果你不想做一辈子“蘑菇”，那么该是对自己进行重新定位的时候了。

第29课

盲从与理性——从众化到个性化

我们都听说过羊群效应，其表现了人类共有的一种从众心理。而从众心理很容易导致盲从，盲从则往往陷入骗局或遭到失败。所以，我们要努力培养和提高自己独立思考和明辨是非的能力，只有保持自己独特的个性和独特的创意，方可达到出奇制胜的效果。

羊群效应

纵观古今中外，大凡成功的人士都有一个共同的特点，那就是：做人有主见，处事敢决断。胆小怕事的“鸵鸟人”和人云亦云的“鹦鹉人”是永远都不会走近成功的。

有这样一个故事：

一位石油大亨到天堂去参加会议，一走进会议室，发现座位全被坐满了，自己没有地方落座。于是，他灵机一动，大喊一声：“地狱里发现石油了！”

这一喊不要紧，天堂里的人们纷纷向地狱跑去。很快，天堂里就只剩下他一个人了。

这时，大亨心想，大家都跑了过去，莫非地狱里真的发现石油了？

于是，他也急匆匆地向地狱跑去。但地狱并没有一滴石油，有的只是受苦。

还有另外一个故事：

有一个人白天在大街上跑，另外一个人看到了，以为发生了什么事，就跟着跑，第三个人看到有两个人在街上跑，感到很奇怪，想探个究竟，于是也跟着跑起来。就这样，加入到队伍中来的跑者越来越多。到最后，整条街的人都在跟着前面的人跑，场面十分壮观。

其实，除了第一个人，大家都不知道自己为什么要跑，仅仅是因为第一个人的奔跑就带动了其他人的跟进，这样满大街的人都成了别人眼里的疯子。

这两个故事所要告诉我们的是，人们都有一种从众心理。由从众心理而产生的盲从现象就是“羊群效应”。

羊群是一个比较散乱的组织。平时，很多羊在一起盲目地冲突、顶撞。然后，有一只头羊发现了一片肥沃的草地，并在那里吃到了鲜美的青草。后来的羊群就蜂拥而上，你争我夺，全然不顾旁边垂涎三尺的狼，或者看不到前面还有更鲜美的青草。

因此，人们常常用羊群来比喻没有自己的判断力，做事盲从的人们。

从众心理也称顺从心理，有人也称遵从心理，是指一个人的行动、信仰和情绪会受到别人的影响。“从众”是一种比较普遍的社会心理和行为现象。通俗的解释就是“人云亦云”、“随大流”；大家都这么认为，我也就这么认为；大家都这么做，我也就跟着这么做。

虽然我们每个人都标榜自己有个性，但是在很多时候，我们不得不放弃自己的个性去从众，因为我们不可能对每一件事都了解得清清楚楚。对于那些我们不很清楚、又没有把握的事情，我们一般会采取“从众”的方法。

社会心理学家研究发现，持某种意见的人数多少是影响从众的最重要的一个因素。“人多”本身就是说服力的一个明证，很少有人在众口一词的情况下，还能站在对立面上坚持自己的观点。

压力是从众心理产生的另一个决定性因素。“枪打出头鸟”、“木秀于林，风必摧之”、“出头的椽子先烂”，这些都在告诉我们，在一个团体内，谁做出与众不同的行为，往往会招致“背叛”的嫌疑，会被其他人孤立，甚至受到恶意的惩罚。所以，团体内成员的言行往往都是一致的。

一项对工人的调查结果足以说明这一点：工人们对自己每天的工作量都有一个标准，当他们把这些工作做完后，往往就会停下来，哪怕还有时间，他们也决不会再多做出一些来。因为任何人超额完成都可能使上层提高定额。所以，没有任何人去做超额的工作。这样，一个人干得比任何人都多，就等于触犯了众人的利益，就有可能遭到大家的孤立与唾弃。为了免遭不幸，人们就会采取“从众”的做法，而不会去标新立异，冒天下之大不韪！

毛毛虫习惯

要想摆脱跟随者的怪圈，就必须保持自己的个性，拥有自己独立的判断，绝不能做一只“随大流”的毛毛虫或羔羊，而要做一只与众不同的狼。

在法国有一位名叫约翰·法伯的科学家曾做过一个著名的实验，人们称之为“毛毛虫实验”。

法伯把数十个毛毛虫放在一只花盆的边缘上，使其首尾相接围成一圈，并在离花盆不远的地方，放一些毛毛虫最爱吃的松叶，然而毛毛虫全然不顾鲜美的松叶，只是一个跟一个，绕着花盆，一圈又一圈地走。一个小时过去了，一天过去了，毛毛虫还在不停地、一圈又一圈地爬行，一连走了7天7夜，终因饥饿和过度疲劳而死去。而在这期间，只要有一只毛毛虫能够与众不同地改变其行走路线，就会轻而易举地吃掉松叶，也不至于会饿死。

这种毛毛虫总是喜欢跟着前面的毛毛虫走的习惯，科学家称之为“跟随者”的习惯，把因跟随而导致失败的现象称为“毛毛虫效应”，也就是我们所说的“羊群效应”。

在商场上流行这样一种说法：同样一桩生意，做第一的是天才，做第二的是庸才，做第三的是蠢才，做第四的就要入棺材了。由此可见跟随者的悲哀。

清朝扬州八怪之一郑板桥自幼酷爱书法，古代著名书法家各种书体他都临摹。经过一番苦练，终于和前人写得几乎一模一样，能够乱真了。但是大家对他的字并不怎么欣赏，他自己也很着急，比以前学得更加勤奋，练得更加刻苦了。

一个夏天的晚上，他和妻子坐在外面乘凉，他用手指在自己的大腿上写起字来。写着写着，就写到他妻子身上去了。他妻子生气地把他的手打了一下说："你有你的身体，我有我的身体，为什么不写自己的体，而写别人的体？"

郑板桥猛然从这句话中受到启发：各人有各人的身体，写字也各有各的字体，本来就不一样嘛！我为什么老是学着别人的字体，而不写自己的体呢？即使学得和别人一样，也不过是别人的字体，没有自己的风格，又有什么意思？

从此，他取各家之长，融会贯通，以隶书与篆、草、行、楷相杂，用作画的方法写字，终于形成了雅俗共赏的"六分半书"，也就是人们常说的"乱石铺街体"，成了清代享有盛誉的著名书画家。

看完这个故事，我们应该认识到，要想摆脱跟随者的怪圈，就必须保持自己的个性，拥有自己独立的判断，绝不能做一只"随大流"的毛毛虫或羔羊，而要做一只与众不同的狼。

狼很懂得合作，在狼群中有着严明的秩序、自觉的纪律和明确的行动目标。同时，狼也有积极的生存能力，独行千里，仍能保持一定的危机预警力、攻击力和抗争力。

正是狼的这些特性，使它获得了陆地食物链中"最高终结者"的称号。人们在为其凶残冷酷而感到惊恐的同时，也不得不为其灵敏的危机处置能力和顽强的拼搏精神所惊叹。

试想，如果羊在保持其温顺本性的同时，能够学一点狼的野性与机警，不就可以改变其弱肉强食的命运，甚至展露胜利者的微笑了吗？

不走寻常路

你是什么样的人就决定了你走什么样的路。踩着别人的脚印前行难免被吃掉或被淘汰。不走寻常路才是你脱颖而出的捷径，对一个人来说是如此，对于一个想有所成就的人来说更是如此。

有一家大型广告公司招聘高级广告设计师，面试的题目是要求每个应聘者在一张白纸上设计出一个自己认为最好的方案，不限制主题和内容，然后把自己的方案扔到窗外。如果谁的方案最先设计完成，并且第一个被路人拾起来看，那么谁就会被录用。

应聘者们开始了忙碌的“答题”，他们竭尽全力地设计这精美的图案，甚至有的人画出诱人的裸体美女来。

就在别人手忙脚乱的时候，只有一个应试者非常迅速、非常从容地把自己的方案扔到了窗外，并引起过路人的哄抢。

他的方案是什么呢？原来，他只是在那张白纸上贴了一张面值100美元的钞票，其他的什么也没画。就在其他人还疲于奔命的时候，他就已经稳坐钓鱼台了。

这就是独特创意的威力！

不盲从，不做毫无个性的跟随者，最重要的就是要有自己的创意。创意就是你生命活力的激发，就是你区别于羊群的最显著标志。

你是什么样的人就决定了你走什么样的路。踩着别人的脚印前行难免被吃掉或被淘汰。不走寻常路才是你脱颖而出的捷径，对一个人来说是如此，对于一个想有所成就的人来说更是如此。

自己的未来终究掌握在自己的手里，你愿意去做一只“毛毛虫”，一只“待宰的羔羊”，还是做一只特立独行的狼？

答案很明显：做毛毛虫很可能被饿死，做羔羊很可能被狼吃掉。可悲的是，人们很多时候意识不到自己在不经意间已经加入了羊群。

所以，你必须时刻保持警惕，保持头脑的清醒，保持自己的个性，保持自己的创造性，把握自己的未来。

一个没有个性的人是可悲的，一个没有个性的组织注定是短命的。

我们再来看一个“不走寻常路”的例子。

有一年，市场预测表明，该年度的苹果将供大于求。这使众多的苹果供应商和营销商暗暗叫苦，他们似乎都已认定：他们必将蒙受损失！可就在大家为即将到来的损失长吁短叹、准备低价出售时，有一个聪明的人却想出了绝招！他想：如果在苹果上增加一个“祝福”的功能，即，只要能让苹果上出现表示喜庆与祝福的字样儿，如“喜”字“福”字，就准能卖个好价钱！

于是，当苹果还长在树上，他就把提前剪好的纸样贴在了苹果朝阳的一面，如“喜”、“福”、“吉”、“寿”等。果然，由于贴了纸的地方阳光照不到，苹果上也就留下了痕迹——比如贴的是“福”，苹果上也就有了清晰的“福”字了！这样的苹果的确少见，这样的创意也的确领先于人，正因为他的苹果有了这种全新的祝福的功能——而这又是别人所没有的。他果然在该年度的苹果大战中独领风骚，赚了一笔大钱！

转眼到了第二年，他的这一手别人学会了，但仍然是他的苹果卖得最火，为什么？因为他的点子想得更绝，他的苹果上不仅仅仍然有“字”，而且还能鼓励青睐者“成系列地购买”。原来，他早已将他的苹果一袋袋装好，且袋子里那几个有字的苹果总能组成一句甜美的祝词，如“祝你寿比南山”、“祝你们爱情甜美”、“祝您中秋愉快”、“永远怀念你”等。人们再度慕名而至，纷纷买他的苹果作为礼品送人！

故事中人物创业的成功，就是靠着“独立创意”这一制胜要诀。

要想有自己独特的创意，首先要做到有主见，不人云亦云，跟在别人后面是捡不到钱的，所以一定要培养自己独立思考的能力。不管是加入一个组织者还是自主创业，保持创新意识和独立思考的能力都是至关重要的。

对于善于独立思考而又能掌握领先要诀的人，他的前途一定是光明的。

“有主见”心理训练

没有主见，是因为对未来的不确定，觉得无法把握，或者害怕错误害怕跌倒，害怕面对失败，所以宁愿什么都参照别人，由别人来决定，这样至少是安全的。可是，越是这样，越没有自信，越没有独立自主的勇气。人生，是要靠自己走的。许多事情，都是需要自己决定自己面对的，因此不需要害怕。所有你所面对的，试着给自己勇气去尝试，错了也没关系，要相信你自己，你所做的决定，未必就不如别人。

1．培养独立思考的能力与习惯

培养独立思考的能力是从根本上消除从众心理的关键。因为很多人是在自己无法拿定主意的情况下从众的。这说明培养个人调查研究、独立思考、分析问题的能力是非常重要的。所以，我们要大胆探索，勇于质疑，以增强自主意识，做到不盲从、善鉴别、有主见。这样既能克服消极的从众心理，又能促进自身的个性发展。

2．克服自卑心理

克服自卑心理，培养坚强的意志和毅力，可以提高我们在各种思想压力下的心理承受力。因为怕被奚落而从众，怕受报复而从众，在诸多人中大有人在。真理不是以赞同的人数多寡来决定，我们要勇于坚持正确有道理的观点、见解、意见和建议，以增强自信心，遇事能拿出自己的见解和办法，这也是消除从众心理的一个重要条件。

3．自己才有决定权

当面对问题的时候，要记得，可以去询问别人的意见，但是，做决定的时候，你要记得，这是你所面对的问题，这是你要做的决定。别人的话，是参考，却不是法则。不要让别人禁锢你的声音、你的生命。

第30课

让情绪为你所控

好的情绪可以使人走向成功，而不良的情绪却可能使人面临失败。其实，每个人的情绪都是有波动的，而我们需要做的就是主动控制自己的情绪。这样你的生活才会处处充满阳光，你的人生也将走向平和与成功。

智慧的人生就是少抱怨

只有把抱怨环境的心情，化为上进的力量，才是成功的保证。

——罗曼·罗兰

荀子曰："自知者不怨人，知命者不怨天；怨人者穷，怨天者无志。"有自知之明的人不抱怨别人，掌握自己命运的人不抱怨天；抱怨别人的人则穷途而不得志，抱怨上天的人就不会立志进取。在市场经济的大潮中，任何牢骚满腹、怨天尤人的举动都毫无意义，任何成功之道都不是抱怨出来的，而是走出来的。

在现实生活中，我们很容易发现，有些人很喜欢抱怨。这些人说起话来总带着不满意的、抱怨别人的口气。这样的人，好像世上没有几件事能让他称心如意。

当然，人与人，人与社会，是一个相互联系、相互矛盾的统一体，在其运动的过程中有些磕磕碰碰、烦闷、不快在所难免。问题是，总是抱怨别人或环境，不说对别人，就是对自己的生活和事业，也是没有半点益处的。

有一个小和尚，他尽管遁入空门，却依旧不能看破红尘。他一直非常苦恼，认为自己的生活实在是苦。终于有一天，他把自己的苦恼告诉了师傅。

师傅说："你知道自己的父母是谁吗？"

小和尚答道："不知道，我从小在寺院里长大，我是被父母抛弃的孤儿。"

师傅又问："那么，你恨他们吗？"

小和尚答道："不恨，因为他们是我的亲生父母，我骨取之于父，肉取之于母，没有他们就没有我。我对他们何来的恨呢？"

师傅轻声叹了一口气："在我发现你的时候，你已经奄奄一息，你的喉咙差一点就被人割断，而凶手正是你的父母。他们正被一群日本兵追杀，害怕你受到惊吓而哭叫，所以就要割断你的喉咙，现在你明白了真相，你恨不恨他们？"

听完之后，小和尚有些伤心，但依然斩钉截铁地回答说："不恨，倘若当时换作是我，我也会这样做的。"

师傅说："你不恨他们，是因为你感激他们生下了你。那么你为何要恨生活给你痛苦呢？难道生活不是更值得你去感激吗？"

若干年后，这座寺院有了很大的名气，许多人都会来这里参佛。而寺院的主持就是当年的那个小和尚，因为他终于领悟了感激。同时，他还会告诉来这里参佛的每一个人要学会感激。

生活告诉我们，世界上没有完美无缺的事物。许多事物常常都是一把双刃刀，如果只看到刀刃的一面，那么受伤的永远是自己。因此我们要少一份抱怨，多一份感激。要想对他人心存感激，就要常怀慈悲之心、仁爱之心；要想有一颗感激之心，就要多给予少索取，令自己心安理得。与别人发生矛盾时心存感激，就会使你想起曾经他对你的关怀与帮助，化解心灵的隔阂。对现实不满时心存感激，就会使你对生活产生美好的信念，从而生活得更好。

一位伟人说过："有所作为是生活中的最高境界。而抱怨则是无所作为，是逃避责任，是放弃义务，是自甘沉沦。"不管我们经历怎样的境遇，一味地抱怨不已，只会于事无补，而且会把事情弄得更加糟糕，尽管这不是我们想要的结果。

一个傍晚，过路的老人看到一位年轻人正坐在一块石头上叹气，在他的身旁摆着一担柴火，明显是刚从山上砍的。

“年轻人，你有什么困难吗？”老人疑惑地问道。

“唉，每天上山砍柴前，我都计划好要砍两担柴的，可是，每次不是斧子钝了，就是体力不支，因此我的目标从来没有实现过。为这，我很沮丧，每天都过得很不开心。”

“年轻人，很多事强求不来，一切顺其自然，就不会徒生那么多烦恼了。”说完后，老人就消失了。

一切顺其自然，说来容易做起来难，但若是你真能做到这一点，那么你就会从中受益很多。

有人说，一个人如果在青少年时就知道永不抱怨的价值，那真的是一个明智而良好的开端。如果我们还没有修炼到这种境界，那么就记住：倘若事情没有做好，就不要为抱怨找借口。

一个人经过一棵椰子树，正巧一只猴子从树上扔下来一个椰子，击中了他的头。

没有想到，他摸了摸被打中的头，然后捡起椰子，吃椰肉、喝椰汁，最后还用椰壳做了一个碗。

试想，如果猴子扔下的那个椰子击中的是你的头，你会怎么做呢？咒骂？怨恨？或者教训猴子一顿？这些都无济于事，而且会使你的心情变得更糟。如果你能够像故事中的人一样，怀有一个积极的心态，那么你可能会感谢那只猴子，因为没有猴子的淘气，就没有椰子。如果没有这些，你也许无法解决旅途中的无聊、寂寞和饥饿。

没有人喜欢抱怨的人，因为抱怨的人根本不会有好的未来。所以，我们每个人都应该跨越抱怨这堵石墙，积极思考，付诸行动，信心百倍地大干一场，相信没有抱怨，你的生活会更加美好，没有抱怨，你的事业会更加成功！

弹去心弦上的浮躁

纷繁的世界，涌动的人潮，还有一颗颗浮躁的心便是这个时代的主元素。于是，“快餐式”的文化也就有了它们的生存空间，得以在这个世界大行其道。渐渐地，我们变得浮躁起来，然后整个世界也都浮躁了起来。

有些人，内心缺少宁静，做事就凭脑子一热，常常既没有准备，又没有计划，只要兴致一来就动手去做，恨不能一锹掘出一眼井，一口吃成个胖子。然而结果却常常事与愿违，反倒是欲速则不达。因为，他们大多犯了浮躁的毛病，他们不懂得循序渐进，而一味地追求急功近利。明代边贡《赠尚子》一诗中这样写道：“少年学书复学剑，老大蹉跎双鬓白。”说的是有些年轻人正要坐下学习书本上的知识，忽而又要去学舞剑，这般浮躁，随着时光匆匆流逝，最终只落得个白发苍苍。

有一个多次失意的年轻人，感到自己在工作单位很没有面子，单位的领导没有让他担任重要的职位，也没有提拔他的意思……因此，他决定出去寻求名人指点。他不远千里来到普济寺，慕名找到老僧释圆，非常沮丧地对老僧说：“人生处处不如意，活着好似偷生，没有什么意思。”

释圆镇定地听着年轻人的唠叨与叹息，等年轻人说完之后，他才吩咐小和尚道：“这位施主远道而来，去烧一壶温水送过来。”

过了一会儿，小和尚提了一壶温水过来。释圆捏了茶叶放进杯子，然后倒进温水，放在茶几上，面带微笑地请年轻人喝茶。杯子里冒出微微的热气，茶叶静静地浮在上面。年轻人不解地问道：“宝刹为何用温水沏茶？”

释圆笑而不答。年轻人喝一口细细品味，不住地摇头：“一点茶香都没有。”

释圆说道：“这可是闽地最有名的茶叶铁观音啊。”

年轻人听后又端起杯子细细品尝，然后肯定地说：“真的一丝茶香都没有呢。”

释圆又吩咐小和尚道："再去烧一壶沸水送过来。"

一会儿过后，一壶冒着腾腾白气的沸水被小和尚提了进来。释圆走过去，又拿了一个杯子，放进茶叶，倒进沸水，再放在茶几上。年轻人低头看去，茶叶在杯子里上下翻动，丝丝清香不觉入鼻，让人望而生津。年轻人正要端杯，释圆趁势挡开，又提起水壶倒入沸水。这时茶叶翻腾得更加厉害了，更醇厚，更醉人的茶香缕缕升腾，弥漫在禅房的各个角落。释圆如此注了五次水，杯子终于满了，满满的一杯绿茶，端在手上香气扑鼻，喝上一口沁人心脾。

释圆微笑着问道："现在施主可知道，同是铁观音，为何茶味迥异？"

年轻人想了一会说："一杯用温水，一杯用沸水，所用的水不同。"

释圆点头道："用的水不同，茶叶的沉浮就不一样。温水沏茶，茶叶漂浮于水上，怎么会散发茶香？沸水沏茶，反复多次，茶叶浮浮沉沉，释放出四季的韵味：既有春的清幽、夏的炎热，又有秋的丰硕和冬的甘洌。芸芸众生的人世，与沏茶的道理相同，温度不够的水不可能沏出一壶好茶，同样，能力不足的人也不会处处得力，事事顺心。要想摆脱失意，最好的办法就是勤学苦练，提高自身的能力。"

年轻人听完后，顿时醒悟，回去后勤奋学习，虚心向人请教，不久就得到了单位领导的重用。

水温够了茶才香，功夫到了自然成。一个人要想取得成功，就要学会稳健、不浮躁。只有不断地要求自己，完善自己，才会使自身不断适应社会和时代的变革。人们内心涌起的浮躁大多由自我定位不准而起的，或者说是自我评价不客观，或者说对周围环境的观察不准确。总是以自己的所长去衡量别人和外界，总觉得自己的贡献是巨大的，总觉得自己的成绩是斐然的，所以渴望得到丰厚的回报。当期望变成失望之时，便牢骚满腹，怨天尤人，甚至自暴自弃，自然而然地由浮躁而郁闷、而痛苦了。

其实，只要心态好，生活自然会快乐。人们对待外界的态度是由其心态决定的。同样的事情，以良好的、积极健康的心态来勇敢面对，自然是办法多于困难，快乐多于郁闷。

生活是一面镜子，你对它微笑，它也便对你微笑。你踏实、勤奋、积极地面对生活，所收获的自然是成功和快乐。

在这个物欲横流的世界里，到处充满着诱惑，而这如此多的诱惑，会使人变得浮躁。因为他常常会想，别人可以拥有的，我为什么不可以有？然而事实就是如此，你越是迫不及待，你就越不易成功，因为浮躁会占据你的思想，使你的头脑不再清醒，以至于不能制订正确的计划以稳步前进，结果只会适得其反。

李嘉诚之所以成为华人首富，不是靠什么急功近利，而是一步一个脚印，踏踏实实奋斗了几十年得来的，而他的奋斗，同样充满了艰难与困苦。一个浮躁的人，是没有耐心去品味这些滋味的，也许他们一碰到这样的坎坷与曲折，就立刻退缩了。然而李嘉诚，他深知：只有经历千辛万苦，才能拥有最终的成功。

别为小事错过成功

卢瑟福曾说：“我认为，再没有比那些只顾自己鼻尖底下一点事情的人更可悲了。”其实，人生经常会发生事与愿违的琐事，与其为那些小事伤透脑筋，还不如朝自己的目标认真努力，并从中找到自信，千万别为小事耽误自己的前途。

白朗宁说过：“人要在心中培养对未来的希望，千万不要陷入眼前的琐事不能自拔。”耗尽我们生命的，与其说是重大的悲剧，不如说是琐碎的小事引起的烦恼。

生活中有许多人都在芝麻绿豆、鸡毛蒜皮的小事中空耗生命，在斤斤计较中，大多都是毫无收获的，就更说不上获得成功了。这些人活得很匆忙，却也毫无目标。因为不知道自己究竟要去向哪里，所以像只苍蝇一样乱飞乱撞。其实，只要不会想得太多，问题就会简单些。

在非洲草原上，有一种动物叫吸血蝙蝠，它的身体非常小，但它却是野马的克星。这种蝙蝠靠吸动物的血生存。它们经常依附在野马的腿上，用锋利的牙齿快速地刺入野马腿，然后吸食野马的血液。不管野马怎样地狂奔、暴跳，都无法摆脱掉这种蝙蝠。它们轻松地吸附在野马身上，直到吸饱才抽身而去，而野马常常在狂奔、暴怒、流血中愤然地死去。

这令动物学家们百思不得其解，不起眼的吸血蝙蝠怎么会使壮硕的野马毙命呢？因此，动物学家们进行了一次实验，用以观察野马死亡的整个过程。结果发现，吸血蝙蝠所吸的血是微不足道的，根本不至于使野马毙命。他们在分析这一问题时，最终一致认为是暴躁的习性和狂奔导致野马的死亡，而不是因为蝙蝠吸血而死。

如果一个人心智成熟，就会控制住自己的所有情绪和行为，而不会像野马那样为小事抓狂。当你仔细审视镜子里的自己时，就会发现镜子中的人既是自己的朋友，同时也是自己的敌人。尤其当你受到刺激，就要失去理智的时候，如果不能很好地控制自己的情绪，就会做出令你后悔莫及的事情来。

蒙瑞斯曾说过："我们常常纵容自己为一些不值一提的小事沮丧不已。事实上，想想人生几何，我们何必介意那些可能一年后就没有人会再介意的小事呢？何不让我们把这些一去不回头的宝贵光阴用在可贵的感情、重大的思想、真诚的爱意以及恒久的事业上？毕竟'生命易逝，不容轻掷 呀。"

生活中总会有一些人，因为一点小事而抓狂，也正因为如此，常常使他们因小失大，甚至会要为此付出沉重的代价。

有一场举世瞩目的比赛，台球世界冠军的卫冕之战已经到了如火如荼的时刻。只要他把最后的一个8号黑球打进球门，胜利的音乐就会响起。谁知，就在此时，一只苍蝇不知从什么地方飞来。那只苍蝇第一次落在了他握竿的手臂上，很痒，冠军停了下来。苍蝇飞走了，这次竟落在了冠军紧锁的眉头上。冠军只好极不情愿地停下来，烦躁地去打那只可恶的苍蝇。苍蝇又敏捷地逃离了。冠军作了一次深呼吸准备再次击球。天啊，那只苍蝇又飞回来了，像一个幽灵一样。这次竟落在了8号黑球上。冠军怒火中烧，拿起球杆就朝苍蝇捅过去。苍蝇受到惊吓又飞走了，球杆却碰到了黑球，黑球没有进到洞里。按照比赛规则，该轮到对方击球了。对手抓住最后的机会死里逃生，一口气把自己该打的球都打进去了。

卫冕失败，冠军恨不能把那只苍蝇捻成粉末。面对观众的一片哗然，冠军感到无地自容，不久就结束了自己的生命。临终时他还在对那只苍蝇耿耿于怀。

一个冠军的命运和一只苍蝇交织在一起，也许是偶然。如果冠军能控制自己的情绪，静静地等待那只苍蝇飞走，故事的结局该是另一番样子。

因为一点小事而发狂，结果却让自己付出巨大的代价，因而只有学会控制自己的情绪，才会获得真正的胜利。不然，失去理智的愤怒只会输掉自己。曾经有一个人带着网去打鱼，就在这时下起了大雨，他一气之下撕破了网，接着又因愤怒一不小心栽进了河里，再也没有爬上来。因为气恼而丢了自己的性命，是多么的不值得！

仔细一想，有些不是什么大不了的事，我们却专注于它而忧虑，把问题过度放大了。如果你一生埋头于毫无意义的琐事当中，你一生将碌碌无为。你似乎做了很多事情，其实你什么也没有做。如果你想要获得成功，那么就让那些烦人的琐事从你的指缝间溜掉吧。记住，我们的目光要更高更远。我们的精力也有限，为什么不把它留给更重要的事情呢？

情绪管理训练

情绪时好时坏是正常的现象，如同冬去春来，日出日落一样正常，但是要学会控制，学会自我管理，通过必要的训练可以提高自控能力。

1. 用心做好自己的事

一个人的能力有大有小，但是，他完全可以去做自己能够做、能做得好的事。人的精力是有限的，把有限的精力尽量用于琢磨做好自己的事，哪还有时间去自寻烦恼呢？

2. 学会排遣，善于调整自己

抱怨，不仅不利于解决问题，而且还有损于健康。来一点换位思考，矛盾就不那么激烈了；心胸宽广一点，问题就不那么严重了。过去的已经过去，未来的还未到来，一切抱怨都是无益的，问问自己现在能够做些什么、能够做好什么，才是最重要的。

3. 把眼光放远一点

当你感到要开始发怒的时候，立即停止，扪心自问：真的值得发怒吗？也许你还要问问：那个人值得我发脾气吗？把眼光放远一点吧！当一段时间过去后，你会发觉根本不值得为那些事动怒、沮丧，以至令生活变得混乱。

4. 把情感发泄出来

怎样做呢？有两种途径值得一提。首先，做运动是最佳方法——通过慢跑、游泳、体操、散步等，直接放松身体所受的压力。其次，通过听音乐适当地发泄感情。伯恩斯坦曾经说过：用贝多芬的交响乐来发泄是最美妙不过的了。与其用打人来发泄，倒不如去听歌或敲打琴键。

第31课

勇敢摘取胜者的王冠

歌德说过："你若失去了财产，你只失去了一点儿；你若失去了荣誉，你就失去了很多；你若失去了勇敢，你就失去了全部。"我们不要只是说说而已，勇敢地去做吧，用你自己手中的一半，去获取上帝手中的另一半，与命运抗争，更要与自己抗争。

成功的路上不需要恐惧

如果你是懦夫，那你就是自己最大的敌人；如果你是勇士，那你就是自己最好的朋友。

——弗兰克

恐惧是人的正常心理，压抑自己的恐惧只会令你更加不知所措。你可以怕，但是不能输给眼前的敌人。

真正成功的人生，不在于成就的大小，而在于你是否努力地去实现自我，喊出属于自己的声音，走出属于自己的道路。大文豪萧伯纳曾经说过："困难是一面镜子，它是人生征途上的一座险峰。它照出勇士攀登的雄姿，也显出懦夫退却的身影。"一个人想要在事业上成功，就必须面对各种各样的艰难险阻，必须正视出现的挫折与失败。只有那些有勇气正视现实，有勇气迎接挑战的人，才能真正实现超越自我的目标，达到希望的顶峰。

世界上没有什么事情真正可以使自己恐惧，恐惧不过是人们心中的一种隐形的障碍罢了。就如怕了一辈子鬼的人，却一辈子也没有遇见鬼一样，恐惧不过是自己吓唬自己。很多人遇到棘手的问题时，就会设想出很多莫须有的困难，这无疑使自己产生了恐惧感。其实不管遇到什么事，只要大胆去做时，就会发现事情远没有想象的那么可怕。

一位年纪不大的女孩，10年前遭遇一场车祸，江湖医生说她全身瘫痪，不能再走路了。小女孩相信了医生的话，于是感到头脑迟钝，双腿麻木，再也站不起来了。小女孩整天坐在轮椅上，肌肉日渐萎缩，最终变成了一个瘫痪的人。

5年后的一天，当她再次连人带车被一辆汽车撞出人行道时，她突然感到疼痛难忍。家里人不相信她还会感到疼痛，便送她到一家大医院检查，经过医院外科专家的确诊，她根本没有瘫痪。于是对她进行了一段时间的物理治疗，小女孩很快就能站立起来行走了。当她站起来时，除了感到幸运外，还有一种遗憾：别人说自己瘫痪了，自己就信以为真，当初为什么不自己去试一下呢？

是啊，如果当初小女孩试一试，就不会因他人的话而控制了自己的行为。

心理上的隐形障碍，会使人萎靡不振，丧失自信心。久而久之，人就会变得什么都不敢做，畏缩不前，无形中把自己划分到那些“注定”不会成功的人里边去了。

怯懦是人生的大敌，少一分怯懦，你的人生中就会多一分成功。而消除怯懦的唯一办法就是行动、行动、再行动。

直升机在高空中盘旋，一群背着跳伞装备的士兵，站在机舱门口，准备进行他们人生中的第一次跳伞。

从高空往下看，地面上一切景物都似乎小得不能再小，海中的小岛如同一块小石头，而树木就像一根针一样细小。

一旦从空中跳下去，那么一个人的命运也就维系在降落伞上的那根绳索之上。稍有不顺，人就会像西瓜一样从高处摔下来，结果四分五裂。作为新兵，他们早就意识到这一点，不由得闭上眼睛，不敢再想下去。

气氛有点紧张，大家都不敢多讲一句话，过了一会，班长挥手向最前面的新兵示意开始跳伞，但是新兵却迟迟没有反应。看着新兵一脸紧张的神情，班长贴着他的耳朵，大声说："你怕吗？"

新兵迟疑片刻，看着一双死盯着他的眼睛，不由得想到也许这是自己一生中可以见到的最后一个瞬间了，于是，他点了一下头，小声地说："是的，我很害怕。"

"偷偷告诉你，我也很害怕。"班长接着说："但是我们一定可以完成这次跳伞任务，不是吗？"

听了这句话，新兵豁然开朗，所有的恐惧一哄而散。原来班长也会害怕，每个人都会害怕，我又何必为此而羞愧呢？

新兵做了个深呼吸，纵身一跃跳下了机舱，顺利地完成了首次跳伞的任务。他与队友们从高空中缓缓地降落在地面上，成为了一名真正的伞兵。

恐惧是人的本性，就像眼泪一样，存在于我们的身体中，平时虽然不会感觉到，但只要有了其滋生的环境，它就会如幽灵一样出现在世人面前，想要压制也做不到。我们经常嘲笑别人的胆小，但却又害怕被人嘲笑。于是很多事做起来胆战心惊，前顾后盼。让事实上本就举步维艰的世事更加雪上加霜。

常常担惊受怕的人，就不是一个自由的人，因为它总是被各种恐惧和忧虑包围着，看不到前面的路，更看不到前面的风景。

勇者并不是什么事都无所畏惧。只是他们对胜利的渴望已经压过了恐惧。只要我们试着将害怕的念头转化成一定要成功的信念，我们就会忘掉恐惧。

因为我们还年轻，所以我们都会有勇气，我们都能拼搏，我们同样会成功，我们一样可以是别人崇拜的英雄。而要想做到这些，首先要做到的就是——面对和超越心灵上的恐惧！

摈除懦弱，就能通过各种考验

因为懦弱，所以我们是失败者。生命中的种种机遇，我们错过了太多。因为懦弱，所以我们悲观。前面明明只是一条小溪，我们却迟迟不敢迈过。因为我们怕在阴沟里翻船。在我们眼中，它成了波涛汹涌的深渊。

对于世上的人们来说，勇敢的灵魂才可能拥有多姿多彩，充满激情的成功和幸福。而对于一些人而言，灵魂只是辅助他们成长的可能部分，而不是他们真实的生存状态，只有那些勇敢的人们，他们的生活才充满色彩的灵魂。

懦弱的人们只会想要去生活，但是从来就没有真正生活过，因为懦弱的心理都存在一种基本的恐惧，也就是未知的恐惧。更因为它而将自己永远保护在已知的安全地带，那是他们最熟悉的世界。但是，勇气一旦开始跨出自己已知的屏障之外的时候，那也是一种勇敢的冒险，是非常危险的一步。但如果你敢去冒那个别人不敢冒的险，你就会活生生地存在，充实地生活着，你更会变得越来越勇敢。因为，灵魂唯有在巨大的冒险中，才会诞生出多彩的、成功的人生。不然，你将永远只是在维持一个空壳的肉体，在空虚中生存着。

伊尔文·本·库伯是美国最受欢迎的法官之一，然而现在的形象却与当初库伯年轻时懦弱的形象形成鲜明对比。

库伯从小生活在密苏里州圣约瑟夫城一个准贫民窟里。父亲是个贫民，以裁缝为生，收入很少。冬天，为了取暖，库伯经常提着一个煤桶，在附近的铁路沿线上拾煤块。库伯常常为必须这样做而感到窘迫。因此常常一个人从后街偷偷进出，以免被放学的孩子们看到。

可是，他还是被那些孩子看到了。尤其是有一群孩子等在库伯从铁路回家的路上，趁库伯回家时欺负他，取笑他。他们经常把煤渣撒在街上，使库伯回家时一直流着眼泪。这样，库伯总是生活在或多或少的恐惧与自卑中。

后来发生了一件事情，这种事在我们打破失败的生活方式时总会发生的。库伯读了一本书，内心受到了很大的鼓舞，从而在生活中采取了积极的态度。这本书就是赫拉修·阿尔杰著的《罗伯特的奋斗》。

在这本书里，描写了一位像库伯一样的少年奋斗的故事。那个少年遇到了极大的不幸，但是他用道德与勇气的力量战胜了所有的不幸。库伯深受感动，希望自己也具有这种勇气和力量。

后来库伯读了所有他所能借到的赫拉修的书。每当他读书的时候，立刻就进入了主人公的角色。整个冬天他都坐在冰冷的厨房里阅读成功和勇敢的故事，在不知不觉中吸取了勇气和力量。

在库伯读过赫拉修的书几个月后，他又到铁路边去捡煤块。在不远处，他看到有三个影子在一个房子的后面奔跑。他第一反应就是转身跑掉，但是很快他想起了书中主人公的勇敢精神。于是他把煤桶握得更紧，大步向前走去，好像他就是书中的那个英雄。

这是一场恶斗。三个男孩一起朝库伯冲上来。库伯丢下煤桶，挥舞着双臂，进行抵抗。这让三个欺软怕硬的孩子大吃一惊。库伯的一只手猛地打到一个孩子的鼻子上，另一只手猛击到这个孩子的胃部。这个孩子终于停止了打斗，转身逃跑了。这也使库伯大吃一惊。而这时，另外两个孩子正对他拳打脚踢。库伯设法把一个孩子推开，而把另一个打倒，用膝部猛击他而且用力击他的胃部和下颚。现在只剩下一个孩子了，他是领头。他突然袭击库伯的头部。库伯设法站稳脚跟，把他拖到一边。这两个孩子站着相互凝视了一会儿。而后这个领头一步一步向后退，最后也溜掉了。库伯拾起一块煤向那个孩子扔去，表示他正义的愤慨。

直到那时库伯才发现他的鼻子一直在流血，他的全身已是青一块紫一块了。在库伯的一生中，这一天是个值得纪念的日子。那时他克服了恐惧。

库伯并不比以前强壮，而是他面对危险时已经不顾恐惧，他决定不再听凭那些恃强凌弱者的摆布。他要改变他的世界，他的后来也的确是这样做的。

如果你认为敌人总是势不可挡的，如果你一直在怨愤是敌人窃取了你宝贵的尊严，那么你也许是个懦夫。因为你不敢面对，没有勇敢地去争夺你的尊严。

丰富充实的生命永远属于勇敢的人们。懦弱的你，只有在麻木不仁中度过。因为你一直犹豫不决，等到你决定好你要怎么做的时候，机会已经消失了。

威廉·詹姆斯说："世界由两类人组成，一类是意志坚强的人，另一类是心志薄弱的人。后者面临困难挫折时总是逃避，畏缩不前；面对批评，他们极易受到伤害，从而灰心丧气，等待他们的也只有痛苦和失败。但意志坚强的人不会这样，他们内心中都有股与生俱来的坚强特质。所谓坚强的特质，是指在面对一切困难时，仍有内在勇气承担外来的考验。"而积极心态的力量，就是意志坚强，就是拒绝被打败，他会让你尽一生全部的勇敢面对人生，最终赢得成功的人生。

不计一切代价获取成功

当有人问到查尔斯·狄更斯成功的秘诀时，他说："我这一生不管做什么，都尽力而为。"

成功者与失败者的不同之处就在于，失败者只做到人要求他们做的程度，或达不到别人的要求。而成功者却不一样，他会做到比别人要求的还多，因为他们有着一股拼劲。失败者总是想找捷径，但成功者为了最后的目标，他们会卷起袖子来努力迎接挑战。

失败者认为自己是在为了薪水而工作，而成功者则认为自己是人类的一部分，而工作是他们对人类做出的更好的贡献。

英国伟大的戏剧家萧伯纳说："我相信我的生命属于全人类，我工作得愈辛苦，活得愈有劲。我为生命本身欢呼。生命对我而言不是一根短暂的蜡烛，它是一支壮观的火炬，我可以持着一会，我要在交给下一代之前，让它大放光明。"

这是一种怎样的态度！拥有这种精神的人生活怎会感到无聊？工作又怎会觉得沉闷呢？

成功者视困难为机会。对他们来说，每件事都是一次机遇。18世纪英国政治家及作家爱德蒙 柏克说过：

“生活的战斗在大多数情况下都像攻占山头一样，如果不费吹灰之力便赢得它便像打了一场没有光荣的仗。没有困难，就没有成功；没有奋斗，就没有成就。困难也许会吓阻懦弱的人，但对有决心和勇气的人而言，它是一种受欢迎的刺激。所有的生活经验，都是用来证明那些阻挡人类进步的障碍，会被坚定的善行、诚实、积极、坚忍以及克服困难的决心和勇敢克服。”

在我们的无意识中，有一种更危险的逃避方式在生活中流行扩散，那就是无所事事。对许多人来说，这可能是一种无法抗拒的诱惑。它是一种可以贻害终生的坏习惯，它能摧毁自重和自敬，在心理上造成一种成功与失败都无所谓的错误观念。

难怪一位著名的精神病医生说这是人类最大的危机之一。对一个正常人而言，如果当他早晨醒来后，却发现一天都无事可做，无处可去，不被需要，生活就变成了一场噩梦。因此人们必须保持清醒，否则就会变成一个疯子。

你也许有高远的目标，你也许有远大的理想。但你必须记住，除非你勇敢去做，否则什么都不会实现。

看看下面的记录：

◆ 亨利·福特在成功之前因失败而破产过五次。

◆ 丘吉尔直到62岁才成为英国首相。那时他已经历过无数次失败和挫折了。他最伟大的贡献是在他成为“年长公民”后完成的。

◆ 有18位出版家否决掉理查·巴哈的1万字故事《天地一沙鸥》，最后才由麦克米兰出版公司于1970年印行。到了1975年，光在美国一地，就卖出700万本。

在成功生活的公式中，坚毅的作用是无可取代的。天才则不是这样，我们经常会发现很多失败的人都是有着某些特殊天分的，他们也拥有许多大好的机会，只是因为过早地选择放弃而与成功擦肩而过。

所以，如果你是在做一件有价值的事，你一定要坚持到底。

也许会有人批评你、怀疑你，但是记住，他们可能还不如你，因为他们就是自己不愿意尝试，却又喜欢批评讽刺那些敢于突破恶劣环境而奋发向上的人。亚伯拉罕·林肯就曾被称为“猩猩”和“丑角”，被同辈视为“共和党之耻”。让我们再来看看很多成功者所遭受的批评：

◆ 你在衬衫上放一只鳄鱼而不放口袋？我真不敢相信！这些衬衫绝对卖不出去。

- 别担心，老板，没人会买那些小日本人的车子。
- 谁会把半打瓶子放在一个有把手的箱子中？
- 我看到那些轮胎是平的，你怎么说它们是辐射状的？
- 手表怎么会没有表带？你疯了！
- 算了！别告诉我你可以把音乐放到透明胶纸带上。

那些持否定和怀疑态度的人总会找到可以批评的事，罗斯福总统说：“值得重视的不是批评，不是那些会指出强壮的人是如何跌倒或实践家在哪一方面应加强才会做得更好的人，而是那些真正置身竞技场中的人，他们奋斗不已，他们的错误越来越少，因为没有一件事不是由错误和缺点中做成的。那些真正尝试的人，他们才知道什么叫热心和热衷，知道最高成就的胜利。即使他们失败，至少他们勇于尝试。他们要比那些既无欢乐也无痛苦的人来得伟大，后者生活在昏暗中，既不了解胜利，也不了解失败。”

如果你要发展成功者的态度，你得不计代价，付出比别人多出几倍的努力，才能事有所成。

勇敢心理训练

众所周知，现代社会不需要唯唯诺诺的人。一个人要想闯荡出属于自己的一片天空，就要克服胆怯、懦弱和紧张心理，拥有一颗勇敢的心，在人生之路上大胆地迈步向前。那么，该如何训练自己的勇敢呢？

1. 要有自信心

要认为自己干什么事情都能行，认识到通过自己的努力，是一定能达到目标的。从心理上确认自己能行，自己给自己鼓劲。你只要有了自信心，什么困难都能克服，什么事情都难不倒你；你的事业就会成功，你就是一个最了不起的人。

2. 增加与外界的接触

主动去和周围的人接触、交友，有意识地让自己经常与胆大勇敢的同龄人在一起，跟着他们做一些平时不敢做的事情，这样就会慢慢地得到锻炼，变得勇敢、坚强起来。

3. 要勇于面对挫折

在困难与挫折面前要不气馁、不灰心，有百折不挠和坚忍不拔的精神，克服怯懦、消沉的不良性格因素，从而提高对挫折的忍耐力。

4. 克服自卑心理

其实，你只要正确认识自己，能全面地看待他人和自己，就会感觉自己没那么差。而他人的看法或想法往往存在片面性，引起你不必要的自卑感。你只要将做不好的事反复多做几次，你就会慢慢熟悉，事情能完成得更好。多鼓励自己，相信自己有这个能力。

第 32 课

相信你是最后的胜利者

既然选定了目标，就要勇往直前，即使跌倒了，也要爬起来，拍拍身上的土，把失败写在背面，继续上路。要知道生命的奖赏永远在旅途的终点，它不会因为你的无法坚持而主动靠近你。相信你是最后的胜利者，奋勇前进吧！

把失败写在背面

一个人如果二十岁时不美丽、三十岁时不健壮、四十岁时不富有、五十岁时不聪明，就永远失去这些了！

——赫伯特

莎士比亚说过："逆境使人发奋向上，要是你从未遭遇过失败，为了事业着想，也许应该经历一次。"即使你从未失败过，也难保以后不会。这个世界是残酷的，也是公平的，它会给每个人以痛苦的经历和考验。一些人视它为灾难，认为自己已经失败了，就再不会成功。而另一些人则会理智地看待这些不幸，把失败写在背面，跌倒了，再爬起来！拍拍身上的灰尘，继续努力！

有一个年轻人，在他很小的时候，就经常幻想着有一天自己能够成为一名非常出色的赛车手。他在军队服役的时候，曾开过卡车，这使他的驾驶技术得到了很好的训练与提高。

退役之后，他来到一家农场里开车。每当闲暇时间，他就会去参加一支业余赛车队的技能训练。不管遇到什么样的车赛，他都会想尽一切办法去参加。然而，每一次赛车他几乎都得不到好名次，所以他在赛车上不但没有什么收入，还使得他欠下一大笔债务。

那一年，他参加了威斯康星州的赛车比赛。当比赛进行到一半多的时候，他已经开着赛车冲进了前三名，他很有希望在这次比赛中获得好的名次。

突然，他前面那两辆赛车撞在了一起，他迅速地转动赛车的方向盘，试图绕过他们。但由于车速太快他没有成功。结果，连人带车撞到车道旁的墙壁上，赛车在熊熊火焰中停了下来。当他被救出来时，手已经被烧伤，鼻子也不见了。体表烧伤面积达40%。医生整整给他做了7个小时的手术，才把他从死神的手中救出来。

经历这次事故，尽管他保住了性命，但他的手却萎缩得像鸡爪一样。医生告诉他说："以后，你再也不能开车了。"

然而，他并没有因此而灰心绝望。为了实现那个久远的梦想，他决心再一次为成功付出代价。他先后进行了一系列植皮手术，为了恢复手指的灵活性，每天他都不停地练习用残余部分去抓树枝，有时痛得豆大的汗珠从脸上滚落下来，而他从没有放弃过。他始终坚信自己的能力。在做完最后一次手术之后，他又回到了农场，这次他开的是推土机，在那里不停的劳作使他的手掌重新磨出老茧，而一有空余他还会继续练习赛车。

仅仅是在9个月之后，他又重返了赛场！他首先参加了一场公益性的赛车比赛，但没有获胜。因为他的车在中途意外地熄了火。不过，在随后的一次全程200英里的汽车比赛中，他拿到了第二名的成绩。

又过了2个月，他重新回到上次发生事故的那个赛场上，满怀信心地驾车驶入赛场。经过一番不懈的努力，他终于赢得了250英里比赛的冠军。

他，就是美国颇具传奇色彩的伟大赛车手——吉米·哈里波斯。当吉米第一次以冠军的姿态面对热情而疯狂的观众时，他流下了两行热泪。很多记者将他围住，并向他提出同一个问题："你在遭受那次沉重的打击之后，是什么力量使你重新振作起来的呢？"

此时，吉米手中拿着一张此次比赛的招贴图片，上面是一辆赛车迎着朝阳飞驰。他没有回答，只是微笑着用黑色的水笔在图片的背后写上一句凝重的话：把失败写在背面，我相信自己一定能成功！

吉米·哈里波斯凭着对梦想的追求、对成功的渴望，他成功了。这是一个富有传奇色彩的真实故事。他的成功告诉我们：人，不能向苦难低头，把失败写在背面，只要梦想在，就有成功，就会有希望。

我们都有一个属于自己的梦想，我们也曾为自己的梦想编织过许多美丽的梦，但许许多多的梦都在我们经历失败，遭受挫折的一刹那破碎了。因为我们都在想，都在说："失败了，梦想没了，我还能成功吗？我的梦想还能实现吗？"我们都忘记了，我们的失败是把失败写在了梦想的正面，它在不断地打击着我们：你们失败了，还能成功吗？为什么不学学吉米·哈里波斯，我们比他幸运得多。因为我们的身体还健全，我们还有健康的身体去实现自己的梦想。把失败写在背面，让梦想在苦难中飞翔，成功就会在眼前。

"假如命运折断了希望的风帆，请不要绝望，岸还在；假如命运凋零了美丽的花朵，请不要无奈，因为路还在，生命还在，梦还在，希望还在。"把失败写在背面，让梦想的翅膀在苦难中飞翔，相信自己：一定会成功。

生命的奖赏永远在旅途终点

生命的奖赏永远在旅途终点，而不是在起点附近。你也许不知道要走多少步才能到达终点，踏上第一千步的时候，仍然可能遭遇失败。但成功往往就藏在拐角的后面，除非你拐了个弯，绕过成功而行。

人们是怎样从洁白的稻米、火红的高粱、紫色的葡萄里发现了酒的透明与香醇呢？

传说有兄弟二人，他们非常有孝心，为了给母亲治病，每天都要上山砍柴。有位神仙为了帮助他们，便打算传授他们酿酒之法，叫他们用四月的麦子、八月的高粱、九月的稻谷、十月的豆子、腊月的白雪，把这些调和了，放在用千年泥做成的大缸里，再用初夏第一张看见朝阳的新荷覆紧，密闭七七四十九天，直到鸡叫三遍后方可启封。

像每一个传说里的英雄一样，兄弟二人历尽千辛万苦，找齐了所有的材料，按照神仙的教法各自做了一缸，然后潜心等待四十九天之后那个鸡叫时刻的到来。

多么漫长的等待啊。终于等到第四十九天了，两人整夜都没有入睡，焦急地等着鸡叫的声音。远远地，传来了第一声鸡叫，过了很久，才隐约响起了第二声。可是第三遍鸡叫却迟迟没有响起。哥哥再也忍不住了，他打开了他密封的缸，惊奇地发现，里面竟是又黑又臭的污水。哥哥一怒之下便把水全都洒在了地上。

而弟弟，虽然也是按捺不住想要伸手，却还是咬着牙，坚持到了三遍鸡叫声响彻天光。当他打开缸盖时，多么甘甜清澈的酒啊！只是多等了一刻而已。从此，“酒”与“洒”的区别，就只在那看似非常普通的一横。

成功者与失败者的差别，往往不是幸运或是更聪明的头脑，只在于成功者多坚持了那么一刻——有时是一年，有时是一天，而有时，仅仅是一遍鸡鸣。

在古老的西班牙，挑选年轻的公牛到竞技场格斗有一定的严格要求。它们被带进场地之后，向手持长矛的斗牛士发起进攻，裁判以它受戳后再次向斗牛士发起进攻的次数多少来评定这只公牛的勇猛程度。

俯视生活就会发现，我们的生命每天都在接受类似的考验。如果你能做到坚忍不拔，勇往直前，迎接挑战，那么你就一定会成功。

我们每个人都不是为了失败才来到这个世界上的，我们的血管里也没有失败的血液在流淌。记住：我们不是任人鞭打的羔羊，我们是猛狮，不与羊群为伍。哭泣的失意者，牢骚的抱怨者，注定当不成赢家，等待他们的只有灰色的坟墓。

生命的奖赏远在旅途终点，而不是在起点附近。你也许不知道要走多少步才能到达终点，踏上第一千步的时候，仍然可能遭遇失败。但成功往往就藏在拐角的后面，除非你拐了个弯，绕过成功而行。

再前进一步，如果没有看到光明，就再向前一点。其实，每前进一步都会让你离成功更近一些。

伟大的奋斗就像砍掉一棵参天大树一样，头几刀可能起不到任何效果。但只要你不停地一刀一刀砍下去，巨树终会倒下。这恰如你今天的努力。

绝不要想着失败，成功的字典里没有放弃、不可能、办不到、没法子、失败、行不通、没希望这类愚蠢的字眼。不要绝望，任何时候都不要绝望。如果受到它的威胁，就想方设法向它挑战。要辛勤耕耘，忍受苦楚，放眼未来，勇往直前，不去理会脚下的障碍。请相信，沙漠尽头必是绿洲。

牢牢记住古老的平衡法则，鼓励自己坚持下去。因为每一次的失败都会增加下一次成功的机会。这一次的拒绝就是下一次的赞同；这一次皱起眉头就是下一次舒展的笑容；今天的不幸，往往预示着明天的好运。夜幕降临，回想一天的遭遇，不要沮丧，只有失败多次，才能获得成功。

不要逃避，相信你是最后的胜利者

力量不在别处，就在我们自己身上。

——鲍狄埃

一个嫁给法国男人的他国女人在一个帖子里这样写道：

很多女人到法国，是为了寻找浪漫，是为了逃避在国内受到的伤害。但是更多的女人，在法国没有找到自己期望的爱情，但却知道自己曾经失去的有多么美好。

我问自己，如果所期望的没有得到，是否会在现实中妥协。这又是一个我至今没有答案的问题。我选择毕业后离开这个城市，离开这个国家（还不知道能不能成功），有一部分原因是因为要“逃”，逃离这个充满了束缚的地方，逃离这个让我有些窒息的地方。

我知道，可能我只不过从一个牢笼到另一个牢笼。从一个小的密闭空间到一个更大的密闭空间。而很多东西，作为一个在这个世界上生存的生物，永远也摆脱不了。或许在不断地逃避和不断地寻找中，也只有在这样一个状态下我才能怀着希望让自己稍许安心。

我曾无数次停下脚步，想让自己的心就此安定下来。可是过不了多久，我又开始焦躁起来。我很喜欢开车或坐车，坐火车，坐飞机。那种在路上，想要快点到达的心让我感到舒适。我知道，其实这一路走下来，无非还是想到达一个终点站，一个可以结束一切，让自己可以定下来的地方。

或许我寻找的是一个人，也可能是一个地方，也可能是一种生活状态，我还不知道，我还在寻找。如果说逃避是让我开始跑的原因，那种对未知的期望可能就是动力。"爱情转移"里的歌词——接近换来期望，期望换来失望……不知道自己要失望多少次。或许我的一生最终也要沦落到"烧完美好青春换一个老伴"的地步。还是怀揣着梦想，寻找着，然后逃离，继续寻找……直到有一天我找到了，也或许直到有一天我已经没有力气了。

谁都不希望遭受打击，更不愿意陷入困境，但它们又常常不期而至：失恋、离婚、竞争失利、工作失误，以及天灾人祸等，生活中无处不有、无人不遇，以至使人精疲力竭，走投无路。因而，人们几乎普遍认为挫折、困境总是坏事，总在逃避着接踵而至的各种问题。

中国有句谚语叫"多难兴邦"。挫折、困境确实可以使人精力耗竭、精神崩溃，乃至一蹶不振，但它也可以助人成熟，把人推向成功。

美国克莱斯勒汽车公司的首脑人物李·艾柯卡，当初在福特汽车公司当职员时，曾因工作不被信任而遭辞退。也就是这次辞退，大大激发了他的自尊心，从此奋起，终于事业有成。

我国著名历史学家蔡尚思在年轻的时候也曾多次失业。一次被解聘后，他无事可干，便一头钻进了南京图书馆，利用一年多时间翻阅完数万卷的历代文集，收集了大量的资料，为他日后的研究打下了扎实的基础。因此，他的朋友称他"这段生活与其说是失业，还不如说是得业"。

其实，最好的逃避方法是面对现实，认识自己遭受挫折的原因，使自尊心、自信心、主观能动性和情感的自我控制都得到增强，从而战胜困境，成为生活的强者。所以，挫折和困境本身并不都是坏事，它给人生究竟是带来害处，还是带来福音，关键看能不能正确地对待它，勇敢地驾驭它。

要勇敢面对现实。事已至此，愁是没有用的，逃避更不是办法，倒不如直面现实，坚持走下去，把所有意志不够坚强的人统统甩在后面。只有这样，你才能获得转机，成为最后的胜利者。

应对失败训练

真正的成功者能在眼前的失败中激励自己，做一个强者，明了生活的意义。能够耐得住生活的考验，勇敢面对现实中的失败，你就会成功。而当你成功的那一天，你会发觉以前的失败竟成了你的另一种祝福，因为它帮助我们丰富人生。面对失败时，我们该如何训练自己呢？

1. 不要说丧气的话

《顶尖人物：美国商界新英雄》一书的作者葛菲德指出，大凡成就高的人都极少使用“失败”一词，因为这两个字语气太重，听起来就好像到了穷途末路。他们宁愿用小故障、弄糟了或改变方针等词语表示遇到了挫折。

2. 不要责怪自己

“你怎样形容自己，你就可能真的变成那个样子”，专家这样警告说。一再认为自己无能的人，不但意味着将一事无成，而且还会限制自己的潜能。专家建议：不如自视为有许多选择的人，这些选择包括接受训练和学习新本领。

3. 永不死心

1975年，格伦·厄尔利经营的建筑公司倒闭，他当时只有25岁，不愿宣告失败。于是，他向家里借钱处理了一些善后事宜，并继续学习管理诀窍。1982年，他在几家银行建立了良好的信用，再遇到困难时，这些银行将帮助他渡过难关。于是，他再去借贷，重新创立了自己的事业。1988年，他的公司登上了美国《公司》杂志开列的发展最快的500家私营公司的名单。即使这样，厄尔利仍然念念不忘以前的窘境，他说：“我一直设法使自己的生意百尺竿头，更进一步。”经过失败的淬砺，再加上永远进取的决心，你也可以成为一个杰出的人物。

第33课

超越苦难和挫折

人生，绝不是一条笔直的道路，而是一条曲折而漫长的征途——既有荒凉的大漠，也有深幽的峡谷，还有横亘的高山。当我们哭着来到这个世界的时候，就已经做好了要经受痛苦、挫折、失败、苦难的准备。

失败了也要昂首挺胸

人必须经常跌倒，要遭遇很多困苦，否则就不会了解事件的真相。失败乃成功之母，可以说跌倒是站起来的开始。

人生就像弈棋，一步失误全盘皆输。但人生还不是弈棋，因为任何人都没有再来一局的机会。生活中，许多事就像一张窗户纸，没有捅破之前，你会愁眉不展。当有人告诉你答案时，你会若有所悟，噢……原来如此。

行走在人生路上，我们可以改变或决定自己的命运。很多时候，从改变自己开始；懂得生存，才能学会竞争，优秀需要十分的努力；很多时候，失败在所难免，要想得到喝彩与掌声，就要坚守自己的使命，不惧怕失败与挫折，因为失败是通往成功的铺路石；即使是在厄运面前，也要保持积极的心态，积极行动，生活也随之改变。

巴西足球队为国家捧回第一个世界杯冠军时，专机一进入国境，就迎来了热烈的欢迎仪式：16架喷气式战斗机立即为之护航。当飞机降落在机场时，聚集在机场上的人达3万人。从机场到首都广场的路上，自动聚集起来的人群竟超过100万。里奥市长迟出发了一会儿，竟然无法驱车去机场。他只得乘直升机前往机场。在途中，多数球员被请进豪华汽车，几个主力队员如贝利等则被人用手臂往前传递。4个小时的路程他们脚不着地，一直被送到总统府。

面对这激动人心的场面，不由得让人想起4年前机场上那悄悄的一幕。

1964年，巴西人都认为巴西队能获得世界杯赛冠军。然而，天有不测风云，在半决赛中却意外地败给了法国队，结果那个金灿灿的奖杯没有被带回巴西。球员们悲痛至极。他们想，去迎接球迷的辱骂、嘲笑和汽水瓶吧，足球可是巴西的国魂。

飞机进入巴西领空，他们坐立不安，因为他们心里清楚，这次回国凶多吉少。可是，当飞机落在首都机场的时候，映入眼帘的却是另一番景象。总统和2万多球迷默默地站在机场，共捧一条大横幅，上面写着：失败了也要昂首挺胸。

队员们见此情景泪流满面。总统和球迷们都没有讲话，他们默默地目送球员们离开机场。4年后，他们捧回了大力神杯。

面对失败，不要悲观，不要失望，更不要为自己找来借口和托词。因为那是一种懦弱的表现。结果显然已经这样，不可更改，我们要做的，就是为自己在这过程中有没有真的付出做一下反思。以为将来漫长的人生旅途添砖加瓦——为以后的成功垫下一块厚厚的“基石。”

有时候失败就是失败，至少在短期看是这样。如果我们把失败当成生命的组成部分，珍惜它所带来的学习机会，就能够超越失败。爱迪生曾说：“失败也是我所需要的，它和成功对我一样有价值，只有在我知道一切做不好的方法以后我才知道做好一件工作的方法是什么？”因此，最好不要否认和害怕失败，为了最后的成功，失败了也要昂首挺胸。

尽管失败是痛苦的，是惨不忍睹的，是狼狈的，但是面对失败，我们要高兴，要为我们的失败而高兴！别再为自己曾经的承诺表示羞涩。失败是我们另一个侧面的成功，也是我们在下一次能否成功的保障，我们要经受得起每一次失败，也就是我们要好好地面对每一次的“成功”。因此，要记住：如果死是注定的，与其哭泣着走过去，不如笑着走过去。

挫折面前也从容

挫折是人生的炼金石，很多挫折往往是一个好的开始。有人在挫折中成长，也有人在挫折中跌倒，他们之间的差别，就在于自己如何去看待。站起来会成就更好的自己；赖在地上就注定留在此地继续哭泣。

成功学大师卡耐基说过：“苦难是人生最好的教育。”伟大的人格只有经历磨难与熔炼，才会激发自身的潜力，使视野更加开阔，使灵魂得到升华，这样才会走向成功。一个可以吃常人不能吃的苦的人，必然可以做常人不能做的事。

可口可乐的总裁古滋·维塔是一个古巴人，40年前他随家人匆忙离开古巴，来到了美国。当时身上仅带了40美元和100股可口可乐的股票。而40年后，同样是这个古巴人，竟然能够领导可口可乐公司，而且让这家公司在他退休时扩大了7倍，使可口可乐股票值长了30倍！他在总结自己时，说了这样一句话：“一个人即使走进了绝境，只要你有坚定的信念，抱着必胜的决心，你仍然还有成功的可能！”古滋·维塔的一生经历了很多坎坷，但都被他一次又一次地超越了。

挫折，从某种意义上说也是一种挑战。既然有挑战，那么就应该有应战，有应战的精神，这样才会转败为胜。

端木先生是一位汽车推销员。他为人诚恳，勤快机智。这些都是销售行业所必须的条件。由于他工作上非常努力，生意很火暴。有时候，他真的希望事业能够永远这样辉煌。

可是命运向他宣战了。端木先生在驾车拜访客户的路上，与迎面疾驰而来的汽车相撞，他的右眼永久地失明了，无奈之下，他只有退出了销售汽车的行业。

但是，端木先生并没有向命运低头，他仍在想着战胜困难的策略。有一天，他在一本杂志上看到许多人喜欢修复老旧的房屋，于是灵机一动，想出了一个好主意。他曾经在职业学校上学，木工和家具制造这两门课非常优异，他想如果把自己的木工技能应用到修缮房屋上，一定可以赚到供自己所需的钱。

在做这一切之前，他请职业学校为他开了一封介绍信，又麻烦以前的顾客为他写了一份推荐书，证明自己工作认真且为人可靠。因为大家对端木先生的印象一直都很好，所以都非常愿意为他做这些事情。端木还印制了新的商业名片，分送给木匠和木材经销商，并在当地的旧城区做宣传，让人们都知道他是修葺房屋的。

现在，端木先生的公司已经家喻户晓了，生意很好。他说："以前我是做汽车销售的，命运改变了我的生活，但是我相信自己一定会战胜命运。"

只有迎着风，风筝才可以飞得更高；只有迎着命运的挑战，我们才可以走得更远。在追寻成功的征程中，能忍受一切挫折与坎坷，敢于向一切困难挑战，就不会有被挤垮的危险。

挫折就是一块锋利的磨刀石，我们的生命只有经历挫折的魔力，才会发出锋利耀眼的光芒。"不经历风雨，怎能见彩虹？"多少浴血的跌倒与爬起，多少历尽艰辛的求索，就仿佛花开花落一般，为我们今后的人生增添了无数的经验。不要畏惧挫折，只有经受了挫折，我们的双腿才会更加有力，人生的足迹才能更加坚实。

鲁迅说过："伟大的胸怀应该表现出这样的气概——用笑脸来迎接悲惨的命运，用百倍的勇气来应付一切的不幸。"在挫折面前，我们不要浪费时间去为已经无法改变的事实担忧，因为忧愁不能解决任何问题。最重要的是分析情况并找出解决的办法。况且任何事情都不是一成不变的，它会随着时间的推移而变化，明白这些，你就会变得乐观。

在逆境中得到历练

> 经验，哪怕是痛苦的经验，也会有很大的好处。
>
> ——陀思妥耶夫斯基

霍兰德说过：“在最黑的土地上生长着最娇艳的花朵，那些最伟岸挺拔的树木总是在最陡峭的岩石中扎根，昂首向天。”是的，并非每一次不幸对我们来说都是灾难，曾经的逆境通常是一种幸运，与困难做斗争不仅使我们的人生得到磨炼，也为日后更为激烈的竞争准备了丰富的经验。

国际巨星成龙，他的父亲是香港法国领事馆的一名小职员，由于转到澳大利亚的美国领事馆工作，不能够带上孩子一起去，6岁多的成龙就被送到京剧泰斗于占元那里寄宿学艺。7岁时，成龙的父亲到了澳大利亚。一年之后，母亲也到了异国，每两年才回香港一次，留下成龙一个人在香港独自寻求“生存之道”。

成龙跟随师傅学艺的时候，六十几个小朋友挤在一起住宿，共同使用一个洗手间，他们从来不刷牙，因为没有时间；脚上的鞋子一个星期都不脱下来，奇臭无比；每个孩子的头上都生满了癞痢疮；他们就像一群孤儿一样，每过一段时间就会排队去红十字会领取分发的米、奶粉等救济品。

这班小学徒，每天早上5点就要起床，一直练到半夜12点。由于太累，需要争取睡眠时间。5小时的睡眠对于成长中的小孩儿来说真的是太少了。所以很多时候，成龙在压腿时都会打瞌睡；其他人在读书的时候，他就坐在教室后面睡觉。

师傅是位“严师”，时时打学徒，每个都打，天天都打，只有过年过节时才会稍微停手。然而，成龙和他的师兄弟元彪、洪金宝等人，又常常在街上惹是生非。因为他们剃光头，被很多人认为不吉利，便向他们丢石头，正好让这群孩子有了一个发怒的机会，于是他们蜂拥过去，把挑衅者打得头破血流。

为了给师傅挣钱，成龙等人在邱德根经营的荔园游乐场表演，一做就是数年；从8岁开始，成龙就开始以童星加入电影圈跑龙套。他的第一部影片是李丽华主演的《秦香莲》。

17岁，成龙正式出师。他曾说："刚出师时，在潜意识中对父母有些怨恨，他们为什么到澳大利亚去了不理我？其他师兄弟，每个星期，至少在两个星期内，就有家人来探访，带他们出去，而我则没有。"

由于早年练功时痛苦的磨炼，使得成龙在后来的岁月中敢于打拼，成为一代巨星，受世人爱戴。

在生活中，有成功和欢乐，也有挫折与痛苦；正如天气变化一样，有阳光灿烂，也有阴雨连绵。人生是在困难、失败、不幸的考验中走向成熟的。人生难免会遇到挫折，没有经历过挫折的人生是不完整的。钻石的璀璨源于河床的冲刷；辉煌的人生得自挫折的考验。

挫折不可避免。对于既成事实，我们所能做的是"接受不能改变的，改变可以改变的"。客观事实无法改变，对于挫折只能去面对，并在面对中得到超越，这是克服挫折，提高自我的关键前提。

挫折会给人以打击，但若在打击中沉沦，难免与向往成功的目标不符。不在沉默中爆发就在沉默中消亡；同样，不在挫折中奋勇前行，就在挫折中沉沦苦海。

"自古英雄多磨难，从来纨绔少伟男"，挫折是成功者的摇篮，奇迹多在厄运中出现，逆境是达到真理的通路。在经历挫折时，我们应该知道，生活是勇气探出来的、闯出来的。英雄的成长，除了要有大无畏之斧，还得有智慧之剑，最终的成功总是不屈服者的战利品！

战胜挫折训练

生活中挫折无时不在，逆境无时不有，对应对挫折的能力进行训练就尤为重要了。在挫折面前，我们需要的是积极进取的精神和百折不挠的毅力，同时也更需要理智。具体说来，可以从以下几方面着手训练。

1．遇到挫折时应进行冷静分析

从客观、主观、目标、环境、条件等方面找出受挫的原因，并采取有效的补救措施。

2．要善于确定目标，并及时调整目标

要注意发挥自己的优势，并确立适合于自己的奋斗目标，全身心地投入到奋斗之中。如果在实施过程中，发现目标不切实际，前进受阻，则需及时调整目标，以便继续前进。著名剧作家曹禺年轻时一心想当医生，三次投考北京医学院都名落孙山，最后他转向搞戏剧，终于取得了巨大成功。

3．应善于化压力为动力

遇到挫折和失败或即将遇到挫折和失败，会面临很大的心理压力，在这个时候，你是气馁、当逃兵，还是奋起，继续勇敢地追寻？这对人是一个很大的考验，很多名人、伟人在失败和挫折面前，从不低头、气馁，而是善于化压力为动力，从逆境中奋起。其实，适当的刺激和压力能够有效地调动机体的积极因素。“自古英雄多磨难，从来纨绔少伟男”，人们最出色的事业往往是在挫折逆境中做出的。

4．要有一个辩证的挫折观

挫折与教训使我们变得聪明和成熟，正是失败本身才最终造就了成功。我们要悦纳自己和他人他事。要能容忍挫折，学会自我宽慰、胸怀坦荡、情绪乐观、发愤图强，满怀信心地去争取成功。

第34课

创造快乐人生

人的一生真正快乐的日子是不多的，大多时候处在烦恼和痛苦中。然而，快乐其实很简单，只要用心去发现，它就在你身边。要知道，境由心生，快乐靠每个人自己来决定，当一个人学会了享受生活的每一个细节，那么他又怎么能不快乐呢？

快乐是生命开出的一朵花

人快乐的程度多半是由自己决定的，大部分人只要下定决心，都能很快乐。

——林　肯

有一个小男孩，从小就梦想成为一个画家，一有空闲就不停地画画。父亲见他如此痴迷画画，便带着他去拜访一位老画家。老画家看了小男孩的画之后，问道："孩子，你为什么要学画画呢？"

"我想成为一个画家。"小男孩说。

"但不是每一个学画画的人最后都能成为画家。"老画家提醒小男孩说："孩子，你画画时感到快乐吗？"

“快乐。”小男孩回答说。

“有快乐就足够了！”

老画家接着又说：“世界上有两种花，一种花能结果，一种花不能结果，而不能结果的花却更加美丽，比如玫瑰，又比如郁金香，它们从不因为不能结果，而放弃绽放自身的快乐和美丽。人也像花一样，有一种人能成就一番事业，而有一种人却不能，一生没有任何成就，只是一个平平庸庸的人而已。但平庸的人只要心中有快乐，脸上充满欢笑，照样可以像玫瑰花和郁金香那样，得到众多人的欣赏和喜爱。”

临走时，老画家拍拍小男孩的肩膀，鼓励他说：“孩子，去做一个快乐的人吧。因为有快乐人生就会幸福，有快乐生活就会充满阳光。”

如今，那位小男孩已经长大成人，并有了自己的事业与家庭，但他仍然保持着画画的习惯，但目的再也不是为了成为一个画家，而是在画画的过程中去领略和享受人生的快乐。就像老画家曾经所说的那样，有快乐就够了，有快乐人生就会幸福，有快乐生活就会充满阳光。

在阳光明媚的春天里，有一个小女孩站在阳台上，她手握着一根木棍，木棍的顶端飘着一根漂亮的红丝线，红丝线在微风中轻盈地飘着。一位过路人感到非常好奇，于是就问小女孩在做什么。小女孩回答说：“我在钓蝴蝶。”过路人问：“没有钩怎么能钓着蝴蝶呢？”小女孩回答说：“她不是在钓蝴蝶的身子，而是在钓蝴蝶的快乐。”

快乐是心中的一种体验，你体验到了，你就有快乐。

美好的生活应该是时时拥有一颗轻松自在的心，不管外在世界如何变化，自己都能有一片清静的天地。清静不在热闹繁杂中，更不在一颗所求太多的心中，放下挂碍、开阔心胸，心里自然清静无忧。

真正的快乐往往最简单、最单纯。为享受快乐寻找快乐，快乐就在你的身边；为消除烦恼寻找快乐，快乐远在天边。享受快乐只需要一个好心情就够了。

曾有一位快乐的钓者，他特别喜欢钓鱼，每天一大早出门，直到傍晚的时候才回来。一次，他提着空空的鱼篓往家走，一条鱼也没有钓到，可他仍是一路欢歌。别人不解地问：“你都等了一天，也没有等来一条上钩的鱼，怎么还这样快乐？”他笑呵呵地回答：“鱼不咬我的钩那是它的事，我却钓上来了一天的快乐！”

原来，对真正的钓者而言，每天能够钓到的最好的那条鱼便是快乐。

伟大诗人泰戈尔说过：“天空不留下鸟的痕迹，但我已飞过。”也许从这位钓者身上，我们更能读懂这句诗的美和内涵：飞翔的目的不是为了留下痕迹，而是在飞翔中尽情地享受自由和快乐。

同样，生活也不会给我们留下曾经快乐的痕迹，但只要我们开心过，快乐过，就已经足够了，因为对于人生来说，最好最肥的那条鱼，就是快乐！

学过地理的人可能都知道，冰岛位于寒冷的北大西洋，约13%的土地被冰雪覆盖，也是世界上活火山最多的国家之一，堪称“水深火热”！冬天更是漫漫长夜，每天有20个小时是黑夜，可谓“暗无天日”！可是，冰岛人的死亡率却位于世界之末，人均寿命位居世界之首。

生活在如此恶劣环境中的冰岛人，为什么死亡率在世界上最低，而人均寿命又是世界上最长的呢？

带着这个谜团，美国一个名叫盖洛普的民意测验组织，对世界18个国家的居民做了一次抽样调查，结果表明，生活在冰岛的人们是世界上最快乐的人群。参加测试的27万冰岛人，82%的人都表示对自己的生活非常满意。

原来，冰岛人长寿的秘诀竟是快乐。快乐是幸福长寿的最好的药，快乐是生命开出的一朵绚烂的花。它不仅能延缓我们生理机能的衰老，而且还可以让我们通过快乐这扇心窗，在逆境中，依然看到世界的美丽和阳光。

因为选择，所以快乐

快乐是生命唯一的意义，没有快乐的地方，人类的生活会变得疯狂而可怜。

——桑塔亚那

有时候生活中并不是没有快乐，快乐就像空气一样处处存在，得到快乐并不能像寻找掉到沙发下的一分硬币那样去找寻，也不能把快乐作为一个目标去追求，而是要有一颗能够感受快乐的心，那样就算你一天辛苦劳累，你也是快乐的！

基亚是保险公司的一名职员，他每天都有一个好心情。当人们问他近况如何时，他总会说："我快乐至极。"

若是有同事心情不好，他就告诉那位同事要往好的一面看。他说："每天早上醒来，我都会对自己说：基亚，今天你有两个选择，你可以选择愉快的心情，也可以选择不好的心情。我选择愉快的心情。每次有不快的事情发生，我可以选择成为一个沮丧的受害者，也可以选择从中学习一些经验、教训，我选择后者。人生就是重复着一次又一次的选择。你要学会选择怎样去面对各种处境。归根结底，是你自己选择怎样面对人生。"

有一天，银行遭遇三个持枪歹徒的抢劫。他被歹徒击中。

幸亏发现及时，基亚被送进急救室。经过10几个小时的抢救和一段时间的精心治疗，基亚出院了，只是在他体内还留有几片碎小的弹片。

半年后，他的朋友见到了他。一见面朋友就问他近况如何，他说："我快乐至极。要不要看看我的伤疤？"朋友看了伤疤，问他当时是如何想的。基亚答道："当我倒在地上那一刻，我对自己说有两个选择：一个是死，一个是活。我选择了活。医生们都很好，他们告诉我，我很快就会好的。但在他们把我推进急救室后，我从他们的眼睛里看到了'他是个死人'。我知道我需要奋力去争取。'"

"你是如何奋力争取的？"朋友问。

基亚说："有个护士大声问我有没有对什么东西过敏。我立刻回答'有的'。这时，所有的医生与护士都停下来，等我把话说完。我深吸了一口气，然后大声说道：'子弹！'在一片轰然大笑中，我又说道：'请把我当活人来医，而不是死人。'"

如果不快乐的原因是来自外界，那么通过努力、通过调整，我们实现了快乐。可是有很多时候，不快乐的阻力并非来自外界，而是来自我们自己。

心理学家马斯洛曾讲过：心若改变，你的态度跟着改变；态度改变，你的习惯跟着改变；习惯改变，你的性格跟着改变；性格改变，你的人生跟着改变。快乐是对自己的一种热爱，也是对他人的一种热爱，因为情绪是有传染性的。人生一定要快乐，为自己，也为别人。

真正的快乐，是一种境界，是内心平安平和的一种境界。这一境界是自足的，不需环境的烘托，不需外在的回应，是内心的一种悠然自得，生生不息。

快乐是可以制造的，不开心是可以避免的，我们可以放大自己遇到最快乐的事情，

不断地回忆当时的情景，很快我们便会处于当时快乐的感觉下了。快乐的根源还是心态，在意的少一点，简单一点，多帮助别人一点。心态就像泡脚水一样，无非是凉了加点热水，热了加点凉水，无需抱怨，也无需得意。总之，一个人只要能笑，就应该多笑一笑。

是天堂也是地狱——洛克菲勒写给儿子的信

"留住快乐，忘记烦恼"，这就是我们找到快乐生活的秘诀之一。

——罗　兰

美国石油大王洛克菲勒给儿子写一封信，在信中他告诫儿子："如果你视工作为一种快乐，人生就是天堂；如果你视工作为一种义务，人生就是地狱。"这是积极的人生观，相信每个人看了都会从中受益。以下是信的内容：

亲爱的约翰：

有一则寓言很有意味，也让我感触良多。那则寓言说：

在古老的欧洲，有一个人在他死的时候，发现自己来到一个美妙而又能享受一切的地方。他刚踏进那片乐土，就有个看似侍者模样的人走过来问他："先生，您有什么需要吗？在这里您可以拥有一切您想要的：所有的美味佳肴，所有可能的娱乐以及各式各样的消遣，其中不乏妙龄美女，都可以让您尽情享用。"

这个人听了以后，感到有些惊奇，但非常高兴，他暗自窃喜：这不正是我在人世间的梦想嘛！一整天他都在品尝所有的佳肴美食，同时尽享美味的滋

味。然而，有一天，他却对这一切感到索然乏味了，于是他就对侍者说："我对这一切感到很厌烦，我需要做一些事情。你可以给我找一份工作做吗?"

他没想到，他所得到的回答却是摇头："很抱歉，我的先生，这是我们这里唯一不能为您做的。这里没有工作可以给您。"

这个人非常沮丧，愤怒地挥动着手说："这真是太糟糕了！那我干脆就留在地狱好了！"

"您以为，您在什么地方呢?"那位侍者温和地说。

约翰，这则很富幽默感的寓言，似乎告诉我们：失去工作就等于失去快乐。但是令人遗憾的是，有些人却要在失业之后，才能体会到这一点。这真不幸！

我可以很自豪地说，我从未尝过失业的滋味；这并非我运气好，而在于我从不把工作视为毫无乐趣的苦役，却能从工作中找到无限的快乐。

我认为，工作是一项特权，它带来比维持生活更多的事物。工作是所有生意的基础，所有繁荣的来源，也是天才的塑造者。工作使年轻人奋发有为，比他的父母做得更多，不管他们多么有钱。工作以最卑微的储蓄表示出来，并奠定幸福的基础。工作是增添生命味道的食盐。但人们必须先爱它，工作才能给予最大的恩惠、获致最大的结果。

我初进商界时，时常听说，一个人想爬到高峰需要很多牺牲。然而，岁月流逝，我开始了解到很多正爬向高峰的人，并不是在"付出代价"。他们努力工作是因为他们真正地喜爱工作。任何行业中往上爬的人都是完全投入正在做的事情，且专心致志。衷心喜爱从事的工作，自然也就成功了。

热爱工作是一种信念。怀着这个信念，我们能把绝望的大山凿成一块希望的磐石。一位伟大的画家说得好，"痛苦终将过去，但是美丽永存"。

但有些人显然不够聪明，他们有野心，却对工作过分挑剔，一直在寻找"完美的"雇主或工作。事实是，雇主需要准时工作、诚实而努力的雇员，他只将加薪与升迁的机会留给那些格外努力、格外忠心、格外热心、花更多的时间做事的雇员，因为他在经营生意，而不是在做慈善事业，他需要的是那些更有价值的人。

不管一个人的野心有多么大，他至少要先起步，才能到达高峰。一旦起步，继续前进就不太困难了。工作越是困难或不愉快，越要立刻去做。如果他等的时间越久，就变得越困难、可怕，这有点像打枪一样，你瞄的时间越长，射击的机会就越渺茫。

我永远也忘不了我第一份工作——簿记员的经历，那时我虽然每天天刚蒙蒙亮就得去上班，而办公室里点着的鲸油灯又很昏暗，但那份工作从未让我感到枯燥乏味，反而很令我着迷和喜悦，连办公室里的一切繁文缛节都不能让我对它失去热心。而结果是雇主总在不断地为我加薪。

收入只是你工作的副产品，做好你该做的事，出色完成你该做的事，理想的薪金必然会来。而更为重要的是，我们劳苦的最高报酬，不在于我们所获得的，而在于我们会因此成为什么。那些头脑活跃的人拼命劳作绝不是只为了赚钱，使他们工作热情得以持续下去的东西要比只知敛财的欲望更为高尚——他们是在从事一项迷人的事业。

老实说我是一个野心家，从小我就想成为首富。对我来说，我受雇的休伊特—塔特尔公司是一个锻炼我的能力、让我一试身手的好地方。它代理各种商品销售，拥有一座铁矿，还经营着两项让它赖以生存的技术，那就是给美国经济带来革命性变化的铁路与电报。它把我带进了妙趣横生、广阔绚烂的商业世界，让我学会了尊重数字与事实，让我看到了运输业的威力，更培养了我作为商人应具备的能力与素养。所有的这些都在我以后的经商中发挥了极大效能。可以说，没有在休伊特—塔特尔公司的历练，在事业上我或许要走很多弯路。

现在，每当想起休伊特—塔特尔公司，想起我当年的老雇主休伊特和塔特尔两位先生时，我的内心就不禁涌起感恩之情。那段工作生涯是我一生奋斗的开端，为我打下了奋起的基础，我永远对那三年半的经历感激不尽。

所以，我从未像有些人那样抱怨他的雇主，说："我们只不过是奴隶，我们被雇主压在尘土上，他们却高高在上，在他们美丽的别墅里享乐：他们的保险柜里装满了黄金，他们所拥有的每一块钱，都是压榨我们这些诚实工人得来的。"

我不知道这些抱怨的人是否想过：是谁给了你就业的机会?是谁给了你建设家庭的可能?是谁让你得到了发展自己的可能?如果你已经意识到了别人对你的压榨，那你为什么不结束压榨，一走了之?

工作是一种态度，它决定了我们快乐与否。

同样都是石匠，同样在雕塑石像，如果你问他们："你在这里做什么？"他们中的一个人可能就会说："你看到了嘛，我正在凿石头，凿完这个我就可以回家了。"这种人永远视工作为惩罚，在他嘴里最常吐出的一个字就是"累"。

另一个人可能会说："你看到了嘛，我正在做雕像。这是一份很辛苦的工作，但是酬劳很高。毕竟我有太太和四个孩子，他们需要温饱。"这种人永远视工作为负担，在他嘴里经常吐出的一句话就是"养家糊口"。

第三个人可能会放下锤子，骄傲地指着石雕说："你看到了嘛，我正在做一件艺术品。"这种人永远以工作为荣，工作为乐，在他嘴里最常吐出的一句话是"这个工作很有意义"。

天堂与地狱都由自己建造。如果你赋予工作意义，不论工作大小，你都会感到快乐，自我设定的成绩不论高低，都会使人对工作产生乐趣。如果你不喜欢做的话，任何简单的事都会变得困难、无趣，当你叫喊着这个工作很累人时，即使你不卖力气，你也会感到精疲力竭，反之就大不相同。事情就是这样。

约翰，如果你视工作为一种乐趣，人生就是天堂；如果你视工作为一种义务，人生就是地狱。检视一下你的工作态度，那会让我们都感觉愉快。

爱你的父亲

快乐自我训练

心理专家指出，快乐是一种美好的心理状态，也就是没有不好或痛苦的事情存在。一个人，要养成怡和快乐的习惯，就要努力培养自己快乐的品格，为自己营造快乐的环境。那么，该如何做呢？

1．关心周围的人和事

如果你能够对周围的人和事很关心，你对生命的看法一定会有很大的改观。以自我为中心的人也许会不断地进步，但是却很难得到满足。仔细想一想，我们虽然平凡，至少可以帮助盲人过马路，到敬老院做杂务，为病人讲故事，甚至把四周环境打扫干净……只要付出一点点，你就会感到非常快乐。

2．主动寻觅、用心追求才能得到

寻求快乐，有一个大前提，那就是要了解快乐不是唾手可得的，也不是别人给予的，而是你要主动去寻觅、努力去追求，才能得到。当你明白自己不能呆坐在那儿等候快乐降临的时候，你就已经在寻求快乐的路途中迈出了第一步。

3．扩大生活领域，尝试新鲜事物

当你肯尝试新活动、接受新挑战的时候，你会因为多了一个新的生活层面而惊喜不已。学习新知识、掌握新经验，都可以使人获得新的满足。可惜很多人往往忽略了这一点，白白丧失了使自己发挥潜能、获取快乐的机会。

4．敢于追求梦想与希望

萧伯纳有一句名言："一般人只看到已经发生的事情而说为什么如此呢？我却梦想从未有过的事物，并问自己为什么不能呢？"年轻人尤其应该有梦想、有希望，因为奋斗的过程和达到目标一样，都能使人产生无比的快乐。

5．只跟自己比，不和别人比

从我们懂事以后，我们就感受到"成就"的压力，这种压力随着年龄的增长越来越强烈。而许多人处处想表现优异，以为自己非得完美无缺，别人才会喜欢自己、接纳自己。一旦发现自己不如人时，就开始伤心、自卑，结果当然毫无快乐可言。其实，你应当用自己作衡量的标准，想想当初起步错在哪里？如今有没有新的进展？如果真的已经尽了力，相信你一定会一天更比一天好。

第35课

有时，放弃才是最好的选择

生活有时会逼迫你，不得不交出权力，不得不放走机遇，甚至不得不抛下手头所做的事。你不可能什么都得到，生活中应该学会放弃。放弃会让你变得更智慧和更有力量。因为它是一种淘汰，一种选择，淘汰掉自己的弱项，选择自己的强项。放弃绝不是不思进取，恰到好处的放弃，正是为了更好地进取，更好地成功。

舍得放弃就会迎来光明

取得是一件很快乐的事情，而放弃却需要更大的勇气。要想让自己的生命之舟行得更远，就必须懂得放弃！

在人生的旅途中，难免会落难不幸，难免会陷入困境，也难免会遭遇失败，更有甚者还会与死神撞个正着。如果你想要勇敢地生活下去，就必须懂得放手，懂得舍弃。放弃曾经的一切不如意，去追求全新的辉煌；放弃已有的满足，去寻求更多的新鲜事物。放开前进的脚步，你将会看到前方更美的风景。

也许有些人会恋恋不舍，宁肯抱着不可能的幻想，也不愿意抬起眼睛向前看。但既然在原地踏步已经使你得不到任何收获，那为什么还要死守那一片阵地呢？在必要的时候，人应该学会洒脱地放弃，坦然面对，勇敢接受眼前的现实。

如果你能做到该放弃的时候就放弃，那么你将拥有光明的前途。

伟大的生物学家达尔文提出了著名的进化论，从小他就是个对大自然充满兴趣的孩子。在他中学毕业的时候，遵从父亲的意愿，他选择了一所神学院去学习。但是，在经过一段时间的学习后，他依旧惦记着自己喜欢的那些东西，对于书本上那些枯燥的经文，他读起来如看天书，十分枯涩。他的心情非常低落，就在这样的情况下，他决定放弃，放弃对经文的学习，放弃神学院的教导。他决定跟随贝格尔号巡洋舰做一次环球旅行，开始了他对物种全新的探索。放弃，铸造了他的成就，使达尔文的名字被记录在科学的史册上。

只有敢于果断地放弃，才有后面全新的选择，才能让你轻松地投入到新生活中，才会有新的发现和转机。学会放弃，其实就是对自己的一种淘汰，淘汰身上的弱项，选择自己的强项。该争取的不必犹犹豫豫；该放弃的也不必为此感到惋惜。

因此，当你做出万般努力却仍然不能成功时，你不妨试着放弃，把你不合时宜的梦想，深深地埋藏在心底。如果你走进一个死胡同，你必须放弃，毫不犹豫地选择回头，这样你才能找到新的出路。如果你得到一个意外的收获，你应该放弃。意外的背后，往往潜伏着一定的危险。如果你的成功已经达到顶峰，你更要学会放弃，到一个新的领域去发展，也许会让你更加灿烂。

放弃是一种智慧，是一种有韵味的潇洒。放弃是头脑的清醒剂，让你静下心来认真反思，让你的头脑更清晰。有了清晰的头脑，你就可以规划自己的前景，你就可以实现你所期望的目标。放弃是一个新的起点，找准自己的位置，你就会发挥出最大的潜能，取得最大的成功。

你之所以举步维艰，是因为你背负的东西太重，你之所以背负的东西太重，是因为你还没有学会放弃。放弃烦恼，会让你活得更快乐；放弃失败，会让你得到更大的成功。人生就是一个不断放弃、不断选择的过程，放弃的不过是你生命中的一部分，而你得到的将会是人生的全部辉煌。

人生是一个既复杂又简单的过程。说它复杂，是因为它是由复杂的思想和意识来支配的；说它简单，是因为它可以让你学会如何取得和放弃。应该取得的需要不惜一切代价去争取，不该取得的则要果断地放弃。取得是一件很快乐的事情，而放弃却需要更大的勇气。

因此，要想让自己的生命之舟行得更远，就必须懂得放弃！

学会放弃，才能获得更好的生活

生活中没有绝对的对与错，所谓的对与错在很大程度上取决于你的价值取向。我们必须在纷烦琐碎中学会搜索与选择。如果是我们不喜欢的，就可以决然放弃，重新进行新一轮的选择并获得新的结果。

玛西·卡塞尔是美国电视史上最成功的节目制作人之一。她从1980年开始自己制作节目。第二年，汤姆·温勒加入进来，与她合作得非常愉快。他们制作的《大才老爷》在当时的收视率非常高，这是美国播出时间最长的电视连续剧。其他如《焰火下的魅力》、《来自太阳系的三次元》等，也受到诸多好评，并获得多次大奖。对于她的成功之路，她是这样描述的：

在纽约，我找到了一份工作，是在ABC国家广播公司做参观讲解员。这个广播公司可谓是野心家的温床，许多人不择手段地想要得到往上爬的机会。幸运的是，我只工作了几个月就升任《今夜》节目制作助理。但是，我不是很喜欢这份工作，它主要是做一些办公室的杂务，给影迷回信之类的琐事。

我开始转变事业方向，选择一家广告代理公司的电视部门工作。实际上我对广告工作是没有兴趣的，但想到这是一次很好的锻炼机会，就决定留下来。我们这一组有3个人，每天的工作有点像间谍，每天要观察哪个频道哪个节目的收视率最高，然后再细致分析节目的分镜时段、制作素质，向客户提交一份完整的报告，最后建议最佳广告时段。而我提出的建议基本上都令客户非常满意。但是，我始终清楚，我更喜欢的是制作电视节目。

在好莱坞，我认识了正打算开设制作公司的罗吉，他的剧本堆积如山，唯一需要的就是有个人帮忙审核。我决定去试一试，答应先免费帮助他看那些剧本，直到他愿意聘请我为止。我成功了。我在他的公司里一干就是好几年，然而我喜欢的事业还是杳无踪影。直到有一天，我看到一则招聘启事，ABC美国国家广播公司要招一些有才气、有创意的人一起组成庞大的制作群，共同经营频道。看完后我立刻前往应聘。我真诚地告诉面试主考官伊塞，我已经有了3个月的身孕，如果他想延长对我的考察，直到小孩出生以后的话，我没有任何意见。没想到他却说："我太太和我也有一个刚出生不久的小孩，但是我依然在岗位上工作，你呢，是不是也要和我一样？"最后，他聘用了我。

我真的非常高兴，因为终于可以进入到电视工作的核心中来。当然，对我来说这也是一个非常大的考验。我虽然有点小聪明，但是却不善于处理办公室里的人事斗争。在这里，有的人迅速升职，有的人被开除。我没有被开除，我在ABC工作了7年。离职前，我的头衔是"黄金时段节目制作资深副总经理"。

我们不断推出非常有趣、充满活力和不同风格的节目。但多年后，那种充满创意的环境在慢慢消失。我觉得自己有必要离开ABC了，我要自己创办一家电视制作公司。

有了自己的公司后，我们用了3年时间，才推出一个成功的喜剧系列节目——《天才老爷》，一播就是8年。后来我们还创下了让所有其他公司望尘莫及的好成绩：同时拥有3个成功的电视节目——《天才老爷》、《罗斯安娜》和《不同的世界》。

玛西·卡塞尔的这条成功之路比较长，而她成功的秘诀就是不断更换工作，包括放弃一些令人羡慕的职务，最后自己去创业。这是一条风险很大的路，也是放弃的一种更高的境界，那是放弃自己已取得的成功，而再在人生路上再一次尝试由零开始。

这不是每一个人都能做到的，能够这样做的人，需要有很大的勇气。因为由自己一手筑造出来的基础，无不凝聚着自己的心血，每踏出一步，无不付出艰辛的代价，由零开始的艰苦奋斗过程只有自己明白，谁不珍惜这得来不易的成功。放弃当前的基础，意味着以前的一切努力将会付诸东流，自己将从另一个起点出发，前面的路平坦或者崎岖不平，谁都不知道，有可能自己会在那里跌倒，输得一败涂地，从此再也无法翻身。所以，这样情形的放弃的确需要很大的勇气。

而当你放弃目前的基础走上另一条路时，也可能会发现自己以前所走的路并不适合自己，现在所走的路才是自己应当走的路，现在才是自己生命的开始，这时，你才真正找到了自己的人生奋斗目标。

也许这就是生命的乐趣，生命是自己的，路只能自己走，前面是荆棘铺满路，还是光明大道，并没有人知道。谁不是在探索中前进，在跌撞中成长。没有尝过苦，又怎样体会甜的滋味。生命的长路没有风险，又怎能品味人生的喜怒哀乐。学会放弃，或许明天的天空会更宽阔。

此路不通，彼路通

不要硬逼着自己去选择，有时成功不了，放弃反而是另一种收获。

你不可能什么都得到，所以你应该学会放弃。生活有时会逼迫你，不得不交出权力，不得不放走机遇，甚至不得不抛下理想与目标。

有一个在金融界工作的先生，立志要读中国人民银行总行的研究生。三大部《中国金融史》几乎被他翻烂了，可是连考几年都没有考中。然而，在这期间不断有朋友拿一些古钱向他请教，起初他还能细心解释。后来，问的人实在太多了，他索性编了一册《中国历代钱币说明》。一是为了巩固所学的知识，一是为了给朋友提供方便。那一年，他依旧没有考上研究生。但是，他的那册《中国历代钱币说明》却被一位书商看中，第一次就印了一万册，当年销售一空。他一下子就名利双收了。

现实生活中，我们总是喜欢朝着自己既定的目标奋力前进，但却不是每个人都能获取成功。那些拼搏了一辈子却未能实现理想与抱负的人，会不会是因为他把生命中真正精华的部分当成了“最不好的”，从而不予展示呢？

所以，当你无论如何都成功不了时，当你历尽艰辛都无法实现目标时，当你为某些现实因素所迫时，那就从容地放弃吧。放弃，并不意味着失去，因为只有放弃才会有另一种获得。

李宇明是华中师大的一位非常年轻的教授，刚结婚不久，妻子就因为患类风湿性关节炎成了卧床不起的病人。后来生下了一个女儿，可妻子的病情更加严重了。面对瘫痪在床的妻子、嗷嗷待哺的女儿、刚刚开头的事业，李宇明内心充满矛盾。

有一天，他突发奇想，可不可以把自己的研究方向定在儿童语言的研究上呢？从此，妻子成了他的最佳合作伙伴，刚出生的女儿则成了他最好的研究对象。家里到处都是小纸片和铅笔头，女儿每发一次音，他们都会立刻做最原始的记载，同时他们还用录音带录下一些文字难以描摹的声音。就这样坚持了6年，等到女儿上学时，他和妻子创造了一项世界纪录：他们掌握了从出生到6岁之间儿童语言发展的原始资料，而国外此项记录最长的只到3岁。1991年，李宇明的《汉族儿童间句系统控微》的出版，在国内外语言界引起了强大的轰动。

古语有言：失之东隅，收之桑榆。条条大路通罗马，成功的道路不止一条，不要循规蹈矩，更不要放弃成功的信心，此路不通，就该换条路试试。

人生的过程就是一个不断放弃、又不断得到的过程。关键是要学会放弃。放弃，也是人生的一种选择。放弃一棵树，你才更有可能得到整个森林！放弃一滴水，你才更有可能拥有整个大海！放弃一片洼地，你才更有可能占领一座高山！况且有些事情放弃了并不等于失去，当你放弃了对梦的追求，回归现实，你会发现那美好的一天正等待着你，并为你敞开了一扇通往未来的大门。

其实，生活并不需要一些无谓的执著，没有什么就真的不能割舍。学会放弃，生活会更容易。

放弃是金，放弃是一门学问，放弃是对美好事物发展的又一个开始，是新的起点，是错误的终结。要知道此路不通，彼路通，学会放弃你会拥有更多，你的明天会更加美好！

放弃的自我训练

有时候，我们之所以心情不好，是因为我们把自己想象得太可怜；我们之所以太忙，是把我们想象得太重要；我们太累，是把我们想象得太强大。其实，只要把这些不符合我们本性的东西放下，我们也一样可以快乐，可以从容，可以成功。那么，我们该如何学会放弃呢？

1. 过去了就由它去吧

也许你失去了太多，然而，当你对失去表示痛心疾首时，你是在延续这种失去；也许你错过了太多，然而当你对错过沉溺过深时，你是在加剧这种错过。人应该拿得起放得下，再美好的事物也只是生命中一道美丽的风景，过去了就由它去吧！

2. 舍得、舍得，有舍才有得

"如何向上？只有放下。"在记得某些东西时，也要心甘情愿放下一些东西。工作上，放下业绩，记得缺点和不足；生活上，放下金钱欲望，记得勤俭和朴素；情感上，放下怨恨和嫉妒，记得与人为善，豁达宽容；为人处世上，放下你对别人的恩惠，记得别人对你的帮助……舍得舍得，善于舍弃才能得到。

3. 站得足够高

如果你站得足够高，你会发现浮躁的世界其实是一种假象，任何事物都很平静，都是在有条不紊地进行。如果你能够站得高，就可以看到世界温和的一面，那么你的心中也就不会有太多浮躁和羁绊了。当你胸中有着广大的世界时，你对眼前的功名利禄、悲愁哀怒，就不会再计较许多了。

4. "面朝大海，春暖花开"

古往今来，天灾人祸，留下过多少伤疤，如果一一记住它们的疼痛，人类早就失去了生存的兴趣和勇气。要知道，人类是在忘却中前进的。毕竟，我们还需要希望，还需要迎接崭新的一天，去挥洒五彩缤纷的人生。

第36课

培养你的心理优势

一个成功的人，一个成功的社会，都离不开心理的成功。大量的事实说明，心理素质是成功人生的基础。一切的成就，一切的财富，都始于良好的心理素质。因此，成功应该从提高心理素质、打造心理优势开始。

在适应中学会生存

一个人适应和应变能力的大小，决定其生存能力的大小，决定其事业发展的大小，也决定其生存品味和幸福感的大小。

一位哲学家搭乘一个渔夫的小船过河。行船之际，这位哲学家问渔夫："你懂数学吗？"渔夫回答："不懂。"又问："你懂得物理吗？"渔夫回答："不懂。"哲学家再问："你懂化学吗？"渔夫回答："不懂。"哲学家叹道："真遗憾！这样你就等于失去了一半的生命。"这时，水面上刮起一阵狂风，把小船掀翻了。渔夫和哲学家都掉进了水里。

渔夫向哲学家喊道："先生，你会游泳吗？"哲学家回答说："不会。"渔夫非常严肃地说："那你就将失去整个生命了！"

这个故事告诉了我们一个非常深刻的人生哲理：一个没有学会在人生长河中游泳的人，即使其他的东西学得再多，他也无法在人生的长河中生存下来。因为他缺乏基本的适应和生存的能力。

一个人适应和应变能力的大小，决定其生存能力的大小，决定其事业发展的大小，也决定其生活品味和幸福感的大小。所以，只有适应才能生存并且发展。

适应能力是指机体对环境的顺应。适应有消极和积极之分。消极适应是指在一个新的环境中，被动地感知环境，被动地应对环境刺激。而积极适应是指无论身在何处，都能为了自己的生存而去主动感知和发掘环境中的资源，并在此基础上改变环境。积极适应是最佳的适应状态。

心理学家指出，能动地适应和改造现实环境是心理素质良好的重要标志之一。一个心理素质良好、个性成熟和健全的人，在困难面前不会只是一味地承受和忍耐，而会在接受事实的基础上，尽力去改变和消除不利因素，促使事物向积极方面转化。生活中的挫折、困难、失败也是有价值的，它可以锻炼我们的适应力并转变为促使我们成长的人生经验和机遇。因此，培养和提高我们的适应能力以及承受挫折的耐受力，在激烈追求事业与成功的今天显得尤为重要。

那么，该如何培养和提高一个人的适应能力呢？

1．了解和接受自己。了解自己，就是全面地认识自己，分析自己，看自己有哪些长处和不足，了解自己的潜在能力、基本的人格特点。接受自己，就是承认自己的现实状况，扬己之长，避己之短，达到良好适应环境的目的。接受自己，首先要了解自己；不能了解自己，也就不能真正接受自己。一个人不能接受自己，是难以适应环境的，是容易产生不良心理的，很容易焦虑、紧张、抑郁。

2．认识并面对现实。人类是高级的社会群居动物，每个人都生活在一个现实的社会群体之中，他每天所面对的就是这样的现实环境。所以，我们只有正确地认识这种现实的环境，才能很好地适应这个环境。现实环境，五彩缤纷，相当复杂，矛盾是常有的事，人们难免遭受挫折。对待挫折要有积极的态度；挫折对于大家来说并非是坏事，它可以锻炼人的意志，增强适应社会环境的能力。我们绝不能因为挫折而逃避现实，丧失信心甚至绝望。

3．建立广泛的兴趣。活动对一个人来说非常重要。人们可以通过各种活动，比如唱歌、朗诵、舞蹈、游戏、运动、旅游及参加社会的公益性活动，增强适应能力，这些活动，既能适当地宣泄受压抑的情绪，又能陶冶情操，使精神生活得到升华，让自己走向成熟，心理状态更加稳定、健康。

4．积极参加社交活动。社交是人类的需要。在社交活动中，更容易了解自己，也能了解别人，也容易产生共感，相互沟通，建立友情。每个人都有爱的需要，尊重的需要。学会爱人和被人爱，学会尊重人和被人尊重，才能与别人和谐相处，良好地适应社会环境。社交活动，能够交流信息、取长补短、完善自我。所以，参加社交活动是很有益的。

5．学会求助。聪明的人，总是充分利用社会支持，从社会方面获得帮助。遇到困难，向别人求助，是很廉价的事情，可以起到事半功倍的效果。生病向医生求助，工作难题向同事或上级求助。心理问题找心理咨询，向心理医生求助。能求助为什么还要学习？因为许多人碍于面子，有了问题自己扛着，不愿意向别人求助。一个篱笆三个桩，一个好汉三个帮。求助也是一种适应，也是提高心理素质的重要方法。

6.培养幽默感。幽默是解除心理压抑、克服挫折心理的好方法。碰到尴尬的事情，幽默一下，说几句俏皮话，不愉快的心情就会消失。幽默是适应环境的智慧。幽默能使人心理平衡，减轻心理压力，大家应当学会幽默。

人格魅力的养成

在社会中，为人处世的基本点就是要具备人格魅力。一个有人格魅力的人，可以在各个方面得到平衡发展，包括身心的健康发展，有效地适应周围的环境，顺利地进行人际交往等，从而取得事业上的成功。

何为人格魅力？首先要弄清什么是人格。人格是指人的性格、气质、能力等特征的总和，也指个人的道德品质和人能作为权力、义务的主体的资格。

而人格魅力则指一个人在性格、气质、能力、道德品质等方面具有的能吸引人的力量。在今天的社会里，一个人能受到别人的欢迎、容纳，他实际上就具备了一定的人格。

人格魅力的性格特征表现在如下几个方面。

在对待现实的态度或处理社会关系上，表现为对他人和对集体的真诚热情、友善，富于同情心，乐于助人和交往，关心和积极参加集体活动；对待自己严格要求，有进取精神，自励而不自大，自谦而不自卑；对待学习、工作和事业，表现得勤奋认真。

在理智上，表现为感知敏锐，具有丰富的想象能力，在思维上有较强的逻辑性，尤其是富有创新意识和创造能力。

在情绪上，表现为善于控制和支配自己的情绪，保持乐观开朗，振奋豁达的心境，情绪稳定而平和，与人相处时能给人带来欢乐的笑声，令人精神舒畅。

在意志上，表现出目标明确，行为自觉，善于自制，勇敢果断，坚韧不拔，积极主动等一系列积极品质。

具有上述这些良好性格特征的人，往往是在群体中受欢迎和受倾慕的人，或可称为“人缘型”的人。

好的人格魅力可以感化他人，甚至可以在无形中征服他人，所以塑造良好的性格，保持良好的心态，让自己在自然中形成一个好的人格魅力是很有必要的。

1．在思想上追求人格魅力的提高。孔子说过：“身修而后家齐，家齐而后国治，国治而后天下平。”提高人的自我修养，塑造完美人格，于国、于家、于世界都很重要。孙中山说过：“国民要以人格救国，只有好人格才会有好国家”。人格人人都有，但魅力旨在修炼和追求。拿破仑·希尔写道：“只要一个人能想出来并坚信能做到，就一定能做到。”只有你在思想上具有强烈的愿望，想把自己塑造成一个具有人格魅力的人，你才有希望成为你想成为的人。你才会对自己有高标准、严要求，谨慎地注意自己的内心和行为，为追求一个崇高的目标积极进取，最终达到崇高的思想境界。

2．在行动中实践人格魅力的真谛。任何美德都必须在实践中得以实现。人格魅力表现在你日常生活的一言一行中。

卡耐基曾讲述过一个故事：

当美西战争爆发后，美国必须立即跟西班牙的反抗军首领加西亚取得联系。加西亚在古巴丛林的山里——没有人知道确切的地点，所以无法写信或打电话给他。美国总统必须尽快地获得他的合作。怎么办？这时，有人对总统说："有一个名叫罗文的人，有办法找到加西亚，也只有他才能找到。"

他们把罗文找来，交给他一封写给加西亚的信。罗文拿了信，把它装进一个油布制的口袋里，封好，吊在胸口，划着一艘小船，四天之后的一个夜里在古巴上岸，消逝于丛林中。接着在三个星期之后，从古巴岛的那一边出来，又徒步走过一个危机四伏的国家，经历千难万险，终于把信交给了加西亚。

讲完故事后，卡耐基说："年轻人所需要的不是学习书本上的知识，而是要加强一种敬业精神，要像罗文那样恪守信义，对于上级的托付，立即采取行动，全心全意去完成任务。"

你想成为罗文吗？其实不难。尽职尽责地做好每一项工作；积极快乐地度过生活的每一天；心怀感激地对待你的朋友和家人；赞美和恰如其分地恭维别人的激励，这些都是人格魅力的实践方式。时常记着美化自己的仪表，精神饱满、乐于助人、举止大方、谈吐高雅、幽默诱人，别看这些都是生活中的琐事，但却有助于增强一个人的人格魅力。

3．在成长中追求人格魅力的丰富。人是在不断成长的，历史也每天都掀开新的一页，人格魅力也需要不断成长和丰富。当代社会需要创新的人格品质。要创新学习，创新工作，用事半功倍的原则走别人不敢走的路，做别人不敢做的事。只有在激烈的竞争中不会失败的人才更具有人格魅力。

在追求人格发展中，你还要认识到，人无完人，尺有所短，寸有所长。蜂鸟体积小巧，却能做出许多灵活复杂的动作，能够边盘旋边从花中吸取花蜜，但它不能高飞滑翔；鸵鸟是世界上最大的鸟，它不能飞，但却能快速奔跑，速度可达每小时80千米。人也一样，每个人都有自己的强项与弱项。或做蜂鸟或做鸵鸟，我们不要也无法要求自己面面俱到，事事完美，只要积极追求，做好"跳一跳，能摘到"的那一部分事情，人格也算完美丰富了。

轻松缓解压力

生活中，人人都会有压力，但压力对人有无危害或危害大小却是因人而异的。如果个体的心理素质好，那么压力对他的危害性可能相对地就小一些；如果心理素质不好，那么危害就大了。因此，学会应对压力是人生的必修课。

随着科技的飞速发展，信息量的快速增加，市场竞争机制的逐步建立，人们的工作节奏也相应的加快，随之而来的时间观念、工作效率和生活内容也都在发生着变化，这都使人们的心理存在各种各样的压力。有压力是正常的，它会使生活变得更加丰富多彩，使人们的工作更有效率。但是，如果压力过大，就会扰乱正常的生活秩序，阻碍个人的身心健康发展，反而会影响一个人走向人生与事业的成功。

一般说来，构成压力的事件，多半都是坏的事件。然而，普通的人际关系也会造成一定的心理压力。人际间的压力主要来自于这样几个方面：相互竞争，希望自己比别人表现优异；控制他人而不要被他人所控制；力图使自己的言行符合他人的标准；想取悦别人以便达到某种目的；等等。

即使没有外在事件造成的压力，由内心冲突造成的压力一样令人难受。这样的压力首先在价值观层面。一个人在成长的过程中，会接触到不同的价值观，某一些价值观是和另一些价值观相互对立的。于是我们的心灵就成了这些价值观斗争的战场。在某种情形下必须做出决定的时候，压力就产生了。

特别是一些心理承受能力比较差的人，他们常常会过分夸大压力的危害，人为地制造一种自我验证的预言：我觉得自己不行，我会失败。长期下去，会产生一种长期性压力感，从而畏惧压力。

所以，要放宽心量，经常以“我一定能行”来暗示和鼓励自己，那么就一定能摆脱压力，走向成功。

那么，究竟该如何来缓解压力，更轻松地走向成功呢？

1．学会宣泄。当遇到不如意的事情时，可以通过运动、读小说、听音乐、看电影、找朋友倾诉等方式来宣泄自己不良情绪，也可以找个适当的场合大声喊叫或痛哭一场。

在美国南北战争期间，有一次，林肯曾写信请他的一个乡下老邻居到华盛顿来，说有些问题要和他讨论。在白宫里，林肯同这位老邻居谈了关于宣布释放黑奴是否合适的问题。几小时的时间都是林肯一人在说话，当林肯说得差不多的时候，才起身与老邻居握手道别，竟然没有征询他的任何意见。“谈话之后他好像感到安适多了。”林肯的老邻居说。

其实，林肯并不是真的想要建议，他只是需要一位能静下心来的倾听者，这样他可以无所顾忌地倾诉心中的苦闷。

2．消除压力源。当你感到有压力时，首先要找到压力源，尽可能地消除压力源。如果你的压力是因为工作量太大造成的，你可以通过合理的时间管理来区分工作的轻重缓急，重要的工作马上完成，次要的和不那么重要的可以先放一放，待时间充裕时再完成。

3．改变你的认知方式。我们对事物的看法决定了我们感受到的压力。采用换位思考可以帮助我们更好地理解别人，如当你与上级沟通存在障碍时，可以设想一下如果你是上级会怎样处理，这样将有助于与上级更好地沟通。

4．不必过分追求完美。要做好一份工作，讲究的是成效，只要你尽了力，而且达到了预期的目的，就无需再一味追求所谓的“完美”。

5．知足常乐。人不可缺乏进取心和奋斗精神，但一味追名逐利反而会得不偿失。只要曾经努力过，且得到了进步，有了收获，就不必过于苛求自己。

6．寻求资深职业顾问的协助。如果上述的方法都未能奏效，不妨直接寻求资深职业顾问的帮助。资深职业顾问大都具有丰富的咨询经验与深厚的理论功底，他们可以从众多咨询案例积累中，总结出一些对你有帮助的方法或技巧，让你从压力中解脱出来。

人要学会悠闲地生活，对待身边的事都要“拿得起放得下”。要记住：没有你，地球也照样旋转。没有必要凡事都自己扛，把自己置于沉重的压力之下。虽然正常的压力可以让你保持奋发的精神状态，让你在高效率下能进行创造性的工作，但如果我们能够学会控制压力，或许会有意想不到的、更大的收获。